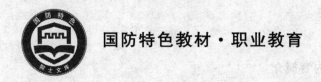

国防特色教材·职业教育

数控加工与编程

刘　坚　主编

北京航空航天大学出版社

北京理工大学出版社　哈尔滨工业大学出版社

哈尔滨工程大学出版社　西北工业大学出版社

内容简介

本书是"十一五"国防特色规划教材"数控技术"专业规划教材之一。全书共 7 章,主要介绍数控加工工艺基本知识、数控程序编制基本知识、数控车床加工工艺与编程、数控铣削加工工艺与编程、加工中心加工工艺与编程、数控电火花线切割机床加工工艺与编程及自动编程等内容,各章后均附有思考题与习题。书中采用新国标规定的名词术语,将数控加工工艺规程的制定与数控加工程序编制有机地结合在一起。

本书可供高等职业技术院校、职工大学等相关专业选用,也可供大专院校和从事数控加工与编程工作的工程技术人员参考,或作为工厂数控加工设备操作工人的自学教材。

图书在版编目(CIP)数据

数控加工与编程/刘坚主编. —北京:北京航空航天大学出版社,2009.8

ISBN 978 - 7 - 81124 - 822 - 7

Ⅰ. 数… Ⅱ. 刘… Ⅲ. 数控机床—程序设计 Ⅳ. TG659

中国版本图书馆 CIP 数据核字(2009)第 113611 号

数控加工与编程

刘 坚 主编

责任编辑 史海文 杨 波 李保国

*

北京航空航天大学出版社出版发行

北京市海淀区学院路 37 号(100191) 发行部电话:010 - 82317024 传真:010 - 82328026

http://www.buaapress.com.cn E-mail:bhpress@263.net

北京时代华都印刷有限公司印装 各地书店经销

*

开本:787×960 1/16 印张:19.25 字数:431 千字

2009 年 8 月第 1 版 2011 年 1 月第 2 次印刷 印数:3 001~5 000 册

ISBN 978 - 7 - 81124 - 822 - 7 定价:34.00 元

数控加工与编程

主　编　刘　坚
副主编　刘让贤
　　　　王秀伟
　　　　章正伟
参　编　龚环球
　　　　金初云
　　　　黄国辉
主　审　赵学清

前　言

本书是高等职业技术教育"数控技术"专业的适用教材,是"十一五"国防特色规划教材。

本书内容是根据数控技术的迅速发展对人才素质的要求而确立的,体现了以创新意识和实践能力为重点的教育教学指导思想。在书中渗透了当代课程的教学内容科学思维,反映了数控技术发展对数控技术应用型人才素质的要求。

本书在调查研究的基础上,总结近几年来高等职业技术教育课程改革的经验,适应经济发展、科技进步和生产实际对教学内容提出的新要求,注意反映生产实际中的新知识、新技术、新工艺和新方法,突出高等职业教育特色,紧密联系生产实际,注意基本理论、基本知识和基本技能的论述。书中编写了形式多样的例题、习题和思考题,方便教学,具有广泛的实用性。

全书共7章,分别介绍数控加工工艺基本知识、数控程序编制基本知识、数控车床加工工艺与编程、数控铣削加工工艺与编程、加工中心加工工艺与编程、数控电火花线切割机床加工工艺与编程及自动编程等内容。除供高等职业技术院校、职工大学等相关专业选用外,也可供大专院校和从事数控加工与编程工作的工程技术人员参考,或作为工厂数控加工设备操作工人的自学教材。

本书绪论和第1章由张家界航空工业职业技术学院刘坚老师编写,第2章由大庆职业技术学院黄国辉老师编写,第3章由张家界航空工业职业技术学院刘让贤老师编写,第4章由大庆职业技术学院王秀伟老师编写,第5章由浙江交通职业技术学院金初云老师编写,第6章由浙江交通职业技术学院章正伟老师编写,第7由张家界航空工业职业技术学院刘让贤老师和中国航空工业集团公司株洲南方航空工业公司龚环球高级工程师编写。刘坚老师为主编,刘让贤、王秀伟、章正伟老师为副主编。

　　本书由张家界航空工业职业技术学院赵学清副教授主审。参加审稿者除编审人员外，还有湖南工业大学熊显文教授、张家界航空工业职业技术学院胡细东副教授、湖南工业职业技术学院王雪红副教授等。他们对书稿提出了许多宝贵的意见，在此谨向他们表示衷心的感谢。

　　由于编者水平有限，经验不足，书中的缺点和错误在所难免，恳请读者给予批评指正。

编　者
2009 年 6 月于张家界

目　　录

绪 论

0.1 数控加工在机械制造业中的地位和作用

随着科学技术的发展,机械产品的结构越来越合理,其性能、精度和效率日趋提高,更新换代频繁,生产类型由大批、大量生产向多品种小批量生产转化。因此,对机械产品的加工相应地提出了高精度、高柔性和高度自动化的要求。

对于大批、大量生产的产品,如汽车、拖拉机和家用电器的零件,为了提高质量和生产率,多采用专用工艺装备、专用自动化机床、专用自动生产线或自动车间进行生产。这类设备初次投资很大,生产准备周期长,产品改型不易,因而使产品的开发周期加长。但是由于分摊在每个零件上的费用很少,所以经济效益仍很显著。

然而,在机械制造工业中,单件及中、小批生产的零件约占机械加工总量的 80% 以上,尤其是在造船、航天、航空、机床、重型机械以及国防部门,其生产特点是加工批量小,改型频繁,零件形状复杂和精度要求高,加工这类产品需要经常改装或调整设备,对于专用化程度很高的自动化机床来说,这种改装或调整甚至是不可能实现的。

在飞机制造业中,已经采用的仿形机床部分地解决了小批量复杂零件的加工。但这种机床有两个主要缺点:一是在更换零件时,必须制造相应的靠模或样件并调整机床,这样不但要耗费大量的手工劳动,而且生产准备时间长;二是靠模或样件在制造中由于条件的限制而产生的误差和在使用中由于磨损而产生的误差不能在机床上直接进行调整,因而使加工零件的精度很难达到较高的要求。

由于数控机床综合应用了电子计算机、自动控制、伺服驱动、精密检测与新型机械结构等方面的技术成果,具有高柔性、高精度与高度自动化的特点,因此数控加工手段解决了机械制造业中采用常规加工技术难以解决甚至无法解决的单件、小批量,特别是复杂型面零件的加工。应用数控加工技术是机械制造业的一次技术革命,使机械制造业的发展进入一个新的阶段,提高了机械制造业的制造水平,为社会提供了高质量、多品种及高可靠性的机械产品。目前,应用数控加工技术的领域已从当初的航空工业部门逐步扩大到汽车、造船、机床和建筑等民用机械制造业,并已取得了巨大的经济效益。

0.2　数控加工技术的发展

1. 数控机床的发展

采用数字控制技术进行机械加工的设想,最早是在 20 世纪 40 年代初提出的。当时,美国北密执安的一个小型飞机承包商派尔逊斯公司(Parsons Corporation)在制造飞机框架和直升飞机的机翼叶片时,利用全数字电子计算机对叶片轮廓的加工路径进行了数据处理,并考虑了刀具半径对加工路径的影响,使得加工精度达到 ±0.001 5 in。在当时来说,是相当高的。

1952 年美国派尔逊斯公司(Parsons Co)和麻省理工学院伺服机构实验室(Serve Mechanisms Laboratory of the Massachusetts's Institute of Technology)合作研制成功世界上第一台三坐标数控立式铣床,用它来加工直升机叶片轮廓检查用样板。这是一台采用专用计算机进行运算与控制的直线插补轮廓控制数控铣床,专用计算机采用电子管元件,逻辑运算与控制采用硬件连接的电路。1955 年,这类机床进入实用化阶段,在复杂曲面的加工中发挥了重要作用,这就是第一代数控机床。从那时起的 50 多年来,随着自动控制技术、微电子技术、计算机技术、精密测量技术及机械制造技术的发展,数控机床得到了迅速发展,不断地更新换代。

1959 年,晶体管元件问世,数控系统中广泛采用晶体管和印制板电路,从此数控机床跨入第二代。

1965 年,出现了小规模集成电路,由于其体积小,功耗低,使数控系统的可靠性得到了进一步提高,数控机床从而发展到第三代。

随着计算机技术的发展,出现了以小型计算机代替专用硬接线装置,以控制软件实现数控功能的计算机数控系统,即 CNC 系统,使数控机床进入第四代。

1970 年前后,美国英特尔(Intel)公司首先开发和使用了四位微处理器,1974 年美、日等国首先研制出以微处理器为核心的数控系统。由于中、大规模集成电路的集成度和可靠性高、价格低廉,所以微处理器数控系统得到了广泛的应用。这就是微机数控(Micro—computer Numerical Control)系统,即 MNC 系统,从而使数控机床进入第五代。

20 世纪 90 年代后,基于 PC—NC 的智能数控系统的发展和应用,充分利用现有 PC 机的软硬件资源,规范设计了新一代数控系统,因而使数控机床的发展进入到第六代。

我国是从 1958 年开始研制数控机床的,到 20 世纪 60 年代末 70 年代初,已经研制出一些晶体管式的数控系统,并用于生产。但由于历史的原因,一直没有取得实质性的成果。数控机床的品种和数量都很少,稳定性和可靠性也比较差,只在一些复杂的、特殊的零件加工中使用。

直到 20 世纪 80 年代初,我国先后从日本、德国、美国等国家引进一些先进的 CNC 装置及主轴、伺服系统的生产技术,并陆续投入了生产。这些数控系统性能比较完善,稳定性和可靠性都比较好,在数控机床上采用后得到了用户的认可,结束了我国数控机床发展徘徊不前的局面,使我国的数控机床在质量、性能及水平上有了一个飞跃。到 1985 年,我国数控机床的品种累计达 80 多种,数控机床进入了实用阶段。

1986 年至 1990 年间,是我国数控机床大发展的时期。在此期间,通过实施国家重点科技攻关项目"柔性制造系统技术及设备开发研究",以及重点科技开发项目"数控机床引进技术消化吸收"等,推动了我国数控机床的发展。

1991 年以来,一方面从日本、德国、美国等国家购进数控系统,另一方面积极开发、设计、制造具有自主版权的中、高档数控系统,并且取得了可喜的成果。我国的数控产品已覆盖了车、铣、镗铣、钻、磨、加工中心及齿轮机床、折弯机、火焰切割机、柔性制造单元等,品种达 500 多种。中、低档数控系统已达到小批量生产能力。

我国的数控技术经过"六五""七五""八五"到现在"九五(1996~2000 年)"的近 20 年的发展,基本上掌握了关键技术,建立了数控开发和生产基地,培养了一批数控人才,初步形成了自己的数控产业。"八五"攻关开发的成果:华中Ⅰ号、中华Ⅰ号、航天Ⅰ号和蓝天Ⅰ号,这 4 种基本系统建立了具有中国自主版权的数控技术平台。具有中国特色的经济型数控系统经过这些年来的发展,有了较大的改观。产品的性能和可靠性有了较大的提高,它们逐渐被用户认可,在市场上站住了脚。如上海开通数控有限公司的 KT 系列数控系统和步进驱动系统、北京凯恩帝数控技术有限公司的 KND 系列数控系统、广州数控设备厂的 GSK 系列数控系统等。这些产品的共同特点是数控功能较齐全,价格低,可靠性较好。

纵观这些年来我国数控技术的发展历程,尽管取得了不少成绩,但与国外发展的速度和水平相比,差距仍然很大,主要表现在产品水平低、品种少、质量不稳定。由于国产数控系统的竞争力较差,因而,目前我国中高档数控系统基本上被国外产品所垄断。随着国外经济型数控系统的进入,国产经济型数控系统一统天下的局面被打破,国产系统的市场占有率正在逐渐减小。而 FANUC 0T/0M-D+β 系列伺服驱动系统、Siemens 推出的 802D 数控系统和配套伺服驱动和三菱电机即将推出的低价位数控系统加配套伺服驱动,将进一步冲击国产数控系统市场。

应该看到,尽管我国数控事业取得长足进步,但在中高档数控系统领域,在高速、高精、多轴加工等方面,不论是产品系列化程度,还是功能部件,国内企业还略逊一筹。德国、美国、日本、意大利等国家,仍是世界机床业的第一梯队。

普及型数控系统市场是国内企业最难开拓的领域。统计显示,2006 年普及型数控系统 83% 的市场份额被国外企业抢占。在工艺管理、检测手段、质量控制、品牌认同度等方面,国内企业与国外都存在不小差距。

在高档数控系统,虽然国产五轴联动数控系统技术取得一定突破,但功能还不完善,实际应用中验证还不充分。2006 年,国外公司在中国销售高档数控系统 2000 台左右,约占市场份额 99.5%,而国产高档数控系统只销售了 10 多台,仅占市场份额 0.5%。

目前,我国数控行业遇到的严峻挑战是:对于我国技术尚不完善的五轴联动以上的高性能数控系统产品,发达国家至今仍封锁限制;由于我国数控技术进步,国外中高档数控系统开始大幅降价,市场竞争异常激烈;一些国外机床巨头采用高附加值产品销售、落后技术转让等方式占领国内市场,抢占产业发展先机。

国内经济发展为我国数控系统提供了广阔市场空间,预计到 2010 年,国内市场仅金属加工机床总需求就将达到 100 亿至 120 亿美元,其中数控机床需求将超过 10 万台。此外,航空航天、船舶工业、重大装备制造业、汽车及零部件制造业、微电子装备制造业对高档数控机床及数控系统的需求也将急剧增加。

2. 自动编程系统的发展

在 20 世纪 50 年代后期,美国首先研制成功了 APT(Automatically　Programmed Tools)系统。由于它具有语言直观易懂、制备控制介质快捷、加工精度高等优点,很快就成为广泛使用的自动编程系统。到了 20 世纪 60 年代和 70 年代,又先后发展了 APT Ⅲ 和 APT Ⅳ 系统,主要用于轮廓零件的程序编制,也可以用于点位加工和多坐标数控机床的程序编制。APT 语言系统很庞大,需要大型通用计算机,不适用于中、小用户。为此,还发展了一些比较灵活、针对性强的可用小型计算机的自动编程系统,如用于两坐标轮廓零件程序编制的 A-DAPT 系统等。

在西欧和日本,也在引进美国技术的基础上发展了各自的自动编程系统,如德国的 EX-APT 系统、法国的 IFAPT 系统、英国的 2CL 系统以及日本的 FAPT 和 HAPT 系统等。

1972 年,美国洛克希德飞机公司开发出具有计算机辅助设计、绘图和数控编程一体化功能的自动编程系统 CAD/CAM,由此标志着一种新型的计算机自动编程方法的诞生。1978 年,法国达索飞机公司开发研制出具有三维设计、分析和数控编程一体化功能的 CATIA 自动编程系统;1983 年,美国 Unigraphics　Solutions 公司开发研制出 UG Ⅱ CAD/CAM 系统,这也是目前应用最广泛的 CAD/CAM 软件之一。从 20 世纪 80 年代以后,各种不同的 CAD/CAM 自动编程系统如雨后春笋般发展起来,如 Master CAM,Surf CAM,Pro/Engineer 等。

自 20 世纪 90 年代中期以后,数控自动编程系统更是向着集成化、智能化、网络化、并行化和虚拟化方向迅速发展,标志着更新的自动编程系统的发展潮流和方向。

我国的自动编程系统发展较晚,但进步很快,目前主要有用于航空零件加工的 SKC 系统、ZCK 系统和 ZBC 系统,以及用于线切割加工的 SKG 系统等。

3. 自动化生产系统的发展

随着 CNC 技术、信息技术、网络技术以及系统工程学的发展,为从单机数控化向计算机控制的多机制造系统自动化发展创造了必要的条件。在 20 世纪 60 年代末期,出现了由一台计算机直接管理和控制一群数控机床的计算机群控系统,即直接数控系统 DNC(Direct NC),

1967 年出现了由多台数控机床联接成可调加工系统，这就是最初的柔性制造系统 FMS(Flexible Manufacturing System)。20 世纪 80 年代初又出现以 1~3 台加工中心为主体，再配上工件自动装卸的可交换工作台及监控检验装置的柔性制造单元 FMC(Flexible　Manufacturing Cell)。20 世纪 80 年代末 FMC 和 FMS 发展迅速，在 1989 年第八届欧洲国际机床展览会上展出的 FMS 超过 200 条。如图 0-1 所示，是加工箱体零件的柔性制造系统。

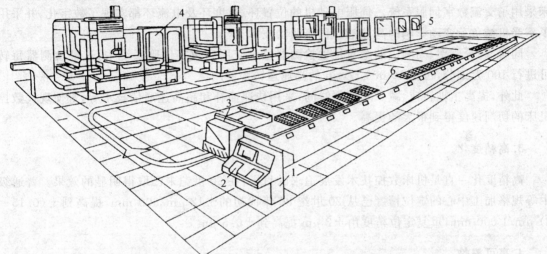

1—带有记录生产数据的主计算机控制与主计算机接口；2—生产数据记录打印；3—感应式无轨小车；
4—卧式镗铣加工中心；5—零件清洗站；6—托盘与上、下料工作站

图 0-1　加工箱体零件的柔性制造系统实例

0.3　现代数控技术发展趋势

现代数控机床正向着更高的速度、更高的精度、更高的可靠性及更完善的功能发展。

1. 智能化

在数控机床工作过程中，有许多变量直接或间接影响加工质量，如工件毛坯余量不均匀、材料硬度不一致、刀具磨损或破损、工件变形、机床热变形、化学亲和力、润滑和冷却液等因素。这些变量是事先难以预测的，编制加工程序时往往凭经验数据，而实际加工时，难以用最佳参数进行切削。现代数控机床由于采用了自适应控制技术，它能根据切削条件变化而自动调整并保持最优工作状态，从而使得其经济效果好，达到加工精度和表面质量均高的效果。

另外，在现代数控机床上装有各种类型的监控、检测装置，如红外线、声发射等检测装置，对工件及刀具进行监测，并监视加工全过程。一旦发现工件尺寸超差、刀具磨损破损，便立即

报警,并给予补偿或调换刀具。

2. 高速度化

现代机床数控系统多采用 32 位 CPU(目前已经开发出了 64 位 CPU 的新型数控系统)和多个 CPU 并行技术,使运算速度得到了很大的提高。与高性能数控系统相配合,现代数控机床采用了交流数字伺服系统。伺服电动机的位置环、速度环及电流环都实现了数字化,并采用了不受机械负荷变动影响的高速响应伺服驱动技术。

同时,高分辨率、高响应的绝对位置检测器也已应用到数字伺服系统中,这种检测器每转可进行 100 万细分,可在 10 000 r/min 的高速运转中使用。

此外,提高主轴转速、减少非切削时间,采用快速插补和超高速通信技术等,都使现代数控机床的切削速度得到很大的提高。

3. 高精度化

高精度化一直是机床数控技术发展追求的目标,在 20 世纪末已取得明显的效果。普通级中等规格加工中心的定位精度已从 20 世纪 80 年代初的 ± 12 μm/300 mm,提高到 $\pm (0.15 \sim 3)$ μm/1 000 mm,重复定位精度由 ± 2 μm 提高到 ± 0.5 μm。

4. 高可靠性

现代数控机床的可靠性是在设计阶段就开始进行,即预先确定可靠性指标,在生产过程中模拟实际工作条件进行检测,并采取各种提高可靠性的措施予以保证。通常采用的可靠性技术有:冗余技术,故障诊断技术,自动检错、纠错技术,系统恢复技术,软件可靠性技术等。

5. 多功能复合化

现代数控机床的多功能复合化发展,主要体现在以下几个方面:

① 大多数数控机床都具有 CRT 图形显示功能,可以进行二维图形的轨迹显示,有的还可以显示三维彩色动态图形。

② 大多数数控机床都具有人机对话功能,都有很"友好"的人机界面。借助 CRT 与键盘的配合,可以实现程序的输入、编辑、修改和删除等功能。此外还具有前台操作、后台编辑的功能,并大量采用菜单选择操作方式,操作更加简便。

③ 现代数控系统具有更高更强的通信功能,除了能与编程机、绘图机等外部设备通信外,还能与其他 CNC 系统通信,或与上级计算机通信,以实现 FMS 的进线要求。因此,除了具有 RS—232C 串行通信接口外,还有 RS—422 和 DNC 等多种通信接口。MAP 工业控制网络也在数控机床联网上得到了应用,为数控机床进入 CIMS 创造了条件。

0.4　本课程的性质、任务和内容

　　数控加工与编程是以数控机床加工中的工艺和编程问题为研究对象的机械加工技术。它以机械制造中的工艺和编程的基本理论为基础，结合数控机床的特点，综合运用多方面的知识解决数控加工中的工艺问题和编程问题。

　　数控加工与编程的内容包括数控加工工艺与数控加工程序编制的基本知识和基本理论、典型零件数控加工工艺分析和数控加工程序编制的方法等。数控加工与编程的研究宗旨是如何科学地、最优地设计数控加工工艺和数控加工程序，充分发挥数控机床的特点，实现在数控加工中产品的优质、高产和低耗。

　　数控加工与编程是数控技术专业和机电类专业的主要专业课程之一。通过本课程的学习，应基本掌握数控加工的加工工艺与程序编制的基本知识和基本理论；学会在生产中正确选择零件表面的数控加工方法；正确选择和使用数控机床、刀具、夹具；掌握数控加工工艺设计方法和数控加工程序编制方法。通过相关实践教学环节的配合，初步具有制订中等复杂程度零件的数控加工工艺的能力，初步具有编制中等复杂程度零件的数控加工程序的能力，以及分析解决生产实际中零件数控加工中的一般技术质量问题的能力。

第1章 数控加工工艺基本知识

1.1 数控加工工艺系统

1.1.1 数控加工工艺系统的基本组成

1. 数控机床加工工件的基本过程

从图 1-1 可以看出数控机床加工工件的基本过程,即从零件图到加工好零件的整个过程。

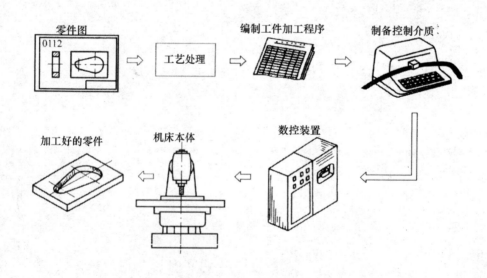

图 1-1 数控机床加工工件的基本过程

2. 数控加工工艺系统的组成

机械加工中,由机床、夹具、刀具和工件等组成的统一体,称为工艺系统。数控加工工艺系统是由数控机床、夹具、刀具和工件等组成的,如图 1-2 所示。

(1)数控机床

采用数控技术或装备了数控系统的机床,称为数控机床。它是一种技术密集度和自动化程度都比较高的机电一体化加工装备。数控机床是实现数控加工的主体。

(2)夹　具

在机械制造中,用以装夹工件(和引导刀具)的装置统称为夹具。在机械制造工厂,夹具的使用十分广泛,从毛坯制造到产品装配以及检测的各个生产环节,都有许多不同种类的夹具。夹具是实现数控加工的纽带。

(3)刀　具

金属切削刀具是现代机械加工中的重要工具。无论是普通机床还是数控机床都必须依靠刀具才能完成切削工作。刀具是实现数控加工的桥梁。

(4)工　件

工件是数控加工的对象。

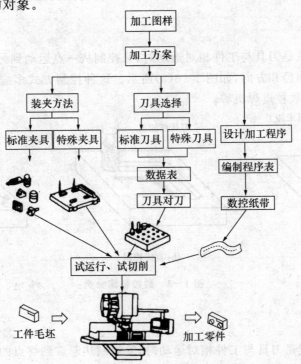

图 1-2　数控加工工艺系统的组成

1.1.2　数控机床的主要类型

随着数控技术的发展,数控机床出现了许多分类方法,但通常按以下最基本的几个方面进行分类。

1.按加工方式和工艺用途分类

这种分类方法和普通机床的分类方法相似,按切削方式不同,可分为数控车床、数控铣床、数控钻床、数控镗床和数控磨床等。

有些数控机床具有两种以上切削功能,例如,以车削为主兼顾铣、钻削的车削中心;具有铣、镗、钻削功能,带刀库和自动换刀装置的镗铣加工中心(简称加工中心)。

另外,还有数控电火花线切割、数控电火花成型、数控激光加工、等离子弧切割、火焰切割、数控板材成型、数控冲床、数控剪床、数控液压机等各种功能和不同种类的数控加工机床。

2.按加工路线分类

数控机床按其刀具与工件相对运动的方式,可以分为点位控制、直线控制和轮廓控制,如图1-3所示。

(1)点位控制

点位控制方式就是刀具与工件相对运动时,只控制从一点运动到另一点的准确性,而不考虑两点之间的运动路径和方向,如图1-3(a)所示。这种控制方式多应用于数控钻床、数控冲床、数控坐标镗床和数控点焊机等。

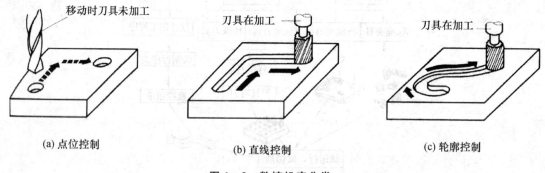

(a) 点位控制　　　　　(b) 直线控制　　　　　(c) 轮廓控制

图1-3　数控机床分类

(2)直线控制

直线控制方式就是刀具与工件相对运动时,除控制从起点到终点的准确定位外,还要保证平行坐标轴的直线切削运动。由于只作平行坐标轴的直线进给运动,因此不能加工复杂的工件轮廓,如图 1-3(b)所示。这种控制方式用于简易数控车床、数控铣床和数控磨床。

（3）轮廓控制

轮廓控制就是刀具与工件相对运动时,能对两个或两个以上坐标轴的运动同时进行控制,因此可以加工平面曲线轮廓或空间曲面轮廓,如图 1-3(c)所示。采用这类控制方式的数控机床有数控车床、数控铣床、数控磨床和加工中心等。

3. 按可控制联动的坐标轴分类

所谓数控机床可控制联动的坐标轴,是指数控装置控制几个伺服电动机,同时驱动机床移动部件运动的坐标轴数目。

（1）两坐标联动

数控机床能同时控制两个坐标轴联动,如图 1-4 所示,即数控装置同时控制 X 和 Z 方向运动,可用于加工各种曲线轮廓的回转体类零件。如果机床本身有 X,Y,Z 这 3 个方向的运动,数控装置只能同时控制 2 个坐标方向,如图 1-5 所示,实现 2 个坐标轴联动,但在加工中能实现坐标平面的变换,用于加工图 1-6(a)所示的零件沟槽。

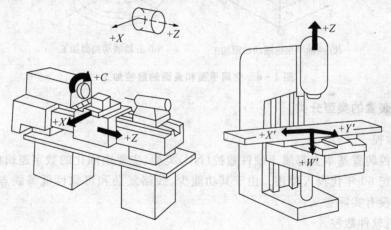

图 1-4　卧式车床　　　　　图 1-5　立式升降台铣床

（2）三坐标联动

数控装置能同时控制 3 个坐标轴联动,如图 1-5 所示,此时的铣床称为 3 坐标数控铣床,可用于加工曲面零件,如图 1-6(b)所示。

（3）两轴半坐标联动

数控机床本身有 3 个坐标轴能作 3 个方向的运动,但控制装置只能控制 2 个坐标,而第 3 个坐标只能作等距周期移动,可加工空间曲面零件,如图 1-6(c)所示。数控装置在 ZX 坐标平面内控制 X,Z 两坐标联动,加工垂直面内的轮廓表面,控制 Y 坐标作定期等距移动,即可加工出零件的空间曲面。

（4）多坐标联动

数控装置能同时控制 4 个以上坐标轴联动,多坐标数控机床的结构复杂、精度要求高、程序编制复杂,主要应用于加工形状复杂的零件。五轴联动铣床加工的曲面零件如图1-6(d)所示。

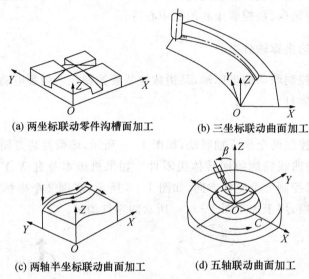

(a) 两坐标联动零件沟槽面加工 　　　　 (b) 三坐标联动曲面加工

(c) 两轴半坐标联动曲面加工 　　　　 (d) 五轴联动曲面加工

图 1 - 6　空间平面和曲面的数控加工

4. 按数控装置的类型分类

（1）硬件数控

早期的数控装置基本上都属于硬件数控(NC)类型,主要由固化的数字逻辑电路处理数字信息,于 20 世纪 60 年代投入使用。由于其功能少、线路复杂和可靠性低等缺点已经被淘汰,因而这种分类没有实际意义。

（2）计算机软件数控

用计算机处理数字信息的计算机数控(CNC)系统,于 20 世纪 70 年代初期投入使用。随着微电子技术的迅速发展,微处理器功能越来越强,价格越来越低,现在数控系统的主流是微机数控系统(MNC)。根据数控系统微处理器(CPU)的多少,可分为单微处理器数控系统和多微处理器数控系统。

5. 按伺服系统有无检测装置分类

按伺服系统有无检测装置可分为开环控制和闭环控制数控机床。在闭环控制系统中,根据检测装置的位置不同又可分为全闭环和半闭环两种。

6. 按数控系统的功能水平分类

数控系统并没有确切的档次界限,一般分为高级型、普及型和经济型 3 个档次。其参考评价指标包括 CPU 性能、分辨率、进给速度、联动轴数、伺服水平、通信功能和人机对话界面等。

(1)高级型数控系统

该档次的数控系统采用 32 位或更高性能的 CPU,联动轴数在五轴以上,分辨率为 0.1 μm 或小于 0.1 μm,进给速度不小于 24 m/mim(分辨率为 1 μm 时)或不小于 10 m/mim(分辨率为 0.1 μm 时),采用数字化交流伺服驱动,具有 MAP 高性能通信接口,具备联网功能,有三维动态图形显示功能。

(2)普及型数控系统

该档次的数控系统采用 16 位或更高性能的 CPU,联动轴数在五轴以下,分辨率在 1 μm 以内,进给速度不大于 24 m/min,可采用交、直流伺服驱动,具有 RS232 或 DNC 通信接口,有 CRT 字符显示和平面线性图形显示功能。

(3)经济型数控系统

该档次数控系统采用 8 位 CPU 或单片机控制,联动轴数在三轴以下,分辨率为 0.01 mm,进给速度 6～8 m/min,采用步进电动机驱动,具有简单的 RS232 通信接口,用数码管或简单的 CRT 字符显示。

1.1.3 数控刀具的主要种类和特点

1. 数控加工刀具的种类

数控加工刀具可分为常规刀具和模块化刀具两大类,模块化刀具是发展方向。发展模块化刀具的主要优点有:减少换刀停机时间,提高加工生产效率;缩短换刀及安装时间,提高小批量生产的经济性;提高刀具的标准化和合理化的程度;提高刀具的管理及柔性加工的水平;扩大刀具的利用率,充分发挥刀具的性能;有效地消除刀具测量工作的中断现象,可采用线外预调。事实上,由于模块化刀具的发展,数控刀具已形成了 3 大系统,即车削刀具系统、钻削刀具系统和镗铣刀具系统。

(1)从结构上对数控加工刀具的分类

① 整体式。

② 镶嵌式。又分为焊接式和机夹式。根据刀体结构不同,机夹式分为可转位和不转位。

③ 减振式。当刀具的工作臂长与直径之比较大时,为了减少刀具的振动,提高加工精度,多采用此类刀具。

④ 内冷式。切削液通过刀体内部由喷孔喷射到刀具的切削刃部。

⑤ 特殊型式。如复合刀具、可逆攻螺纹刀具等。

（2）从制造所采用的材料上对数控加工刀具的分类

① 高速钢刀具。高速钢通常是型坯材料，韧性较硬质合金好，硬度、耐磨性和高温硬度较硬质合金差，不适于切削硬度较高的材料，也不适于进行高速切削。高速钢刀具使用前需生产者自行刃磨，且刃磨方便，适用于各种特殊需要的非标准刀具。

② 硬质合金刀具。硬质合金刀具切削性能优异，在数控车削中被广泛使用。硬质合金刀具有标准规格系列产品，具体技术参数和切削性能由刀具生产厂家提供。

③ 陶瓷刀具。

④ 立方氮化硼刀具。

⑤ 金刚石刀具。

（3）从切削工艺上对数控加工刀具的分类

1）车削刀具

分外圆、内孔、外螺纹、内螺纹以及切槽、切端面、切端面环槽和切断等。

数控车床一般使用标准的机夹可转位刀具。机夹可转位刀具的刀片和刀体都有标准，刀片材料采用硬质合金、涂层硬质合金以及高速钢。

数控车床机夹可转位刀具类型有外圆刀具、外螺纹刀具、内圆刀具、内螺纹刀具、切断刀具、孔加工刀具（包括中心孔钻头、镗刀和丝锥等）。

机夹可转位刀具夹固较轻的磨刀片时通常采用螺钉、螺钉压板、杠销或楔块等结构。

常规车削刀具为长条方形刀体或圆柱刀杆。

方形刀体一般用槽形刀架螺钉紧固方式固定。圆柱刀杆是用套筒螺钉紧固方式固定。它们与机床刀盘之间的联接是通过槽形刀架和套筒接杆来联接的。在模块化车削工具系统中，刀盘的联接以齿条式柄体联接为多，而刀头与刀体的联接是"插入快换式系统"。它既可以用于外圆车削又可用于内孔镗削，也适用于车削中心的自动换刀系统。

数控车床使用的刀具从切削方式上分为圆柱表面切削刀具、端面切削刀具和中心孔类刀具 3 类。

2）钻削刀具

分小孔、短孔、深孔、攻螺纹、扩孔和铰孔等。

钻削刀具可用于数控车床、车削中心，又可用于数控镗铣床和加工中心。因此它的结构和联接形式有多种，如直柄、直柄螺钉紧定、锥柄、螺纹联接、模块式联接（圆锥或圆柱联接）等。

3）镗削刀具

镗刀从结构上可分为整体式镗刀柄、模块式镗刀柄和镗头类。从加工工艺要求上可分为粗镗刀和精镗刀。

4）铣削刀具

a. 面铣刀

面铣刀主要用于加工较大的平面。如图 1-7 所示，面铣刀圆周表面和端面上都有切削刃，圆周表面的切削刃为主切削刃，端面切削刃为副切削刃。面铣刀多制成套式镶齿结构，刀齿材料为高速钢或硬质合金，刀体为 $40C_r$。

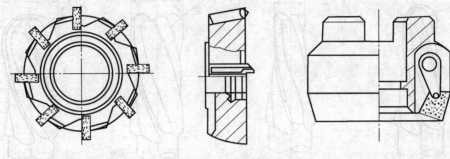

图 1-7 面铣刀

目前数控铣床上使用的面铣刀多为硬质合金面铣刀。硬质合金面铣刀的铣削速度较高，可获得较高的加工效率和加工表面质量，并可加工带有硬皮和淬硬层的零件。按刀片和刀齿的安装调整方式，硬质合金面铣刀分为整体焊接式、机夹焊接式和可转位式 3 种。可转位式面铣刀在提高加工质量和加工效率、降低成本、方便操作使用等方面都表现出明显的优越性，目前已得到广泛应用。

粗铣时，铣刀直径要小些，可减少切削扭矩。精铣时，铣刀直径要选大些，尽量包容零件整个加工宽度，以提高加工精度和效率，并减小相邻两次进给之间的接刀痕迹。

b. 立铣刀

立铣刀是数控加工中使用最多的一种铣刀，主要用于加工凹槽、较小的台阶面及平面轮廓等。如图1-8所示，立铣刀的圆柱表面和端面上都有切削刃，既可以同时进行切削也可以单独进行切削。圆柱表面的切削刃为主切削刃，端面上的切削刃为副切削刃。普通立铣刀的端面中心处无切削刃，故一般立铣刀不宜作轴向进给。通常直径在 $\phi4\sim\phi16$ 的立铣刀制成整体式结构，直径 $\phi16$ 以上的制成焊接式或可转位式结构。

为了能加工较深的沟槽，并保证有足够的备磨量，立铣刀的轴向长度一般较长。为了提高槽宽的加工精度，加工时可采用直径比槽宽小的铣刀，先铣槽的中间

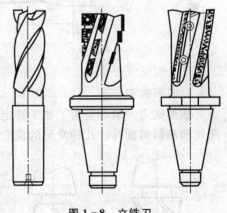

图 1-8 立铣刀

部分，然后用刀具半径补偿功能铣槽的两边。另外，为了改善切屑卷曲情况，增大容屑空间，防止切屑堵塞，立铣刀的刀齿数比较少，容屑槽圆弧半径则较大。

c. 模具铣刀

模具铣刀主要用于加工模具型腔、空间曲面等。如图 1-9 所示，模具铣刀由立铣刀演变

而来,常用的有圆锥形铣刀、圆柱形球头铣刀和圆锥形球头铣刀 3 种。因球头和端面布满了切削刃,经刀尖、圆周刃与球头刃圆弧相连,可做轴向和径向进给。

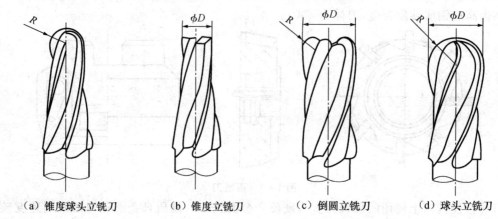

　（a）锥度球头立铣刀　　　（b）锥度立铣刀　　　（c）倒圆立铣刀　　　（d）球头立铣刀

图 1 - 9　模具铣刀

　　d. 键槽铣刀

　　键槽铣刀主要用于加工封闭的键槽。如图 1 - 10 所示,键槽铣刀结构与立铣刀相近,圆柱面和端面都有切削刃,它只有 2 个刀齿,端面刃延至中心,既像立铣刀,又像钻头。加工时,先沿轴向进给达到键槽深度,然后沿键槽方向铣出键槽全长。

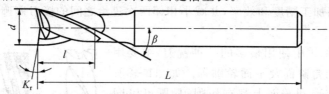

图 1 - 10　键槽铣刀

　　e. 成形铣刀

　　成形铣刀一般都是为了加工特定的零件而专门设计制造的,如各种直形或圆弧形的凹槽、燕尾槽和斜角面等。几种常见的成形铣刀如图 1 - 11 所示。

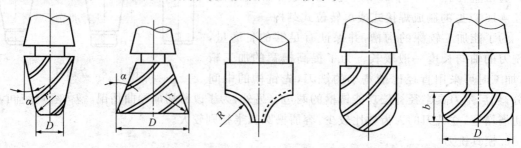

图 1 - 11　成形铣刀

（4）特殊型刀具

特殊型刀具有带柄自紧夹头刀柄、强力弹簧夹头刀柄、可逆式（自动反向）攻螺纹夹头刀柄、增速夹头刀柄二复合刀具和接杆类等。

2. 数控加工刀具的特点

为了达到高效、多能、快换、经济的目的，数控加工刀具与普通金属切削刀具相比应具有以下特点：

① 刀片及刀柄高度通用化、规格化和系列化。

② 刀片或刀具的耐用度及经济寿命指标合理化。

③ 刀具或刀片几何参数和切削参数规范化、典型化。

④ 刀片或刀具材料及切削参数与被加工材料之间应相匹配。

⑤ 刀具应具有较高的精度，包括刀具的形状精度、刀片及刀柄对机床主轴的相对位置精度、刀片及刀柄的转位及拆装的重复精度。

⑥ 刀柄的强度要高、刚性及耐磨性要好。

⑦ 刀柄或工具系统的装机重量有限度要求。

⑧ 刀片及刀柄切入的位置和方向有要求。

⑨ 刀片、刀柄的定位基准及自动换刀系统要优化。

数控机床上用的刀具应满足安装调整方便、刚性好、精度高和耐用度好等要求。

1.1.4　数控机床夹具的类型和特点

应用机床夹具，有利于保证工件的加工精度，稳定产品质量；有利于提高劳动生产率和降低成本；有利于改善工人劳动条件，保证安全生产；有利于扩大机床工艺范围，实现"一机多用"。

1. 机床夹具的类型

夹具是一种装夹工件的工艺装备，它广泛地应用于机械制造过程的切削加工、热处理、装配、焊接和检测等工艺过程。

在金属切削机床上使用的夹具统称为机床夹具。在现代生产中，机床夹具是一种不可缺少的工艺装备，它直接影响着工件加工的精度、劳动生产率和产品的制造成本等。

机床夹具的种类繁多，可以从不同的角度对机床夹具进行分类。常用的分类方法有以下几种。

（1）按夹具的使用特点分类

根据夹具在不同生产类型中的通用特性，机床夹具可分为通用夹具、专用夹具、可调夹具、组合夹具和拼装夹具 5 大类。

1）通用夹具

已经标准化的可加工一定范围内不同工件的夹具，称为通用夹具，其结构、尺寸已规格化，而且具有一定通用性，如三爪自定心卡盘、机床用平口虎钳、四爪单动卡盘、台虎钳、万能分度头、顶尖、中心架和磁力工作台等。这类夹具适应性强，可用于装夹一定形状和尺寸范围内的各种工件。这些夹具已作为机床附件由专门工厂制造供应，只需选购即可。其缺点是夹具的精度不高，生产率也较低，且较难装夹形状复杂的工件，故一般适用于单件小批量生产。

2）专用夹具

专为某一工件的某道工序设计制造的夹具，称为专用夹具。在产品相对稳定、批量较大的生产中，采用各种专用夹具，可获得较高的生产效率和加工精度。专用夹具的设计制造周期较长、投资较大。

专用夹具一般在批量生产中使用。除大批量生产之外，中小批量生产中也需要采用一些专用夹具，但在结构设计时要进行具体的技术经济分析。

3）可调夹具

某些元件可调整或更换，以适应多种工件加工的夹具，称为可调夹具。可调夹具是针对通用夹具和专用夹具的缺陷而发展起来的一类新型夹具。对不同类型和尺寸的工件，只需调整或更换原来夹具上的个别定位元件和夹紧元件便可使用。它一般又可分为通用可调夹具和成组夹具两种。前者的通用范围比通用夹具更大；后者则是一种专用可调夹具，它按成组原理设计并能加工一组相似的工件，故在多品种、中小批量生产中使用有较好的经济效果。

4）组合夹具

组合夹具如图 1-12 所示。采用标准的组合元件、部件，专为某一工件的某道工序组装的夹具，称为组合夹具。组合夹具是一种模块化的夹具。标准的模块元件具有较高精度和耐磨性，可组装成各种夹具。夹具用毕可拆卸，清洗后留待组装新的夹具。由于使用组合夹具可缩短生产准备周期，元件能重复多次使用，并具有减少专用夹具数量等优点，因此组合夹具在单件、中小批量多品种生产和数控加工中，是一种较经济的夹具。

5）拼装夹具

用专门的标准化、系列化的拼装零部件拼装而成的夹具，称为拼装夹具。它具有组合夹具的优点，但比组合夹具精度高、效能高、结构紧凑。它的基础板和夹紧部件中常带有小型液压缸。此类夹具更适合在数控机床上使用。

（2）按使用机床分类

夹具按使用机床不同，可分为车床夹具、铣床夹具、钻床夹具、镗床夹具、齿轮机床夹具、数控机床夹具、自动机床夹具、自动线随行夹具以及其他机床夹具等。

（3）按夹紧的动力源分类

夹具按夹紧的动力源可分为手动夹具、气动夹具、液压夹具、气液增力夹具、电磁夹具以及真空夹具等。

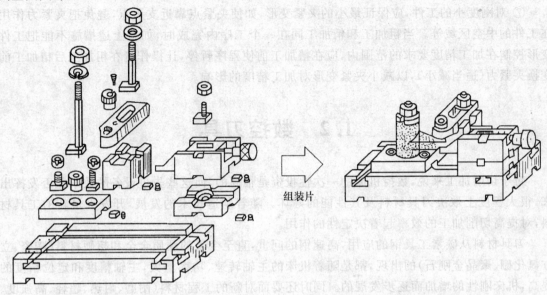

组装片

图 1－12　组合夹具组装示意图

2. 数控加工夹具的特点

作为机床夹具，首先要满足机械加工时对工件的装夹要求，同时，数控加工的夹具还有它本身的特点。

① 数控加工适用于多品种、中小批量生产，为能装夹不同尺寸、不同形状的多品种工件，数控加工的夹具应具有柔性，经过适当调整即可夹持多种形状和尺寸的工件。

② 传统的专用夹具具有定位、夹紧、导向和对刀 4 种功能，而数控机床上一般都配备有接触式测头、刀具预调仪及对刀部件等设备，可以由机床解决对刀问题。数控机床上由程序控制的准确的定位精度，可实现夹具中的刀具导向功能。因此数控加工中的夹具一般不需要导向和对刀功能，只要求具有定位和夹紧功能，就能满足使用要求，这样可简化夹具的结构。

③ 为适应数控加工的高效率，数控加工夹具应尽可能使用气动、液压、电动等自动夹紧装置快速夹紧，以缩短辅助时间。

④ 夹具本身应有足够的刚度，以适应大切削用量切削。数控加工具有工序集中的特点，在工件的一次装夹中既要进行切削力很大的粗加工，又要进行达到工件最终精度要求的精加工，因此夹具的刚度和夹紧力都要满足大切削力的要求。

⑤ 为适应数控机床多方面加工的特点，要避免夹具结构包括夹具上的组件对刀具运动轨迹的干涉，夹具结构不要妨碍刀具对工件各部位的多面加工。

⑥ 夹具的定位要可靠，定位元件应具有较高的定位精度，定位部位应便于清屑，无切屑积

留。如工件的定位面偏小，可考虑增设工艺凸台或辅助基准。

⑦ 对刚度小的工件，应保证最小的夹紧变形，如使夹紧点靠近支承点，避免把夹紧力作用在工件的中空区域等。当粗加工和精加工同在一个工序内完成时，如果上述措施不能把工件变形控制在加工精度要求的范围内，应在精加工前使程序暂停，让操作者在粗加工后精加工前变换夹紧力（适当减小），以减小夹紧变形对加工精度的影响。

1.2　数控刀具

对于切削加工来说，数控机床的一次性投资是很高的，而这些先进设备的效率能否发挥出来，很大程度上取决刀具材料及其性能的好坏。随着制造技术的发展，开发大量新的工具材料，对提高切削加工的效率起着决定性的作用。

刀具材料从碳素工具钢的应用，高速钢的问世，直至今天的硬质合金和超硬材料（陶瓷、立方氮化硼、聚晶金刚石）的出现，都是随着机床的主轴转速、功率增大，主轴精度和定位精度的提高，机床刚性的增加而逐步发展的。同时还要面对新的工程材料（耐磨、耐热、超轻、高强度、纤维等）的开发和应用，其目的是要在保证被加工件的精度和质量的前提下，提高单位时间内的切削量，即机床与工具这一系统工程中的总体效益。

1.2.1　数控刀具材料

1.切削用刀具材料应具备的性能

金属加工时，刀具受到很大的切削压力、摩擦力和冲击力，产生很高的切削温度。在这种高温、高压的摩擦环境下工作，刀具材料需满足以下一些基本要求。

（1）高硬度

刀具是从工件上切除材料，所以刀具材料的硬度必须高于工件材料的硬度。刀具材料的最低硬度应在 60 HRC 以上。对于碳素工具钢材料，在室温条件下硬度应在 62 HRC 以上；高速钢硬度为 63～70 HRC；硬质合金刀具硬度为 89～93 HRC。

（2）高强度与强韧性

刀具材料在切削时受到很大的切削力与冲击力。如切削 45 钢，在背吃刀量 $a_p=4$ mm、进给量 $f=0.5$ mm/r 的条件下，刀片所承受的切削力达到 4 000 N，可见刀具材料必须具有较高的强度和较强的韧性。一般刀具材料的韧性用冲击韧度 a_k 表示，反映刀具材料抗脆性和崩刃能力。

（3）较强的耐磨性和耐热性

刀具耐磨性是指刀具抵抗磨损的能力。一般刀具硬度越高，耐磨性越好。刀具金相组织中硬质点越多、颗粒越小、分布越均匀，则刀具耐磨性越好。

刀具材料耐热性是衡量刀具切削性能的主要标志，通常用高温下保持高硬度的性能来衡量，也称热硬性。刀具材料高温硬度越高，则耐热性越好，在高温时抗塑性变形能力、抗磨损能力越强。

（4）优良的导热性

刀具导热性好，表示切削产生的热量容易传导出去，降低了刀具切削部分温度，减少刀具磨损。另外刀具材料导热性好，其抗耐热冲击和抗热裂纹性能也越强。

（5）良好的工艺性和经济性

刀具不但要有良好的切削性能，本身还要易于制造，这要求刀具材料有较好的工艺性，如锻造、热处理、焊接、高温塑性变形等功能。此外，经济性也是刀具材料的重要指标之一，选择刀具时，要考虑经济效果，以降低生产成本。

2. 各种刀具材料

（1）高速钢

从 1906 年 Taylor 和 White 发明高速钢（high speed steel）以来，通过许多改进至今仍被大量使用，大体上可分为 W 系和 M_o 系两大类。其主要特征有：合金元素含量多且结晶颗粒比其他工具钢细，淬火温度极高（1 200 ℃）而淬透性极好，可使刀具整体的硬度一致。回火时有明显的二次硬化现象，甚至比淬火硬度更高且耐回火软化性较高，在 600 ℃仍能保持较高的硬度，较之其他工具钢耐磨性好且比硬质合金韧性高，但压延性较差，热加工困难，耐热冲击较弱。因此高速钢刀具仍是数控机床刀具的选择对象之一。目前国内外应用比较普遍的高速钢刀具材料以 WM_o，WM_oAl 为主，其中 WM_oAl 是我国所特有的品种。

（2）硬质合金

硬质合金（cemented carbide）是将钨钴类（WC），钨钛钴类（WC - TiC），钨钛钽（铌）钴类（WC - TiC - TaC）等硬质碳化物以 Co 为结合剂烧结而成的物质，由德国的 Krupp 公司于 1926 年发明，其主体为 WC - Co 系，在铸铁、非铁金属和非金属的切削中大显身手。1929—1931 年前后，TiC 以及 TaC 等添加的复合碳化物系硬质合金在铁系金属的切削之中显示出极好的性能。于是，硬质合金得到了很大程度的普及。

按 ISO 标准主要以硬质合金的硬度、抗弯强度等指标为依据，硬质合金刀片材料大致分为 P，M，K 等 3 大类。

1）K 类

国家标准 YG 类，成分为 WC＋Co，适于加工短切屑的黑色金属、有色金属及非金属材料。主要成分为碳化钨和 3%～10%钴，有时还含有少量的碳化钽等添加剂。

2)P 类

国家标准 YT 类,成分为 WC+TiC,适于加工长切屑的黑色金属。主要成分为碳化钛、碳化钨和钴(或镍),有时加入碳化钽等添加剂。

3)M 类

国家标准 YW 类,成分为 WC+TiC+TaC,适于加工长切屑或短切屑的黑色金属和有色金属。成分和性能介于 K 类和 P 类之间,可用来加工钢和铸铁。

以上为一般切削工具所用硬质合金的大致分类。在此之外,还有超微粒子硬质合金,可以认为从属于 K 类。但因其烧结性能上要求结合剂 Co 的含量较高,故高温性能较差,大多只使用于钻、铰等低速切削工具。

在国际标准(ISO)中通常又分别在 K,P,M 这 3 种代号之后附加 01,05,10,20,30,40,50 等数字更进一步细分。一般来讲,数字越小者,硬度越高但韧性越低;而数字越大则韧性越高但硬度越低。

涂层硬质合金刀片是在韧性较好的工具表面利用气相沉积方法涂覆一薄层耐磨性好的难熔金属或非金属化合物而获得的,使刀具在切削中同时具有既硬而又不易破损的性能。英文名称为 Coated tool。

涂层的方法分为两大类,一类为物理涂层(PVD);另一类为化学涂层(CVD)。一般来说物理涂层是在 550℃ 以下将金属和气体离子化后喷涂在工具表面;而化学涂层则是将各种化合物通过化学反应沉积在工具上形成表面膜,反应温度一般都在 $1\,000 \sim 1\,100$℃。最近低温化学涂层也已实用化,温度一般控制在 800 ℃左右。

常见的涂层材料有 TiC,TiN,TiCN,Al_2O_3,$TiAlO_x$ 等陶瓷材料。由于这些陶瓷材料都具有耐磨损(硬度高)、耐腐蚀(化学稳定性好)等性能,所以就硬质合金的分类来看,既具备 K 类的功能,也能满足 P 类和 M 类的加工要求。也就是说,尽管涂层硬质合金刀具基体是 P,M,K 中的某一种类,而涂层之后其所能覆盖的种类就相当广了,既可以属于 K 类,也可以属于 P 类和 M 类。故在实际加工中对涂层刀具的选取不应拘泥于 P(YT),M(YW),K(YG)等划分,而是应该根据实际加工对象、条件以及各种涂层刀具的性能进行选取。

从使用的角度来看,希望涂层的厚度越厚越好。但涂层厚度一旦过厚,则缩小易引起剥离而使工具丧失本来的功效。一般情况下,用于连续高速切削的涂层厚度为 $5 \sim 15\ \mu m$,多为 CVD 法制造。在冲击较强的切削中,特别要求涂膜有较高的附着强度以及涂层对工具的韧性不产生太大的影响,涂层的厚度大多控制在 $2 \sim 3\ \mu m$ 左右,且多为 PVD 涂层。

涂层刀具的使用范围相当广,从非金属、铝合金到铸铁、钢以及高强度钢、高硬度钢和耐热合金、钛合金等难加工材料的切削均可使用,且普遍较硬质合金的性能要好。

目前,最先进的涂层技术也称 ZX 技术,是利用纳米技术和薄膜涂层技术,使每层膜厚为 1 nm 的 TiN 和 AlN 超薄膜交互重叠约 $2\,000$ 层进行蒸着累积而成,在世界上首次实现将其实用化,这是继 TiC,TiN,TiCN 后的第四代涂层。它的特点是远比以往的涂层硬,接近立方氮化硼(CBN)的硬度,寿命是一般涂层的 3 倍,大幅度提高耐磨损性,产品应用更加广泛,是有发展前途的刀具材料。

(3)陶　瓷

以陶瓷(ceramics)作为切削工具从 20 世纪 30 年代就开始被研究。陶瓷刀具基本上由两大类组成:一类为纯氧化铝类(白色陶瓷),另一类为 TiC 添加类(黑色陶瓷);另外还有在 Al_2O_3 中添加 SiCW(晶须)、ZrO_2(青色陶瓷)来增加韧性的,以及以 Si_3N_4 为主体的陶瓷刀具。

陶瓷材料具有高硬度,耐热性好(约 2 000℃下亦不会融熔)的特性,化学稳定性很好,但韧性很低。对此,最近热等静压技术的普及对改善结晶的均匀细密性、提高陶瓷的各项性能均衡乃至提高韧性起到了很大的作用,作为切削工具用的陶瓷抗弯强度已经提高到 900 MPa 以上。

一般来说,陶瓷刀具相对硬质合金和高速钢来说仍是极脆的材料。因此,多用于高速连续切削,例如铸铁的高速加工。另外,陶瓷的热传导率相对硬质合金来说非常低,是现有工具材料中最低的一种,故在切削加工中加工热容易被积蓄,且对于热冲击的变化较难承受。所以,加工中陶瓷刀具很容易因热裂纹产生崩刃等损伤,且切削温度亦较高。陶瓷刀具因其材质的化学稳定性好、硬度高,在耐热合金等难加工材料的加工中有广泛的应用。

金属切削加工所用刀具的研究开发,总是在不断地追求硬度而自然遇到了韧性问题。金属陶瓷就是为解决陶瓷刀具的脆性大而出现的,其成分以 TiC(陶瓷)为基体,Ni,Mo(金属)为结合剂,故取名为金属陶瓷。

金属陶瓷刀具最大优点是与被加工材料的亲和性极低,故不易产生粘刀和积屑瘤现象,使加工表面非常光洁平整,在一般刀具材料中可谓精加工用的佼佼者。但由于韧性差,大大限制了它的使用范围。通过添加 WC,TaC,TiN,TaN 等异种碳化物,使其抗弯强度达到了硬质合金的水平,因而得到广泛的运用。日本黛杰(DIJET)公司新近推出通用性更为优良的 CX 系列金属陶瓷,以适应各种切削状态的加工要求。

(4)立方氮化硼

立方氮化硼 CBN(cubic boron nitdde)是靠超高压、高温技术人工合成的新型刀具材料,其结构与金刚石相似,此工具由美国 GE 公司研制开发。它的硬度略逊于金刚石,但热稳定性远高于金刚石,并且与铁族元素亲和力小,不易产生"积屑瘤"。

CBN 粒子硬度高达 4 500 HV,热传导率高,在大气中加热至 1 300℃仍保持性能稳定,且与铁的反应性很低,是迄今为止能够加工铁系金属最硬的一种刀具材料。它的出现使无法进行正常切削加工的淬火钢、耐热钢的高速切削变成可能。硬度 60~65 HRC,70 HRC 的淬硬钢等高硬度材料均可采用 CBN 刀具来进行切削。所以,在很多场合都以 CBN 刀具进行切削来取代迄今为止只能采用磨削来加工的工序,使加工效率得到了极大的提高。

切削加工普通灰铸铁时,一般来说线速度在 300 m/min 以下采用涂层硬质合金,300~

500 m/min 以内采用陶瓷,500 m/min 以上用 CBN 刀具材料。而且最近的研究表明,用 CBN 切削普通铸铁,当速度超过 800 m/min 时,刀具寿命随着切削速度的增加反而更长。其原因一般认为在切削过程中,刃口表面会形成 Si_3N_4,Al_2O_3 等保护膜替代刀刃的磨损。因此,可以说 CBN 将是超高速加工的首选刀具材料。

(5)聚晶金刚石

1975 年美国 GE 公司开发了用人造金刚石颗粒通过添加 Co、硬质合金、NiCr,Si - SiC 以及陶瓷结合剂在高温(1 200℃以上)、高压下烧结成形的聚晶金刚石 PCD(polymerize crystal diamond)刀具,使其得到了广泛的使用。

金刚石刀具与铁系金属有极强的亲和力,切削中刀具中的碳元素极易发生扩散而导致磨损。但与其他材料的亲和力很低,切削中不易产生粘刀现象,切削刃口可以磨得非常锋利。所以它只适用于高效地加工有色金属和非金属材料,能得到高精度、小表面粗糙度值的加工面,特别是 PCD 刀具消除了金刚石的性能异向性,使其在高精加工领域中得到了普及。金刚石在大气中温度超过 600℃时将被碳化而失去其本来面目,故金刚石刀具不宜用于可能会产生高温的切削中。

上述 5 大类刀具材料,从总体上分析,材料的硬度、耐磨性,金刚石最高,递次降低到高速钢。而材料的韧性则是高速钢最高,金刚石最低。图 1 - 13 中显示了目前实用的各种刀具材料根据硬度和韧性排列的大致位置。涂层刀具材料具有较好的实用性能,也是将来能使硬度和韧性并存的手段之一。在数控机床中,采用最广泛的是硬质合金类。因为这类材料目前从经济性、适应性、多样性和工艺性等各方面,综合效果都优于陶瓷、立方氮化硼及聚晶金刚石。

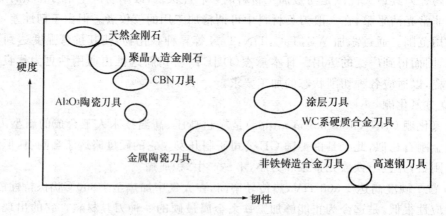

图 1 - 13　刀具材料的硬度与韧性的关系

1.2.2　数控刀具的失效形式及可靠性

1. 数控刀具的失效形式及对策

在切削过程中,刀具磨损到一定限度,刀刃崩刃或破损,刀刃卷刃(塑变)时,刀具丧失其切削能力或无法保障加工质量,称之为刀具失效。刀具失效的主要形式及产生原因和对策如下。

(1)后刀面磨损

由机械应力引起的出现在后刀面上的摩擦磨损。

由于刀具材料过软,刀具的后角偏小,加工过程中切削速度太高,进给量太小,造成后刀面磨损过量,使得加工表面尺寸精度降低,增大摩擦力。应该选择耐磨性高的刀具材料,同时降低切削速度,提高进给量,增大刀具后角。这样才能避免或减少后刀面磨损现象的发生。

(2)边界磨损

主切削刃上的边界磨损常见于与工件的接触面处。

主要原因是工件表面硬化、锯齿状切屑造成的摩擦,影响切屑的流向并导致崩刃。只有降低切削速度和进给速度,同时选择耐磨刀具材料并增大前角使切削刃锋利。

(3)前刀面磨损

在前刀面上由摩擦和扩散导致的磨损,又称月牙洼磨损。

前刀面磨损主要由切屑和工件材料的接触以及对发热区域的扩散引起。另外刀具材料过软,加工过程中切削速度太高,进给量太大,也是前刀面磨损产生的原因。前刀面磨损会使刀具产生变形、干扰排屑、降低切削刃强度。主要采用降低切削速度和进给速度,同时选择涂层硬质合金材料,可以减少前刀面的磨损。

(4)塑性变形

切削刃在高温或高应力作用下产生的变形。

切削速度、进给速度太高以及工件材料中硬质点的作用,刀具材料太软和切削刃温度很高等现象是产生塑性变形的主要原因。它将影响切屑的形成质量,有时也可导致崩刃。可以采取降低切削速度和进给速度,选择耐磨性高和导热系数高的刀具材料等对策,以减少塑性变形磨损的产生。

(5)积屑瘤

工件材料在刀具前刀面上的粘附并堆积而形成的一个很硬的楔块称积屑瘤。

积屑瘤降低加工表面质量并会改变切削刃形状最终导致崩刃。采取的对策有采用合理的切削速度,选择涂层硬质合金或金属陶瓷等与工件材料亲和力小的刀具材料,并使用冷却液。

(6)刃口剥落

切削刃上出现一些很小的缺口,而非均匀的磨损。

主要由于断续切削,切屑排除不流畅造成。应该在开始加工时降低进给速度,选择韧性好的刀具材料和切削刃强度高的刀片,就可以避免刀口剥落现象的产生。

(7)崩 刃

崩刃将损坏刀具和工件。

主要原因是刃口的过度磨损和较高的应力,也可能由于刀具材料过硬,切削刃强度不够及进给量太大造成。应选择韧性好的合金材料,加工时减小进给量和切削深度,另外选用高强度或刀尖圆角较大的刀片。

(8)热裂纹

由于断续切削时温度变化产生的垂直于切削刃的裂纹。

热裂纹可降低工件表面质量并导致刃口剥落,应选择韧性好的合金材料,同时减小进给量和切削深度,并进行干式冷却或在湿式切削时有充足的冷却液。

2. 刀具失效在线监测方法

在数控加工中,进行刀具失效的在线监测,可及时发出警报、自动停机并自动换刀,避免刀具的早期磨损或破损导致工件报废,防止损坏机床,减少废品的产生。

近年来国内外在刀具失效的在线监测方面做了大量的工作,发展了不少新的检测预报方法,有些方法已开始应用于生产。刀具失效的在线监测方法很多,有直接检测和间接检测,有连续检测和非连续检测。在刀具切削过程中进行连续检测,能及时发现刀具损坏,但不少刀具很难实现在线连续检测,而在刀具非工作时间容易检测,因此需要根据具体情况选择合适的刀具失效的在线监测方法。表1-1列出了当前刀具磨损破损检测方法,检测的特征量和所使用的传感器及应用场合。刀具磨损失效的在线监测是一项正在研究发展中的技术。

表 1-1　刀具磨损破损检测方法

检 测 方 法		信 号	特征量或处理方法	使用传感器	应用场合
直接检测	测切削刃形状、位置	光	将摄像机输出的图像数字化,然后进行计算	工业电视、光传感器等	在线非实时监视多种刀具
间接检测	测切削力	力	切削力变化量或切削分力比率	测力仪	车、钻、镗削
	测电动机功耗	功率电流	主电动机或进给电动机功率、电流变化量或波形变化	功率仪电流仪	车、钻、镗削等
	测刀杆振动	加速度	切削过程中的振动振幅变化	加速度计	车、铣削等
	测声发射	声发射信号	刀具破损时声发射信号特征分析	声发射传感器	车、铣、钻、拉、镗、攻螺纹
	测切削温度	温度	切削温度的突发增量	热电偶	车　削
	测工件质量	尺寸变化、表面粗糙度变化	加工表面粗糙变化、工件尺寸变化	测微仪、光、气、液压传感器等	各种切削工艺

3. 数控刀具可靠性

提高刀具的可靠性,是数控加工对刀具最突出的要求。到目前为止,我国的刀具标准中只规定刀具的技术性能指标,而没有提出可靠性要求。由于材料性能的分散,制造工艺条件控制不严,有相当比例的刀具性能远低于平均性能,可靠性差。这不能适应现代技术发展的要求,更不能适应数控加工的要求。

使用刀具的首要问题是刀具的使用寿命(耐用度),它限制了切削用量的提高,限制了生产率的提高。由于刀具材料和工件材料性能的分散性,刀具制造工艺和工作条件的随机性,刀具耐用度有很大的随机性和分散性。所谓"刀具可靠性"是指刀具在规定的切削条件和时间内,完成额定工作的能力。刀具可靠性既有一定的平均数量特性,又有随机性的特点。因此研究刀具可靠性都采用数理统计和概率分析方法,通常用"可靠度"或"可靠耐用度"来作为刀具可靠性的评价指标。

刀具可靠度是指刀具在规定的切削条件和时间内,能完成额定工作的概率,也就是刀具在已确定工作条件和切削规范下能完成预定的切削时间(耐用度)而刀具未损坏的概率。常用 $R(t)$ 来表示刀具的可靠度,用 $F(t)$ 表示相应的刀具损坏概率或不可靠度,有

$$R(t) + F(t) = 1 \tag{1-1}$$

刀具的可靠耐用度 t_r 是指刀具达到规定的可靠度 r 时的耐用度(切削时间),即 $R(t_r) = r$,常用 t_r 来表示刀具的可靠耐用度。

$$t_r = R^{-1}(t) \tag{1-2}$$

对于多刃刀具,只要有一齿损坏就认为刀具损坏,所以多齿刀具的可靠度 $R_z(t)$ 低于单齿刀具的可靠度,表示为

$$R_z(t) = [R(t)]^z \tag{1-3}$$

使用上述公式可以进行刀具可靠度的评价和计算。

现在生产中刀具可靠耐用度的制定,大多数是根据过去长期生产积累的统计资料数据,初步确定某一可靠度和可靠耐用度,到时强制换刀,进行生产验证,再进行修改,最终确定实际采用的可靠耐用度。

1.2.3　数控可转位刀片

1. 可转位刀片代码

从刀具的材料应用方面,数控机床用刀具材料主要是各类硬质合金。从刀具的结构方面,数控机床主要采用镶嵌式机夹可转位刀片的刀具。因此对硬质合金可转位刀片的运用是数控机床操作者必须了解的内容之一。

选用机夹式可转位刀片,首先要了解可转位刀片型号表示规则、各代码的含义。按国际标准 ISO1832—1985,可转位刀片的代码是由 10 位字符组成,其排列如下:

$$\boxed{1}\;\boxed{2}\;\boxed{3}\;\boxed{4}\;\boxed{5}\;\boxed{6}\;\boxed{7}\;\boxed{8}-\boxed{9}\;\boxed{10}$$

其中每一位字符代表刀片某种参数的意义:

1—刀片的几何形状及其夹角。

2—刀片主切削刃后角(法后角)。

3—公差。表示刀片内接圆 d 与厚度 s 的精度级别。

4—刀片形式、紧固方法或断屑槽。

5—刀片边长、切削刃长。

6—刀片厚度。

7—修光刀。刀尖圆角半径 r 或主偏角 K_r 或修光刃后角 α_n。

8—切削刃状态。尖角切削刃或倒棱切削刃。

9—进刀方向或倒刃宽度。

10—各刀具公司的补充符号或倒刃角度。

在一般情况下,第 8 和 9 位的代码在有要求时才填写。此外,各公司可以另外添加一些符号,用连接号将其与 ISO 代码相连接(如—PF 代表断屑槽型)。可转位刀片用于车、铣、钻、镗等不同的加工方式,其代码的具体内容也略有不同,每一位字符参数的具体含义可参考各公司的刀具样本。

2. 数控可转位刀片的断屑槽槽形

为满足能断屑、排屑流畅、加工表面质量好、切削刃耐磨等综合性要求,可转位刀片制成各种断屑槽槽型。目前,我国标准 GB 2080—87 中所表示的槽形为 V 形断扁槽,槽宽为 $V_0 < 1\ \mathrm{mm}$,$V_1 = 1\ \mathrm{mm}$,$V_2 = 2\ \mathrm{mm}$,$V_3 = 3\ \mathrm{mm}$,$V_4 = 4\ \mathrm{mm}$ 等 4 种。各刀具公司都有自己的断屑槽槽形,选择具体断屑槽代号可参考各公司刀具样本。例如,日本三菱公司根据被加工材料的不同性质及切削范围,提供了最适合车削加工的断屑槽类型。

3. 数控可转位刀片的夹紧方式

可转位刀片的刀具由定位元件、夹紧元件和刀体组成,为了使刀具能达到良好的切削性能,对刀片的夹紧方式有如下基本要求:

① 夹紧可靠,不允许刀片松动或移动。

② 定位准确,确保定位精度和重复精度。

③ 排屑流畅,有足够的排屑空间。

④ 结构简单,操作方便,制造成本低,转位动作快,缩短换刀时间。

常见的可转位刀片的夹紧方式有以下几种:

① 楔块上压式;② 杠杆式;③ 螺钉上压式。图 1-14 列举了各种夹紧方式,以满足不同的加工范围。为给定的加工工序选择最合适的夹紧方式,已将它们按照适应性分为 1～3 个等级,其中 3 级表示最合适的选择,参见表 1-2 所列。

4. 数控可转位刀片的选择

根据被加工零件的材料、加工精度、表面粗糙度要求和加工余量等条件来决定刀片的类型。这里主要介绍车削加工中刀片的选择方法,其他切削加工的刀片也可参考。

(1)刀片材料选择

车刀刀片的材料主要有高速钢、硬质合金、涂层硬质合金、陶瓷、立方氮化硼和金刚石等。其中应用最多的是硬质合金和涂层硬质合金刀片。选择刀片材料,主要依据被加工工件的材料、被加工表面的精度要求、切削载荷的大小以及切削过程中有无冲击和振动等。

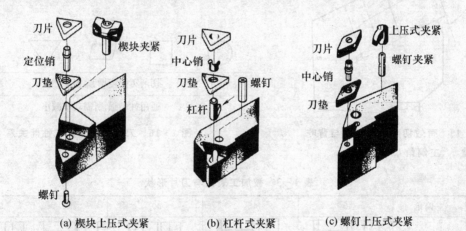

(a) 楔块上压式夹紧　　(b) 杠杆式夹紧　　(c) 螺钉上压式夹紧

图 1-14　夹紧方式

表 1-2　各种夹紧方式最合适的加工范围

夹紧方式　　　　　　加工范围	杠杆式	楔块上压式	螺钉上压式
可靠夹紧/紧固	3	3	3
仿形加工/易接近性	2	3	3
重复性	3	2	3
仿形加工/轻负荷加工	2	3	3
断续加工工序	3	2	3
外圆加工	3	1	3
内圆加工	3	3	3

（2）刀片尺寸选择

刀片尺寸的大小取决于必要的有效切削刃长度 L，有效切削刃长度与背吃刀量 a_p 和主偏角 k_r 有关，如图 1-15 所示。使用时可查阅有关刀具手册选取。

（3）刀片形状选择

刀片形状主要依据被加工工件的表面形状、切削方法、刀具寿命和刀片的转位次数等因素来选择。通常的刀尖角度影响加工性能，如图 1-16 所示。表 1-3 列出了被加工表面及适用从主偏角 45°到 95°的刀片形状。具体使用时可查阅有关刀具手册选取。

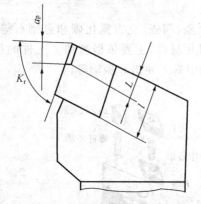

图 1-15　有效切削刃长度 L 与背吃刀量 a_p、主偏角 k_r 的关系

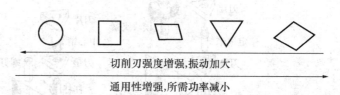

切削刃强度增强,振动加大

通用性增强,所需功率减小

图 1-16　刀尖角度与加工性能关系

表 1-3　被加工表面与刀片形状

	主偏角	45°	45°	60°	75°	95°
车削外圆表面	刀片形状及加工示意图	45° ←	45° ↑	60° ←	75° →	95° ↑
	推荐选用刀片	SCMA SPMR SCMM SNMM−8 SPUN SNMM−9	SCMA SPMR SCMM SNMG SPUN SPGR	TCMA TNMM−8 TCMM TPUN	SCMM SPUN SCMA SPMR SNMA	CCMA CCMM CNMM−7
	主偏角	75°	90°	90°	95°	
车削端面	刀片形状及加工示意图	75° ↑	90° ↑	90° ↑	95° ↑	
	推荐选用刀片	SCMA SPMR SCMM SPUR SPUN CNMG	TNUN TNMA TCMA TPUM TCMM TPMR	CCMA	TPUN TPMR	

	主偏角	15°	45°	60°	90°	
车削成形面	刀片形状及加工示意图	15°	45°	60°	90°	
	推荐选用刀片	RCMM	RNNG	TNMM－8	TNMG	

（4）刀片的刀尖半径选择

刀尖圆弧半径的大小直接影响刀尖的强度及被加工零件的表面粗糙度。刀尖圆弧半径大,表面粗糙度值增大,切削力增大且易产生振动,切削性能变坏,但刀刃强度增加,刀具前后刀面磨损减少。通常在切深较小的精加工、细长轴加工、机床刚度较差情况下,选用刀尖圆弧较小些;而在需要刀刃强度高、工件直径大的粗加工中,选用刀尖圆弧大些。国家标准 GB 2077—87 规定刀尖圆弧半径的尺寸系列为 0.2mm,0.4mm,0.8mm,1.2mm,1.6mm,2.0mm,2.4mm,3.2mm。图 1 - 17(a)和图 1 - 17(b)分别表示刀尖圆弧半径与表面粗糙度、刀具耐用度关系。刀尖圆弧半径一般适宜选取进给量的 2～3 倍。

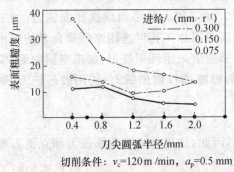

切削条件：v_c=120 m /min，a_p=0.5 mm

(a) 刀尖圆弧半径与表面粗糙度的关系

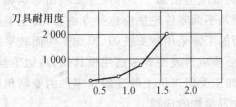

切削条件：v_c=100 m /min，a_p=0.5 mm，f=0.335 mm/r

(b) 刀尖圆弧半径与刀具耐用度的关系

图 1 - 17　刀尖圆弧半径与表面粗糙度、刀具耐用度关系

1.2.4　数控刀具的选择

数控机床与普通机床相比,对刀具提出了更高的要求,不仅要求精度高、刚性好、装夹调整方便,而且要求切削性能强、耐用度高。因此,数控加工中刀具的选择是非常重要的内容。刀具选择合理与否不仅影响机床的加工效率,而且还直接影响加工质量。选择刀具通常要考虑机床的加工能力、工序内容、工件材料等多种因素。数控机床刀具按装夹、转换方式主要分为两大系统,一种是车削系统,另一种是镗铣削系统。车削系统由刀片(刀具)、刀体、接柄(或柄体)和刀盘组成。镗铣削系统由刀片(刀具)、刀杆(或柄体)、主轴或刀片(刀具)、工作头、连接杆、主柄和主轴组成。前一种方式为整体式工具系统,后一种方式为模块式工具系统。车削系统的刀具主要是刀片的选取,在前面可转位刀片的选取中已做介绍,这一部分重点讲述镗铣削系统刀具的选择方法。

1. 选择数控刀具通常应考虑的因素

随着机床种类、型号和工件材料的不同以及其他因素而得到的加工效果是不相同的。选择刀具应考虑的因素归纳起来应为:

① 被加工工件的材料及性能　如金属、非金属等不同材料,材料的硬度、耐磨性、韧性等。
② 切削工艺的类别　有车、钻、铣、镗或粗加工、半精加工、精加工和超精加工等。
③ 被加工工件的几何形状、零件精度和加工余量等因素。
④ 要求刀具能承受的背吃刀量、进给速度、切削速度等切削参数。
⑤ 其他因素,如现生产的状况(操作间断时间、振动、电力波动或突然中断)。

2. 数控铣削刀具的选择

(1)铣刀类型的选择

铣刀类型应与被加工工件尺寸及表面形状相适应。加工较大的平面应选择面铣刀;加工凸台、凹槽及平面零件轮廓应选择立铣刀;加工毛坯表面或粗加工孔可选用镶硬质合金的玉米铣刀;曲面加工常采用球头铣刀,但加工曲面较平坦的部位应采用环形铣刀;加工空间曲面、模具型腔或凸模成形表面等多选用模具铣刀;加工封闭的键槽选择键槽铣刀;选用鼓形铣刀、锥形铣刀可加工类似飞机上的变斜角零件的变斜角面。

(2)铣刀参数的选择

数控铣床上使用最多的是可转位面铣刀和立铣刀,因此,这里重点介绍面铣刀和立铣刀参数的选择。

1)面铣刀主要参数的选择

标准可转位面铣刀直径为 $\phi 16 \sim \phi 630$。粗铣时,铣刀直径要小些,因为粗铣切削力大,选小直径铣刀可减小切削扭矩。精铣时,铣刀直径要大些,尽量包容工件整个加工宽度,以提高加工精度和效率,并减小相邻两次进给之间的接刀痕迹。

根据工件的材料、刀具材料及加工性质的不同来确定面铣刀几何参数。由于铣削时有冲击,故前角数值一般比车刀略小,尤其是硬质合金面铣刀,前角要更小些。铣削强度和硬度高的材料可选用负前角。前角的具体数值可参考表 1-4。铣刀的磨损主要发生在后刀面上,因此适当加大后角,可减少铣刀磨损。常取 $\alpha_o = 5° \sim 12°$,工件材料软取大值,工件材料硬取小值;粗齿铣刀取小值,细齿铣刀取大值。铣削时冲击力大,为了保护刀尖,硬质合金面铣刀的刃倾角常取 $\lambda_s = -5° \sim -15°$。只有在铣削强度低的材料时,取 $\lambda_s = 5°$。主偏角 κ_r 在 $45° \sim 90°$ 范围内选取,铣削铸铁常用 45°,铣削一般钢材常用 75°,铣削带凸肩的平面或薄壁零件时要用 90°。

表 1-4 面铣刀前角的选择

工件材料 刀具材料	钢	铸 铁	黄铜、青铜	铝合金
高速钢	10°~20°	5°~15°	10°	25°~30°
硬质合金	−15°~15°	−5°~5°	4°~6°	15°

2) 立铣刀主要参数的选择

根据工件材料和铣刀直径选取前、后角都为正值,其具体数值可参考表 1-5。为了使端面切削刃有足够的强度,在端面切削刃前刀面上一般磨有棱边,其宽度为 0.4~1.2 mm。前角为 6°。

表 1-5 立铣刀前、后角的选择

工件材料	前 角	铣刀直径	后 角
钢	10°~20°	小于 10 mm	25°
铸 铁	10°~15°	10~20 mm	20°
铸 铁	10°~15°	大于 20 mm	16°

按下述推荐的经验数据,选取立铣刀的有关尺寸参数,如图 1-18 所示。

① 刀具半径 r 应小于零件内轮廓面的最小曲率半径 ρ,一般取 $r = (0.8 \sim 0.9)\rho$。

② 零件的加工高度 $H \leqslant \left(\dfrac{1}{4} \sim \dfrac{1}{6}\right) r$,以保证刀具有足够的刚度。

③ 对不通孔(深槽),选取 $l = H + (5 \sim 10)$ mm(l 为刀具切削部分长度,H 为零件高度)。

④ 加工外形及通槽时,选取 $l = H + r_\varepsilon + (5 \sim 10)$ mm(r_ε 为端刃底圆角半径)。

⑤ 加工肋时,刀具直径为 $D = (5 \sim 10) b$(b 为肋的厚度)。

⑥ 粗加工内轮廓面时,铣刀最大直径 D_{max} 可按下式计算,如图 1-19 所示。

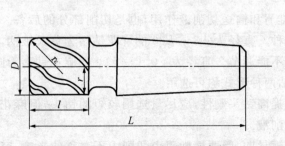

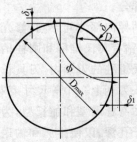

图 1-18 立铣刀的有关尺寸参数　　　　图 1-19 铣刀最大直径

$$D_{max} = \frac{2[\delta\sin(\phi/2) - \delta_1]}{1 - \sin(\phi/2)} + D \qquad\qquad (1-4)$$

式中：D 为轮廓的最小凹圆角直径；δ 为圆角邻边夹角等分线上的精加工余量；δ_1 为精加工余量；ϕ 为圆角两邻边的最小夹角。

3. 加工中心刀具的选择

在加工中心上，各种刀具分别装在刀库里，按程序指令进行选刀和换刀工作。在加工中心上使用的刀具通常由刀具和刀柄两部分组成。刀具有面加工用的各种铣刀和孔加工用的钻头、扩孔钻、镗刀、铰刀及丝锥等。刀柄要满足机床主轴的自动松开和夹紧定位，并能准确地安装各种切削刀具和适应换刀机械手的夹持等要求。

各种铣刀及其选择在数控铣削刀具中已有介绍，这里只讲孔加工刀具及其选择。

（1）对加工中心刀具的基本要求

根据加工中心的结构特点，对加工中心刀具提出如下基本要求：

1）刀具应具有较高的刚性

因为在加工中心上加工工件时无辅助装置支承刀具，刀具的长度在满足使用要求的前提下尽可能短。

2）重复定位精度高

同一把刀具多次装入机床主轴锥孔时，刀刃的位置应重复不变。

3）刀刃相对于主轴的一个固定点的轴向和径向位置应能准确调整

即刀具必须能够以快速简单的方法准确地预调到一个固定的几何尺寸。

（2）孔加工刀具的选择

1）钻孔刀具及其选择

钻孔刀具较多，有普通麻花钻、可转位浅孔钻、喷吸钻及扁钻等。应根据工件材料、加工尺寸及加工质量要求等合理选用。

在加工中心上钻孔，普通麻花钻应用最广泛，尤其是加工 $\phi 30$ 以下的孔时，以麻花钻为主。麻花钻有高速钢和硬质合金两种。它主要由工作部分和柄部组成。工作部分包括切削部分和导向部分。

麻花钻导向部分起导向、修光、排屑和输送切削液作用，也是切削部分的后备。根据柄部不同，麻花钻有莫氏锥柄和圆柱柄两种。直径为 $\phi 8 \sim \phi 80$ 的麻花钻多为莫氏锥柄，可直接装在带有莫氏锥孔的刀柄内，刀具长度不能调节。直径为 $\phi 0.1 \sim \phi 20$ 的麻花钻多为圆柱柄，可装在钻夹头刀柄上。中等尺寸麻花钻两种形式均可选用。

麻花钻有标准型和加长型，为了提高钻头刚性，应尽量选用较短的钻头，但麻花钻的工作部分应大于孔深，以便排屑和输送切削液。

在加工中心上钻孔，因无夹具钻模导向，受两切削刃上切削力不对称的影响，容易引起钻孔偏斜,故要求钻头的两切削刃必须有较高的刃磨精度(两刃长度一致,顶角 2φ 对称于钻头中心线)。钻削加工直径为 φ20～φ60,l/d≤3 的中等浅孔时,可选用图 1-20 所示的可转位浅孔钻,其结构是在带排屑槽及内冷却通道钻体的头部装有两个刀片(多为凸多边形、菱形和四边形),交错排列,切屑排除流畅,钻头定心稳定。另外多采用深孔刀片,通过该中心压紧刀片。靠近钻心的刀用韧性较好的材料,靠近钻头外径刀片选用较为耐磨的材料,这种钻头具有刀片可集中刃磨,刀杆刚度高,允许切削速度高,切削效率高及加工精度高等特点,最适合于箱体零件的钻孔加工。为提高刀具的使用寿命,可以在刀片上涂镀 TiC 涂层。使用这种钻头钻箱体孔,比普通麻花钻提高效率 4～6 倍。

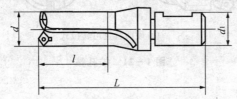

图 1-20　硬质合金刀片直柄浅孔钻

对深径比大于 5 而小于 100 的深孔,由于加工中散热差,排屑困难,钻杆刚性差,易使刀具损坏和引起孔的轴线偏斜,影响加工精度和生产率,故应选用深孔刀具加工。

喷吸钻是一种效率高、加工质量好的新型的内排屑深孔钻,适用于加工深径比不超过100,直径一般在 φ65～φ180 的深孔,孔的精度可达 IT10～IT7 级,表面粗糙度可达 R_a3.2～0.8 μm,孔的直线度为 0.1/1 000。

钻削大直径孔时,可采用刚性较好的硬质合金扁钻。扁钻切削部分磨成一个扁平体,主切削刃磨出顶角、后角,并形成横刃,副切削刃磨出后角与副偏角并且控制钻孔的直径。扁钻前角小,没有螺旋槽,制造简单、成本低。

2)扩孔刀具及其选择

扩孔钻是用来扩大孔径,提高孔加工精度的刀具。它可用于孔的半精加工或最终加工。用扩孔钻加工可达到公差等级 IT11～IT10,表面粗糙度为 R_a6.3～3.2 μm。扩孔钻与麻花钻相似,但齿数较多,一般为 3～4 个齿,因而工作时导向性好。扩孔余量小,切削刃无需延伸到中心,所以扩孔钻无横刃,切削过程平稳,可选择较大的切削用量。总之扩孔钻的加工质量和效率均比麻花钻高。

扩孔钻的结构形式有高速钢整体式(图 1-21(a))、镶齿套式(图 1-21(b))及硬质合金可转位式(图 1-21(c))等。扩孔直径较小或中等时,选用高速钢整体式扩孔钻;扩孔直径较大时,选用镶齿套式扩孔钻。扩孔直径在 φ20～φ60 之间,且机床刚性好,功率大时,可选用硬质合金可转位式扩孔钻。

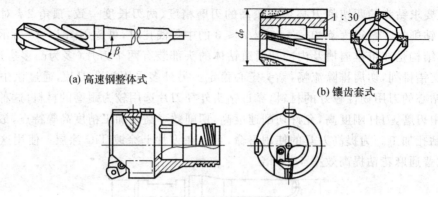

(a) 高速钢整体式　　　　　　　　　　　(b) 镶齿套式

(c) 硬质合金可转位式

图 1 - 21　扩孔钻

3) 镗孔刀具及其选择

镗刀多用于加工箱体孔。当孔径大于 $\phi 80$ 时,一般用镗刀加工。精度可达 IT7～IT6,表面粗糙度为 $R_a 6.3 \sim 0.8 \ \mu m$,精镗可达 $0.4 \ \mu m$。镗刀种类很多,按切削刃数量可分为单刃镗刀和双刃镗刀。单刃镗刀可镗削通孔、阶梯孔和盲孔,单刃镗刀刚性差,切削时易引起振动,所以镗刀的主偏角选得较大,以减小径向力。

镗铸铁孔或精镗时,一般取主偏角 $k_r = 90°$;粗镗钢件孔时,取主偏角 $k_r = 60°\sim 75°$,以提高刀具的耐用度。单刃镗刀一般均有调整装置,效率低,只能用于单件小批生产。但单刃镗刀的结构简单,适应性较广,粗、精加工都适用。

在精镗孔中,目前较多地选用精镗微调镗刀。这种镗刀的径向尺寸可以在一定范围内进行微调,调节方便,且精度高,其结构如图 1 - 22 所示。调整尺寸时,先松开紧固螺钉 4,然后转动带刻度盘的锥形精调螺母 5,等调至所需尺寸,再拧紧螺钉 4。使用时应保证锥面靠近大端接触,且与直孔部分同心。螺纹尾部的两个导向块 3 用来防止刀块转动,键与键槽配合间隙不能太大,否则微调时就不能达到较高的精度。

为了消除镗孔时径向力对镗杆的影响,可采用双刃镗刀。工件孔径尺寸与精度由镗刀径向尺寸保证,且调整方便。它的两端有一对对称的切削刃同时参加切削,与单刃镗刀相比,每转进给量可提高一倍左右,生产效率高。

镗孔刀具的选择,主要的问题是刀杆的刚性,要尽可能地防止或消除振动,其考虑要点如下:

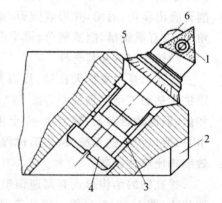

1—刀片;2—镗刀杆;3—导向块;
4—螺钉;5—螺母;6—刀块
图 1 - 22　微调镗刀

① 尽可能选择大的刀杆直径,接近镗孔直径。

② 尽可能选择短的刀杆臂(工作长度)。当工作长度小于 4 倍刀杆直径时可用钢制刀杆,加工要求高的孔时最好采用硬质合金刀杆。当工作长度为 4～7 倍的刀杆直径时,小孔用硬质合金刀杆,大孔用减振刀杆。当工作长度为 7～10 倍的刀杆直径时,要采用减振刀杆。

③ 选择主偏角(切入角 k_r)接近 90°或大于 75°。

④ 选择涂层的刀片品种(刀刃圆弧小)和小的刀尖圆弧半径(0.2 mm)。

⑤ 精加工采用正切削刃(正前角)刀片和刀具,粗加工采用负切削刃刀片的刀具。

⑥ 镗深的盲孔时,采用压缩空气或冷却液来排屑和冷却。

⑦ 选择正确、快速的镗刀柄夹具。

4)铰孔刀具及其选择

加工中心上使用的铰刀多是通用标准铰刀。此外,还有机夹硬质合金刀片单刃铰刀和可调浮动铰刀等。加工精度可达 IT9～IT8 级,表面粗糙度为 $R_a1.6～0.8\,\mu m$。通用标准铰刀有直柄、锥柄和套式 3 种。锥柄铰刀直径为 $\phi10～\phi32$。直柄铰刀直径为 $\phi6～\phi20$,小孔直柄铰刀直径为 $\phi1～\phi6$。套式铰刀直径为 $\phi25～\phi80$。

对于铰削精度为 IT7～IT6 级,表面粗糙度为 $R_a1.6～0.8\,\mu m$ 的大直径通孔时,可选用专为加工中心设计的可调浮动铰刀。

图 1-23 所示的即为加工中心上使用的可调浮动铰刀。在调整铰刀时,先根据所要加工孔的大小调节好铰刀体 2,在铰刀体插入刀杆体 1 的长方孔后,在对刀仪上找正两切削刃与刀杆轴的对称度在 0.02～0.05 mm 以内,然后,移动定位滑块 5,使圆锥端螺钉 3 的锥端对准刀杆体上的定位窝,拧紧螺钉 6 后,调整圆锥端螺钉,使铰刀体有 0.04～0.08 mm 的浮动量(用对刀仪观察),调整好后,将螺母 4 拧紧。

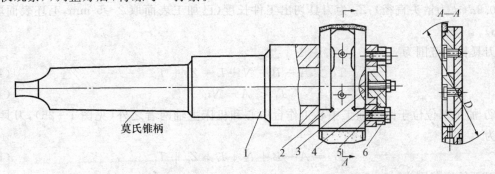

莫氏锥柄

1—刀杆体;2—可调式浮动铰刀体;3—圆锥端螺钉;4—螺母;5—定位滑块;6—螺钉

图 1-23　可调浮动铰刀

可调浮动铰刀既能保证在换刀和进刀过程中刀片不会从刀杆的长方孔中滑出,又能较准确地定心。它有两个对称刃,能自动平衡切削力,在铰削过程中又能自动抵偿因刀具安装误差或刀杆的径向跳动而引起的加工误差,所以加工精度稳定。可调浮动铰刀的寿命比高速钢铰刀高 8~10 倍,且具有直径调整的连续性,因而一把铰刀可当几把使用,修复后可调复原尺寸。这样既节省刀具材料,又可保证铰刀精度。

(3)刀具尺寸的确定

刀具尺寸包括直径尺寸和长度尺寸。根据被加工孔直径的大小确定孔加工刀具的直径尺寸,特别是定尺寸刀具(如钻头、铰刀)的直径,完全取决于被加工孔直径。这里只介绍刀具长度的确定。

在加工中心上,刀具长度一般是指主轴端面至刀尖的距离,包括刀柄和刃具两个部分,如图 1 - 24 所示。刀具长度的确定原则是:在满足各个部位加工要求的前提下,尽量减小刀具长度,以提高工艺系统刚性。

制定工艺和编程时,一般不必准确确定刀具长度,只需初步估算出刀具长度范围,以方便刀具准备。根据工件尺寸、工件在机床工作台上的装夹位置以及机床主轴端面距工作台面或中心的最大、最小距离等条件来确定刀具长度范围。在卧式加工中心上,针对工件在工作台上的装夹位置不同,刀具长度范围有下列两种估算方法。

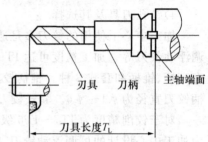

图 1 - 24 加工中心刀具长度

① 加工部位位于卧式加工中心工作台中心和机床主轴之间(见图 1 - 25),刀具最小长度为

$$T_L = A - B - N + L + Z_o + T_t \qquad (1 - 5)$$

式中:T_L 为刀具长度;A 为主轴端面至工作台中心最大距离;B 为主轴在 Z 向的最大行程;N 为加工表面距工作台中心距离;L 为工件的加工深度尺寸;T_t 为钻头尖端锥度部分长度,一般 $T_t = 0.3d$(d 为钻头直径);Z_o 为刀具切出工件长度(已加工表面取 2~5 mm,毛坯表面取 5~8 mm)。

刀具长度范围为

$$T_L > A - B - N + L + Z_o + T_t \qquad (1 - 6)$$
$$T_L < A - N \qquad (1 - 7)$$

② 加工部位位于卧式加工中心工作台中心和机床主轴两者之外(见图 1 - 26),刀具最小长度为

$$T_L = A - B + N + L + Z_o + T_t \qquad (1 - 8)$$

刀具长度范围为

$$T_L > A - B + N + L + Z_o + T_t \qquad (1 - 9)$$
$$T_L < A + N \qquad (1 - 10)$$

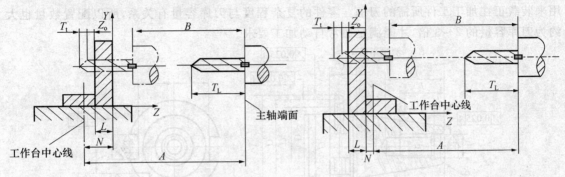

图 1-25　加工中心刀具长度的确定(一)　　　图 1-26　加工中心刀具长度的确定(二)

满足式(1-6)或式(1-9)可避免机床负 Z 向超程,满足式(1-7)或式(1-10)可避免机床正 Z 向超程。在确定刀具长度时,还应考虑工件其他凸出部分及夹具、螺钉等对刀具运动轨迹的干涉。主轴端面至工作台中心的最大、最小距离由机床样本提供。

4. 数控机床刀柄的选择

加工中心上使用的刀具由刃具部分和连接刀柄两部分组成。刃具部分包括钻头、铣刀和铰刀等。加工中心机床有自动换刀装置,连接刀柄要满足机床主轴自动松开和拉紧定位、准确安装各种切削刃具、适应机械手的夹持和搬运、储存和识别刀库中各种刀具的要求。加工中心刀柄已系列化、标准化,采用 ISO7388/1(GB 10944—89)《自动换刀机床用 7∶24 圆锥工具柄部 40,45,50 号圆锥柄》,锥柄的结构参数见图 1-27。固定在刀柄尾部且与主轴内拉紧机构相适应的拉钉也标准化,具体尺寸见 ISO 7388/2(GB 10945—89)《自动换刀机床用 7∶24 圆锥工具柄部 40,45,50 号圆锥柄用拉钉》。本标准包括两种型式的拉钉,其中 A 型用于不带钢球的拉紧装置,结构参数见图 1-28;B 型用于带钢球的拉紧装置,结构参数见图 1-29。柄部及拉钉的具体尺寸可查阅上述标准。刀柄的选择直接影响机床性能的发挥。一些用户由于缺少刀柄,使得机床不能开动。选择刀柄数量过多又会加大投资。现仅就选用加工中心刀柄时的注意事项做一叙述。

(1)根据机床上典型零件的加工工艺来选择刀柄

加工中心上使用的钻、扩、铰、镗孔及铣削、攻螺纹等各种用途的刀柄,其规格数将达数百种之多。具体到某一台或几台机床上,用户只能根据要在这台机床上加工的典型零件加工工艺来选取。这样选择的结果既能满足加工需要,也不至于造成积压,是最经济最有效的方法。

(2)刀柄配置数量

刀柄配置数量与机床所要加工的零件品种、规格及数量有关,也与复杂程度、机床的负荷有关。一般是所需刀柄数量的 2~3 倍。这是因为要考虑到机床工作的同时,还有一定数量的刀柄正在预调或刀具修磨。只有当机床负荷不足时,才取 2 倍或不足 2 倍。加工中心刀库只用来装载正在加工工件所需的刀柄。零件的复杂程度与刀库容量有关系,所以配置数量也大约为刀库容量的2～3倍,才能满足通常自动加工要求。

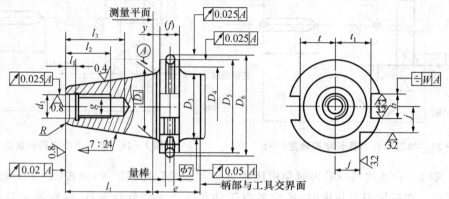

图1-27　自动换刀机床用7:24圆锥工具柄结构

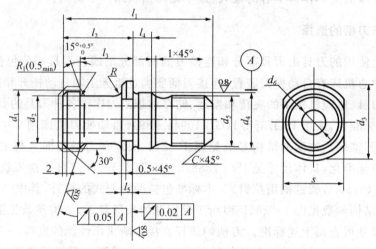

图1-28　自动换刀机床用7:24圆锥工具柄用A型拉钉结构

（3）刀柄的柄部型式是否正确

为了便于换刀,镗铣类数控机床及加工中心的主轴孔多选定为不自锁的7:24锥度,但是刀柄与机床相配的柄部（除锥角以外的部分）并没有完全统一。尽管已经有了相应国际标准ISO7388,可在有些国家并未得到贯彻,如有的柄部在7:24锥度的小端带有圆柱头而另一些就没有。对于自动换刀机床用工具柄部,要切实弄清楚选用的机床应配用符合哪个标准的工具柄部。要求使选择的刀柄要与机床主轴孔的规格（是30号、40号还是45号）相一致。刀柄抓拿部位要能适应机械手的形态位置要求,拉钉的形状、尺寸要与主轴的拉紧机构相匹配。

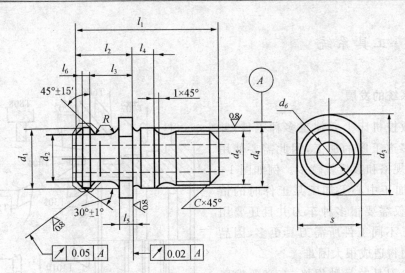

图 1-29　自动换刀机床用 7：24 圆锥工具柄用 B 型拉钉结构

（4）尽量选用加工效率较高的刀柄和刀具

如粗镗孔时选用双刃镗刀刀柄代替单刃粗镗刀刀柄，可以取得提高加工效率，减少振动的效果。选用强力弹簧夹头不但可以夹持直柄刀具，而且可以通过接杆夹持带孔刀具。

（5）选用模块式刀柄和复合刀柄要综合考虑

采用模块式刀柄必须配一个柄部、一个接杆和一个镗刀头部。当刀库容量大，更换刀具频繁时，可考虑使用模块式刀柄。若长期反复使用，不需要反复拼装，则可使用普通刀柄。对于加工批量大又反复生产的典型零件时，为了减少加工时间和换刀次数，就可以考虑采用专门设计的复合刀柄。虽然复合刀柄价格较贵，但可大大节省工时，而且一般数控机床的主轴电动机功率较大，机床刚度较好，能够承受较大切削力。采用多刀多刃强力切削，可以充分发挥机床的性能，提高生产率，缩短生产周期。在设计专用的复合刀柄时，应尽量采用标准化的刀具模块，这样能有效地减少设计与加工的工作量。

在选用特殊刀柄时，如把增速头刀柄用于小孔加工，则转速比主轴转速增高几倍。多轴加工动力头刀柄可同时加工小孔。万能铣头刀柄可改变刀具与主轴轴线夹角，扩大工艺范围。内冷却刀柄冷却液通过刀柄，经过刃具内通孔，直接在切削刃区冲击，可得到很好的冷却效果，适用于深孔加工。高速磨头刀柄适于在加工中心磨削淬火加工面或抛光模具面等。特殊刀柄的选用必须考虑对机床主轴端面安装位置的要求，并考虑是否能实现。

1.2.5 工具系统

1. 工具系统的发展

由于在数控机床上要加工多种工件,并完成工件上多道工序的加工,因此需要使用的刀具品种、规格和数量就较多。例如图1-30为在车削加工中心上加工某工件时的情况,可看到不仅需要很多种车刀并且还要用铣刀。要加工不同工件所需刀具更多,因品种规格繁多而将造成很大困难。

为了减少刀具的品种规格,有必要发展柔性制造系统和加工中心使用的工具系统。工具系统一般为模块化组合结构,在一个通用的刀柄上可以装多种不同的刀具,使数控加工中的刀具品种规格大大减少,同时也便于刀具的管理。

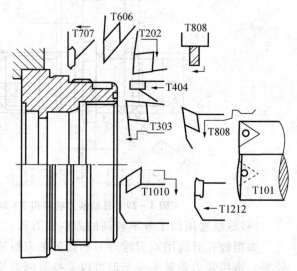

图 1-30　车削加工中心上加工工件时需要的刀具

2. 车削类工具系统

随着车削中心的产生和各种全功能数控刀具车床数量的增加,人们对数控车床和车削中心所使用的刀具提出了更高的要求,形成了一个具有特色的车削类刀具系统。目前,已出现了几种车削类工具系统,它们具有换刀速度快,刀具的重复定位精度高,连接刚度高等特点,提高了机床的加工能力和加工效率。被广泛采用的一种整体式车削工具系统是 CZG 车削工具系统,它与机床的连接接口的具体尺寸及规格可参考相关资料。图1-31即为车削加工中心用的模块化快换刀具结构,它由刀具头部、连接部分和刀体组成。刀体内装有拉紧机构,通过拉杆拉紧刀具头部(图1-31(a))。在拉紧过程中能使拉紧孔产生微小弹性变形而获得很高的精度和刚度,径向精度达 $2\ \mu m$,轴向精度达 $5\ \mu m$。在切削深度达到 $10\ mm$ 时,刀具径向和轴向变形均小于 $5\ \mu m$,自动换刀时间仅为 $5\ s$。这种刀体可装车、钻、镗、丝锥和检测头等多种工具,如图1-31(b)所示。通过上例可看到在通用刀柄上可以快速、可靠、精确地更换不同刀具头,并还可以换上测量工件加工尺寸的测量装置。

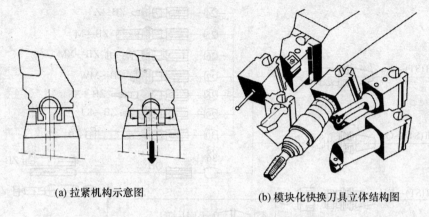

(a) 拉紧机构示意图　　　　　　(b) 模块化快换刀具立体结构图

图 1 - 31　车削加工中心用的模块化快换刀具结构

3. 镗铣类工具系统

在生产中广泛应用镗铣加工中心来加工各种不同的工件,所以刀具装夹部分的结构、尺寸也是各种各样的。把通用性较强的装夹工具系列化、标准化就发展了不同结构的镗铣类工具系统,一般分为整体式结构和模块式结构两大类,其型号具体规格可查阅相关手册。

(1)镗铣类整体式工具系统

图 1 - 32 所示为镗铣类整体式工具系统,即 TSG 整体式工具系统组成。它是把工具柄部和装夹刀具的工作部分做成一体。要求不同工作部分都具有同样结构的刀柄,以便与机床的主轴相连,所以具有可靠性强、使用方便、结构简单、调换迅速及刀柄的种类较多的特点。图 1 - 33 为 TSG 工具系统图,该图表明了 TSG 工具系统中各种工具的组合形式。

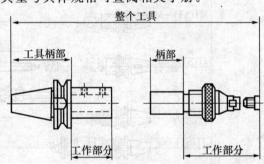

图 1 - 32　整体式工具系统组成

(2)镗铣类模块式工具系统

镗铣类模块式工具系统即 TMG 工具系统是把整体式刀具分解成柄部(主柄模块)、中间连接块(连接模块)、工作头部(工作模块)3 个主要部分,然后通过各种连接结构,在保证刀杆连接精度、强度和刚性的前提下,将这 3 部分连接成整体,如图 1 - 34 所示。

这种工具系统可以用不同规格的中间连接块,组成各种用途的模块工具系统,既灵活、方便,又大大减少了工具的储备。例如国内生产的 TMG10,TMG21(图 1 - 35)模块工具系统,发展迅速,应用广泛,是加工中心使用的基本工具。

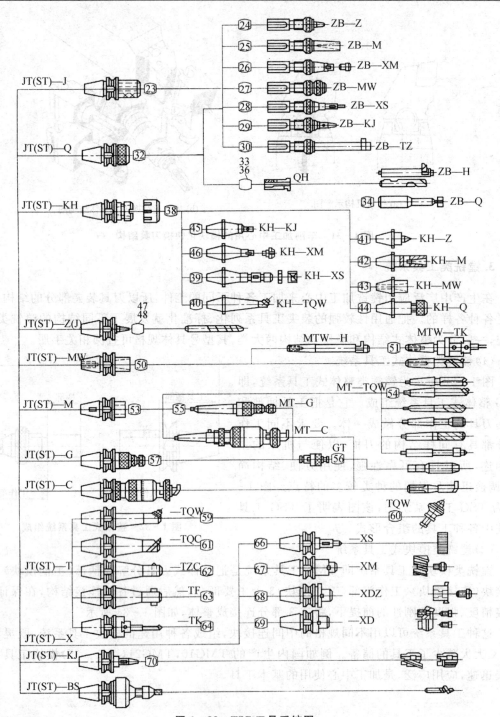

图 1－33　TSG 工具系统图

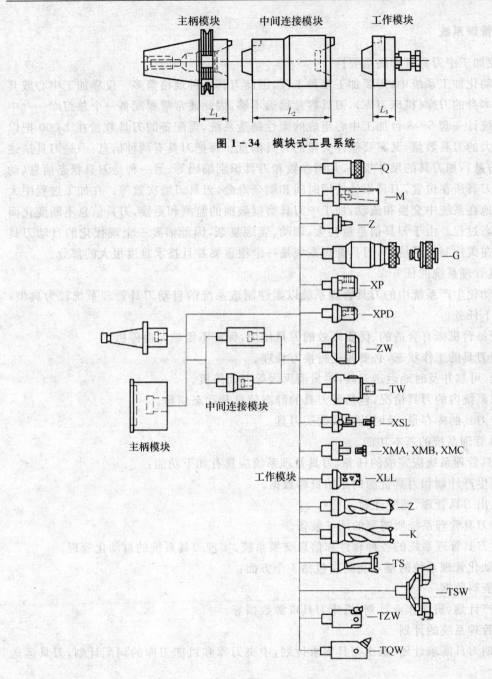

图 1－34 模块式工具系统

图 1－35 TMG21 工具系统

4. 刀具管理系统

(1)数控加工中刀具管理的重要性

柔性自动化加工系统中,需要加工多种工件,因此刀具品种规格繁多。仅靠加工中心或其他加工设备本身的刀库(机床刀库),刀具容量远远不够,因此通常需要配备一个总刀库——中央刀库。据统计一套5~8台加工中心组成的柔性制造系统,需配备的刀具数量在1 000把以上。如此巨大的刀具数量,又需要储存大量的刀具信息。每把刀具有两种信息:一是刀具描述信息(静态信息),如刀具的尺寸规格、几何参数和刀具识别编码等;另一种是刀具状态信息(动态信息),如刀具所在位置,刀具累计使用时间和剩余寿命,刀具刃磨次数等。在加工过程中大量刀具频繁地在系统中交换和流动,加工中刀具磨损破损的监测和更换,刀具信息不断变化而形成一个动态过程。由于刀具信息量甚大,调动、管理复杂,因此需要一个现代化的自动刀具管理系统。在柔性制造系统中,刀具管理系统是一个很重要并且技术难度很大的部分。

(2)刀具管理系统的任务

柔性自动化生产系统中的刀具管理系统以柔性制造系统的自动刀具管理系统较为典型,它应完成如下任务:

① 保证每台机床有合适的、优质高效的刀具使用,保证不因缺刀而停机。

② 监控刀具的工作状态,必要时进行换刀处理。

③ 安全、可靠并及时地运送刀具,尽量消灭因等刀而停机。

④ 追踪系统内的刀具情况,包括各刀具的静态信息和动态信息。

⑤ 检查刀具的库存量,及时补充或购买刀具。

(3)刀具管理系统的基本功能

根据刀具管理系统应完成的任务,刀具管理系统应具有如下功能:

① 收集生产计划和刀具资源的原始资料数据。

② 制定出刀具管理、调配计划。

③ 配备刀具管理系统所需要的硬件装备。

④ 开发刀具管理系统的各种软件和信息交换系统,实现刀具系统的自动化管理。

刀具自动化管理系统的基本功能应包括4个方面:

1)原始资料数据

包括生产计划、班次作业计划、机床刀具资源数据等。

2)刀具管理系统的计划

包括周期刀具需求计划,班次刀具需求计划,中央刀库和机床刀库的调配计划,刀具运送计划等。

3)刀具管理系统的硬件配置

包括中央刀库和机床刀库、刀具管理计算机、刀具预调仪、条形码打印机、换刀机器人或自动小车、刀具监测系统等。

4) 刀具管理的软件系统

包括加工和刀具信息,刀具运送指令和运送信息的反馈,刀具加工状态的监控信息,调度指令和信息传输,监控信息的反馈等。

1.3　数控加工工艺设计

1.3.1　数控加工工艺过程概述

1. 数控加工工艺和数控加工工艺过程的概念

(1) 数控加工工艺

数控加工工艺是采用数控机床加工零件时所运用各种方法和技术手段的总和,应用于整个数控加工工艺过程。数控加工工艺是伴随着数控机床的产生、发展而逐步完善起来的一种应用技术,它是人们大量数控加工实践的经验总结。

(2) 数控加工工艺过程

数控加工工艺过程是利用切削工具在数控机床上直接改变加工对象的形状、尺寸、表面位置和表面状态等,使其成为成品或半成品的过程。

2. 数控加工工艺和数控加工工艺过程的主要内容

数控加工工艺和数控加工工艺过程的主要内容如下:

① 选择并确定进行数控加工的内容;

② 对零件图纸进行数控加工的工艺分析;

③ 零件图形的数学处理及编程尺寸设定值的确定;

④ 数控加工工艺方案的制定;

⑤ 工步、进给路线的确定;

⑥ 选择数控机床的类型;

⑦ 刀具、夹具、量具的选择和设计;

⑧ 切削参数的确定;

⑨ 加工程序的编写、校验与修改;

⑩ 首件试加工与现场问题处理;

⑪ 数控加工工艺技术文件的定型与归档。

3. 数控加工工艺的特点

由于数控加工具有加工自动化程度高、精度高、质量稳定、生产效率高和设备使用费用高等特点,使数控加工相应形成了下列特点。

(1)数控加工工艺内容要求具体、详细

如前所述,在用通用机床加工时,许多具体的工艺问题,如工艺中各工步的划分与安排、刀具的几何形状及尺寸、走刀路线、加工余量和切削用量等,在很大程度上都是由操作工人根据自己的实践经验和习惯自行考虑和决定的,一般无需工艺人员在设计工艺规程时进行过多的规定,零件的尺寸精度也可由试切保证。而在数控加工时,原本在普通机床上由操作工人灵活掌握并可通过适时调整来处理的上述工艺问题,不仅成为数控工艺设计时必须认真考虑的内容,而且编程人员必须事先设计和安排好并做出正确的选择编入加工程序中。数控工艺不仅包括详细描述的切削加工步骤,而且还包括工夹具型号、规格、切削用量和其他特殊要求的内容以及标有数控加工坐标位置的工序图等。在自动编程中更需要确定详细的各种工艺参数。

(2)数控加工工艺要求更严密、精确

数控机床自适应性较差,它不能像普通机床加工时可以根据加工过程中出现的问题比较自由地进行人为调整。如在攻螺纹时,数控机床不知道孔中是否已挤满切屑,是否需要退刀清理一下切屑再继续进行,这些情况必须事先由工艺员精心考虑,否则可能会导致严重的后果。在普通机床加工零件时,通常是经过多次"试切"过程来满足零件的精度要求,而数控加工过程是严格按程序规定的尺寸进给的,因此要准确无误。在实际工作中,由于一个小数点或一个逗号的差错而酿成重大机床事故和质量事故的例子屡见不鲜。因此,数控加工工艺设计要求更加严密、精确。

(3)制定数控加工工艺要进行零件图形的数学处理和编程尺寸设定值的计算

编程尺寸并不是零件图上设计的基本尺寸的简单再现。在对零件图进行数学处理和计算时,编程尺寸设定值要根据零件尺寸公差要求和零件的形状几何关系重新调整计算,才能确定合理的编程尺寸。这是编程前必须要做的一项基本工作,也是制定数控加工工艺必须进行的分析工作(详细分析见第3,4,5章)。

(4)制定数控加工工艺选择切削用量时要考虑进给速度对加工零件形状精度的影响

数控加工时,刀具怎么从起点沿运动轨迹走向终点是由数控系统的插补装置或插补软件来控制的。根据插补原理分析,在数控系统已定的条件下,进给速度越快,则插补精度越低;插补精度越低,工件的轮廓形状精度越差(详细分析见后)。因此,制定数控加工工艺选择切削用量时要考虑进给速度对加工零件形状精度的影响,特别是高精度加工时影响非常明显。

(5)制定数控加工工艺时要特别强调刀具选择的重要性

复杂形面的加工编程通常要用自动编程软件来实现,由于绝大多数三轴以上联动的数控机床不具有刀具补偿功能,在自动编程时必须先选定刀具再生成刀具中心运动轨迹。若刀具预先选择不当,所编程序将只能推倒重来。

(6)数控加工工艺的特殊要求

① 由于数控机床较普通机床刚度高,所配刀具也较好,因而在同等情况下,所采用的切削用量通常要比普通机床要大,加工效率也较高。选择切削用量时要充分考虑这些特点。

② 由于数控机床的功能复合化程度越来越高,因此,工序相对集中是现代数控加工工艺的特点,明显表现为工序数目少,工序内容多,并且由于在数控机床上尽可能安排较复杂的工序,所以数控加工的工序内容要比普通机床加工的工序内容复杂。

③ 由于数控机床加工的零件比较复杂,因此在确定装夹方式和夹具设计时,要特别注意刀具与夹具、工件的干涉问题。

(7)数控加工程序的编写、校验与修改是数控加工工艺的一项特殊内容

普通工艺中划分工序选择设备等重要内容对数控加工工艺来说属于已基本确定的内容,所以制定数控加工工艺的着重点在整个数控加工过程的分析,关键在确定进给路线及生成刀具运动轨迹。复杂表面的刀具运动轨迹生成需借助自动编程软件,既是编程问题又是工艺问题。这也是数控加工工艺与普通加工工艺最大的不同之处。

4. 数控加工工艺与数控编程的关系

(1)数控程序

输入数控机床,执行一个确定的加工任务的一系列指令,称为数控程序或零件程序。

(2)数控编程

即把零件的工艺过程、工艺参数及其他辅助动作,按动作顺序和数控机床规定的指令、格式,编成加工程序,再记录于控制介质即程序载体(磁盘等),输入数控装置,从而指挥机床加工并根据加工结果加以修正的过程。

(3)数控加工工艺与数控编程的关系

数控加工工艺分析与处理是数控编程的前提和依据,没有符合实际的、科学合理的数控加工工艺,就不可能有真正可行的数控加工程序。而数控编程就是将制定的数控加工工艺内容程序化。

1.3.2　数控加工工艺设计的主要内容

1. 数控加工工艺内容的选择

数控加工前对工件进行工艺设计是必不可少的准备工作。无论是手工编程还是自动编程,在编程前都要对所加工的工件进行工艺分析、拟定工艺路线、设计加工工序。因此,合理的工艺设计方案是编制加工程序的依据,工艺设计做不好是数控加工出差错的主要原因之一,往往造成工作反复,工作量成倍增加的后果。编程人员必须首先搞好工艺设计,再考虑编程。

当选择并决定对某个零件进行数控加工后,并非其全部加工内容都采用数控加工,数控加工可能只是零件加工工序中的一部分。因此,有必要对零件图样进行仔细分析,立足于解决难题、提高生产效率,注意充分发挥数控的优势,选择那些最适合、最需要的内容和工序进行数控加工。一般可按下列原则选择数控加工内容:

① 普通机床无法加工的内容,应作为优先选择内容。

② 普通机床难加工、质量也难以保证的内容,应作为重点选择内容。

③ 普通机床加工效率低、工人手工操作劳动强度大的内容,可在数控机床尚有加工能力的基础上进行选择。

相比之下,下列一些加工内容则不宜选择数控加工:

① 需要用较长时间占机调整的加工内容。

② 加工余量极不稳定,且数控机床上又无法自动调整零件坐标位置的加工内容。

③ 不能在一次安装中加工完成的零星分散部位,采用数控加工很不方便,效果不明显,可以安排普通机床补充加工。

此外,在选择数控加工内容时,还要考虑生产批量、生产周期、工序间周转情况等因素,要尽量合理使用数控机床,达到产品质量、生产率及综合经济效益等指标都明显提高的目的,要防止将数控机床降格为普通机床使用。

2. 数控加工零件的工艺性分析

对数控加工零件的工艺性分析,主要包括产品的零件图样分析和结构工艺性分析两部分。

(1)零件图样分析

① 零件图上尺寸标注方法应适应数控加工的特点,如图 1 - 36(a)所示,在数控加工零件图上,应以同一基准标注尺寸或直接给出坐标尺寸。这种标注方法既便于编程,也便于尺寸之间的相互协调,又有利于设计基准、工艺基准、测量基准和编程原点的统一。零件设计人员在尺寸标注时,一般总是较多地考虑装配等使用特性,因而常采用如图 1 - 36(b) 所示的局部分散的标注方法,这样就给工序安排和数控加工带来诸多不便。由于数控加工精度和重复定位精度都很高,不会因产生较大的累积误差而破坏零件的使用特性,因此,可将局部的分散标注法改为同一基准标注或直接标注坐标尺寸。

② 分析被加工零件的设计图纸。根据标注的尺寸公差和形位公差等相关信息,将加工表面区分为重要表面和次要表面,并找出其设计基准,进而遵循基准选择的原则,确定加工零件的定位基准,分析零件的毛坯是否便于定位和装夹,夹紧方式和夹紧点的选取是否会有碍刀具的运动,夹紧变形是否对加工质量有影响等,为工件定位、安装和夹具设计提供依据。

③ 构成零件轮廓的几何元素(点、线、面)的条件(如相切、相交、垂直和平行等),是数控编程的重要依据。手工编程时,要依据这些条件计算每一个节点的坐标;自动编程时,则要根据这些条件对构成零件的所有几何元素进行定义,无论哪一个条件不明确,都会导致编程无法进

行。因此,在分析零件图样时,务必要分析几何元素的给定条件是否充分,发现问题及时与设计人员协商解决。

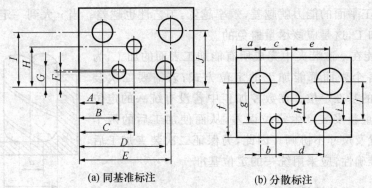

| (a) 同基准标注 | (b) 分散标注 |

图 1-36　零件尺寸标注分析

3. 零件的结构工艺性分析

① 零件的内腔与外形应尽量采用统一的几何类型和尺寸,这样可以减少刀具规格和换刀次数,方便编程,提高生产效益。

② 内槽圆角的大小决定着刀具直径的大小,所以内槽圆角半径不应太小。对于图 1-37 所示的零件,其结构工艺性的好坏与被加工轮廓的高低、转角圆弧半径的大小等因素有关。图 1-37(b)与图 1-37(a)相比,转角圆弧半径 R 大,可以采用直径较大的立铣刀来加工;加工平面时,进给次数也相应减少,表面加工质量也会好一些,因而工艺性较好。反之,工艺性较差。通常 $R < 0.2H$(H 为被加工工件轮廓面的最大高度)时,可以判定零件该部位的工艺性不好。

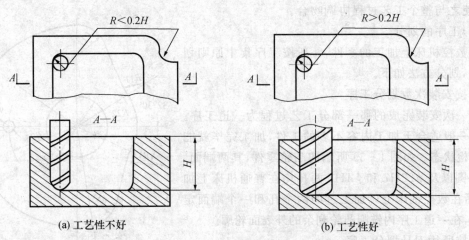

| (a) 工艺性不好 | (b) 工艺性好 |

图 1-37　内槽结构工艺性

③ 零件铣槽底平面时，槽底圆角半径 r 不要过大。如图 1-38 所示，铣刀端面刃与铣削平面的最大接触直径 $d = D - 2r$（D 为铣刀直径）。当 D 一定时，r 越大，铣刀端面刃铣削平面的面积越小，加工平面的能力就越差，效率越低，工艺性也越差。当 r 大到一定程度时，甚至必须用球头铣刀加工，这是应该尽量避免的。

④ 应尽可能在一次装夹中完成所有能加工表面的加工，为此要选择便于各个表面都能加工的定位方式；若需要二次装夹，应采用统一的基准定位。在数控加工中若没有统一的定位基准，会因工件重新安装产生定位误差，从而使加工后的两个面上的轮廓位置及尺寸不协调。因此，为保证二次装夹加工后其相对位置的准确性，应采用统一的定位基准。

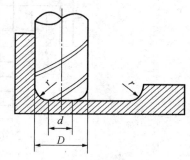

图 1-38　零件底面圆弧半径
对工艺性的影响

4. 数控加工的工艺路线设计

与常规工艺路线拟定过程相似，数控加工工艺路线的设计，最初也需要找出零件所有的加工表面，并逐一确定各表面的加工方法，其每一步相当于一个工步。然后将所有工步内容按一定原则排列成先后顺序，再确定哪些相邻工步可以划为一个工序，即进行工序的划分。最后再将所需的其他工序如常规工序、辅助工序、热处理工序等插入，衔接于数控加工工序序列之中，就得到了要求的工艺路线。

数控加工的工艺路线设计与普通机床加工的常规工艺路线拟定的区别主要在于：它仅是几道数控加工工艺过程的概括，而不是指从毛坯到成品的整个工艺过程。由于数控加工工序一般均穿插于零件加工的整个工艺过程之中，因此在工艺路线设计中，一定要兼顾常规工序的安排，使之与整个工艺过程协调吻合。

（1）工序的划分

在数控机床上加工的零件，一般按工序集中原则划分工序，划分方法如下。

1）按安装次数划分工序

以一次安装完成的那一部分工艺过程为一道工序。该方法一般适合于加工内容不多的工件，加工完毕就能达到待检状态。如图 1-39 所示的凸轮零件，其两端面、$R38$ 外圆以及 $\phi22H7$ 和 $\phi4H7$ 两孔均在普通机床上加工，然后在数控铣床上以加工过的两个孔和一个端面定位安装，在一道工序内铣削凸轮剩余的外表面轮廓。

2）按所用刀具划分工序

以同一把刀具完成的那一部分工艺过程为一道工

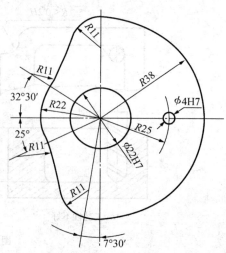

图 1-39　凸轮零件图

序。这种方法适用于工件的待加工表面较多,机床连续工作时间过长,加工程序的编制和检查难度较大等情况。在专用数控机床和加工中心上常用这种方法。

3)按粗、精加工划分工序

考虑工件的加工精度要求、刚度和变形等因素来划分工序时,可按粗、精加工分开的原则来划分工序,即以粗加工中完成的那部分工艺过程为一道工序,精加工中完成的那部分工艺过程为另一道工序。一般来说,在一次安装中不允许将工件的某一表面粗、精不分地加工至精度要求后,再加工工件的其他表面。

4)按加工部位划分工序

以完成相同型面的那一部分工艺过程为一道工序。有些零件加工表面多而复杂,构成零件轮廓的表面结构差异较大,可按其结构特点(如内型、外形、曲面或平面等)划分成多道工序。

综上所述,在划分工序时,一定要视零件的结构与工艺性、机床的功能、零件数控加工内容的多少、安装次数以及生产组织等实际情况灵活掌握。

(2)加工顺序的安排

加工顺序安排得合理与否,将直接影响到零件的加工质量、生产率和加工成本。应根据零件的结构和毛坯状况,结合定位及夹紧的需要综合考虑,重点应保证工件的刚度不被破坏,尽量减少变形。

1)切削加工顺序的安排

a. 先粗后精

先安排粗加工,中间安排半精加工,最后安排精加工和光整加工。

b. 先主后次

先安排零件的装配基面和工作表面等主要表面的加工,后安排如键槽、紧固用的光孔和螺纹孔等次要表面的加工。由于次要表面加工工作量小,又常与主要表面有位置精度要求,所以一般放在主要表面的半精加工之后、精加工之前进行。

c. 先面后孔

对于箱体、支架、连杆和底座等零件,先加工用做定位的平面和孔的端面,然后再加工孔。这样可使工件定位夹紧稳定可靠,利于保证孔与平面的位置精度,减小刀具的磨损,同时也给孔加工带来方便。

d. 基面先行

用做精基准的表面,要首先加工出来。所以,第一道工序一般是进行定位面的粗加工和半精加工(有时包括精加工),然后再以精基准面定位加工其他表面。例如,轴类零件顶尖孔的加工。

2)热处理工序的安排

热处理可以提高材料的力学性能,改善金属的切削性能以及消除残余应力。在制定工艺路线时,应根据零件的技术要求和材料的性质,合理地安排热处理工序。

a. 退火与正火

退火或正火的目的是为了消除组织的不均匀,细化晶粒,改善金属的加工性能。对高碳钢零件用退火降低其硬度,对低碳钢零件用正火提高其硬度,以获得较好的切削加工性能,同时能消除毛坯制造中的内应力。退火与正火一般安排在机械加工之前进行。

b. 时效处理

以消除内应力、减少工件变形为目的。为了消除残余应力,在工艺过于要求较高的零件,在半精加工后尚需再安排一次时效处理;对于一些刚性较差、精度要求特别高的重要零件(如精密丝杠、主轴等),常常在每个加工阶段之间安排一次时效处理。

c. 调　质

对零件淬火后再高温回火,能消除内应力、改善加工性能并能获得较好的综合力学性能,一般安排在粗加工之后进行。对一些性能要求不高的零件,调质也常作为最终热处理。

3) 检验工序的安排

检验工序是主要的辅助工序,除每道工序由操作者自行检验外,在粗加工之后,精加工之前,零件转换车间时,以及重要工序之后和全部加工完毕、进库之前,一般都要安排检验工序。

除检验外,其他辅助工序有:表面强化和去毛刺、倒棱、清洗和防锈等。正确地安排辅助工序是十分重要的。如果安排不当或遗漏,将会给后续工序和装配带来困难,甚至影响产品的质量。

4) 加工顺序安排的其余原则

① 尽量使工件的装夹次数、工作台转动次数、刀具更换次数及所有空行程时间减至最少,提高加工精度和生产率。

② 先内后外原则。对于精密套筒,其外圆与孔同轴度要求较高,一般先以外圆定位加工孔,再以精度高的孔定位加工外圆。

③ 为了及时发现毛坯的内部缺陷,精度要求较高的主要表面的粗加工一般应安排在次要表面粗加工之前进行;大表面加工时,因内应力和热变形对工件影响较大,一般需先加工。

④ 在同一次安装中进行的多个工步,应先安排对工件刚性破坏较小的工步。

⑤ 为了提高机床的使用效率,在保证加工质量的前提下,可将粗加工和半精加工合为一道工序。

⑥ 加工中容易损伤的表面(如螺纹等),应放在加工路线的后面。

下面通过一个实例来说明这些原则的应用。

如图 1-40 所示零件,可以先在普通机床上把底面和 4 个轮廓面加工好(基面先行),其余的顶面、孔及沟槽安排在立式加工中心上完成(工序集中原则),加工中心工序按“先粗后精”“先主后次”“先面后孔”等原则可以划分为如下 15 个工步:

工步 1　粗铣顶面。

工步 2　钻 $\phi 32$,$\phi 12$ 等孔的中心孔(预钻凹坑)。

工步 3　钻 $\phi 32$，$\phi 12$ 孔至 $\phi 11.5$。

工步 4　扩 $\phi 32$ 孔至 $\phi 30$。

工步 5　钻 $3\times\phi 6$ 的孔至尺寸。

工步 6　粗铣 $\phi 60$ 沉孔及沟槽。

工步 7　钻 $4\times$ M8 底孔至 $\phi 6.8$。

工步 8　镗 $\phi 32$ 孔至 $\phi 31.7$。

工步 9　精铣顶面。

工步 10　铰 $\phi 12$ 孔至尺寸。

工步 11　精镗 $\phi 32$ 孔至尺寸。

工步 12　精铣 $\phi 60$ 沉孔及沟槽至尺寸。

工步 13　$\phi 12$ 孔口倒角。

工步 14　$3\times\phi 6$，$4\times$ M8 孔口倒角。

工步 15　攻 $4\times$ M8 螺纹完成。

5）数控加工工序与普通工序的衔接

这里所说的普通工序是指常规的加工工序、热处理工序和检验等辅助工序。数控工序前后一般都穿插其他普通工序，若衔接不好就容易产生矛盾。较好的解决办法是建立工序间的相互状态联系，在工艺文件中做到互审会签。例如是否预留加工

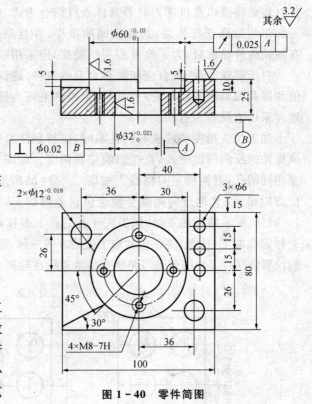

图 1-40　零件简图

余量、留多少余量、定位基准的要求、零件的热处理等，这些问题都需要前后衔接，统筹兼顾。

1.3.3　数控加工工序设计方法

数控加工工序设计的主要任务是为每一道工序选择机床、夹具、刀具及量具，确定定位夹紧方案、走刀路线、工步顺序、加工余量、工序尺寸及其公差、切削用量和工时定额等，为编制加工程序做好充分准备。

1. 确定走刀路线和安排工步顺序

走刀路线是刀具在整个加工工序中相对于工件的运动轨迹，不但包括了工步的内容，而且也反映出工步的顺序。走刀路线是编写程序的依据之一。在确定走刀路线时，主要遵循以下原则。

（1）保证零件的加工精度和表面粗糙度

例如在铣床上进行加工时，因刀具的运动轨迹和方向不同，可能是顺铣或逆铣，其不同的

加工路线所得到的零件表面的质量就不同。究竟采用哪种铣削方式,应视零件的加工要求、工件材料的特点以及机床刀具等具体条件综合考虑,确定原则与普通机械加工相同。数控机床一般采用滚珠丝杠传动,其运动间隙很小,并且顺铣优点多于逆铣,所以应尽可能采用顺铣。在精铣内外轮廓时,为了改善表面粗糙度,应采用顺铣走刀路线的加工方案。

对于铝镁合金、钛合金和耐热合金等材料,建议也采用顺铣加工,这对于降低表面粗糙度值和提高刀具耐用度都有利。但如果零件毛坯为黑色金属锻件或铸件,表皮硬而且余量较大,这时采用逆铣较为有利。

加工位置精度要求较高的孔系时,应特别注意安排孔的加工顺序。若安排不当,就可能将坐标轴的反向间隙带入,直接影响位置精度。如图1-41,镗削图1-41(a)所示零件上6个尺寸相同的孔,有两种走刀路线。按图1-41(b)所示路线加工时,由于5,6孔与1,2,3,4孔定位方向相反,X向反向间隙会使定位误差增加,从而影响5,6孔与其他孔的位置精度。按图1-41(c)所示路线加工时,加工完4孔后往上多移动一段距离至P点,然后折回来在5,6孔处进行定位加工,从而,使各孔的加工进给方向一致,避免反向间隙的引入,提高了5,6孔与其他孔的位置精度。刀具的进退刀路线要尽量避免在轮廓处停刀或垂直切入切出工件,以免留下刀痕。

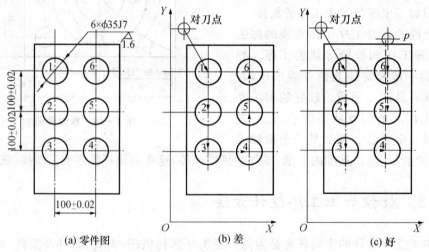

(a) 零件图　　　　　　(b) 差　　　　　　(c) 好

图1-41　镗削孔系走刀路线比较

(2)使走刀路线最短,减少刀具空行程时间,提高加工效率

图1-42所示为正确选择钻孔加工路线的例子。按照一般习惯,总是先加工均布于同一圆周上的一圈孔后,再加工另一圈孔,如图1-42(a)所示,这不是最好的走刀路线。对点位控制的数控机床而言,要求定位精度高,定位过程尽可能快。若按图1-42(b)所示的进给路线加工,可使各孔间距的总和最小,空程最短,从而节省定位时间。

(3)最终轮廓一次走刀完成

图1-43(a)所示为采用行切法加工内轮廓。加工时不留死角,在减少每次进给重叠量的

情况下,走刀路线较短,但两次走刀的起点和终点之间留有残余高度,影响表面粗糙度。图 1 - 43(b)是采用环切法加工,表面粗糙度较小,但刀位计算略为复杂,走刀路线也较行切法长。采用图 1 - 43(c)所示的走刀路线,先用行切法加工,最后再沿轮廓切削一周,使轮廓表面光整。3 种方案中,图 1 - 43(a)方案最差,图 1 - 43(c)方案最佳。

(4)刀具的切入和切出方向选择

考虑刀具的进、退刀(切入、切出)路线时,刀具的切出或切入点应在沿零件轮廓的切线上,以保证工件轮廓光滑平整;应避免在工件轮廓面上垂直上、下刀而划伤工件表面;尽量减少在轮廓加工切削过程中的暂停(切削力突然变化造成弹性变形)以免留下刀痕,如图 1 - 44 所示。

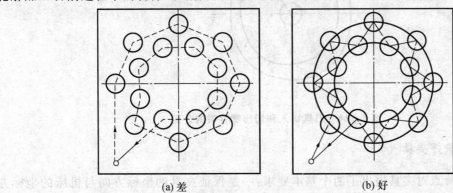

(a) 差　　　　　　　　　　　　　　(b) 好

图 1 - 42　最短加工路线选择

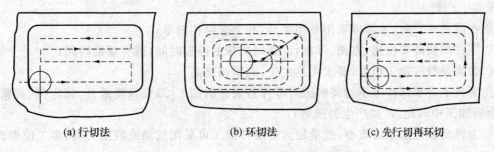

(a) 行切法　　　　　　(b) 环切法　　　　　　(c) 先行切再环切

图 1 - 43　封闭内轮廓加工走刀路线

2. 确定工件的定位与夹紧方案

工件的定位基准与夹紧方案的确定,应遵循前面所述有关定位基准的选择原则与工件夹紧的基本要求。此外,还应该注意下列 3 点:

① 力求设计基准、工艺基准与编程原点统一,以减少基准不重合误差和数控编程中的计算工作量。

② 设法减少装夹次数,尽可能做到在一次定位装夹中,能加工出工件上全部或大部分待

加工表面,以减少装夹误差,提高加工表面之间的相互位置精度,充分发挥数控机床的效率。

③ 避免采用占机人工调整方案,以免占机时间太多,影响加工效率。

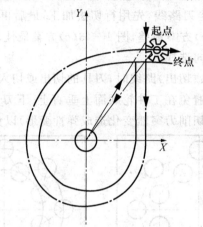

图 1 - 44　刀具切入和切出零件时的外延

3. 正确合理选择夹具

数控加工的特点对夹具提出了两个基本要求:一是保证夹具的坐标方向与机床的坐标方向相对固定;二是要能协调零件与机床坐标系的尺寸。除此之外,重点考虑以下几点:

① 单件小批量生产时,优先选用组合夹具、可调夹具和其他通用夹具,以缩短生产准备时间和节省生产费用;

② 在成批生产时,才考虑采用专用夹具,并力求结构简单;

③ 零件的装卸要快速、方便、可靠,以缩短机床的停顿时间,减少辅助时间;

④ 为满足数控加工精度,要求夹具定位、夹紧精度高;

⑤ 夹具上各零部件应不妨碍机床对零件各表面的加工,即夹具要敞开,其定位、夹紧元件不能影响加工中的走刀(如产生碰撞等);

⑥ 为提高数控加工的效率,批量较大的零件加工可采用气动或液压夹具、多工位夹具。

4. 正确合理选择刀具

刀具的选择是数控加工工艺中重要的内容之一,不仅影响机床的加工效率,而且直接影响加工质量。与传统加工方法相比,数控加工对刀具的要求,尤其在刚性和耐用度方面更为严格。应根据机床的加工能力、工件材料的性能、加工工序、切削用量以及其他相关因素正确选用刀具及刀柄。刀具选择总的原则是:既要求精度高、强度大、刚性好、耐用度高,又要求尺寸稳定,安装调整方便。在满足加工要求的前提下,尽量选择较短的刀柄,以提高刀具的刚性。

当代所使用的金属切削刀具材料主要有 5 类:高速钢、硬质合金、陶瓷、立方氮化硼(CBN)

和聚晶金刚石。

① 根据数控加工对刀具的要求,选择刀具材料的一般原则是尽可能选用硬质合金刀具。只要加工情况允许选用硬质合金刀具,就不用高速钢刀具。

② 陶瓷刀具不仅用于加工各种铸铁和不同钢料,也适用于加工有色金属和非金属材料。使用陶瓷刀片,无论什么情况都要用负前角。为了不易崩刃,必要时可将刃口倒钝。陶瓷刀具在下列情况下使用效果欠佳:短零件的加工;冲击大的断续切削和重切削;铍、镁、铝和钛等的单质材料及其合金的加工(易产生亲和力,导致切削刃剥落或崩刃)。

③ 金刚石和立方氮化硼都属于超硬刀具材料,它们可用于加工任何硬度的工件材料,具有很高的切削性能,加工精度高,表面粗糙度值小。一般可用切削液。

聚晶金刚石刀片一般仅用于加工有色金属和非金属材料。

立方氮化硼刀片一般适用加工硬度≥450 HBS的冷硬铸铁、合金结构钢、工具钢、高速钢、轴承钢,以及硬度≥350 HBS的镍基合金、钴基合金和高钴粉末冶金零件。

④ 从刀具的结构应用方面,数控加工应尽可能采用镶块式机夹可转位刀片,以减少刀具磨损后的更换和预调时间。

⑤ 选用涂层刀具以提高耐磨性和耐用度。

5. 确定对刀点、换刀点及刀位点

对于数控机床来说,在加工开始时,确定刀具与工件的相对位置是很重要的,相对位置是通过确认对刀点来实现的。对刀点是指在数控机床上加工零件时,刀具相对零件运动的起始点。对刀点应选择在对刀方便、编程简单的地方。对刀点可设置在被加工零件上,也可以设置在夹具上与零件定位基准有一定尺寸联系的某一位置,对刀点的选用原则如下:

① 所选的对刀点应使程序编制简单;

② 对刀点应选择在容易找正、便于确定零件加工原点的位置;

③ 对刀点应选在加工时检验方便、可靠的位置;

④ 对刀点的选择应有利于提高加工精度。

对于采用增量编程坐标系统的数控机床,对刀点可选在零件孔的中心上、夹具上的专用对刀孔上或两垂直平面(定位基面)的交线(即工件零点)上,但所选的对刀点必须与零件定位基准有一定的坐标尺寸关系,这样才能确定机床坐标系与工件坐标系的关系(图1-45)。

对于采用绝对编程坐标系统的数控机床,对

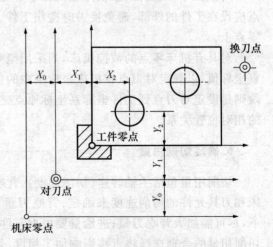

图 1-45　对刀点和换刀点

刀点可选在机床坐标系的机床零点上或距机床零点有确定坐标尺寸关系的点上。因为数控装置可用指令控制自动返回参考点(即机床零点),不需人工对刀。但在安装零件时,工件坐标系与机床坐标系必须要有确定的尺寸关系(图1-41)。

在使用对刀点确定加工原点时,就需要进行"对刀"。对刀时,应使刀具刀位点与对刀点重合。"刀位点"是指刀具的定位基准点。如图1-46所示,圆柱铣刀的刀位点是刀具中心线与刀具底面的交点;球头铣刀的刀位点是球头的球心点或球头顶点;车刀的刀位点是刀尖或刀尖圆弧中心;钻头的刀位点是钻头顶点。各类数控机床的对刀方法是不完全一样的,这一内容将结合各类机床分别讨论。每把刀具的半径与长度尺寸都是不同的,刀具装在机床上后,应在控制系统中设置刀具的基本位置。

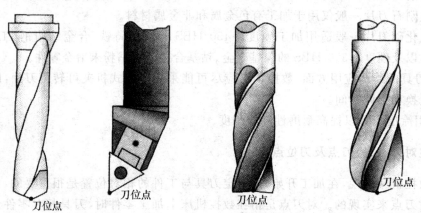

图1-46　刀位点

对数控车床、数控镗、铣床或加工中心等常需换刀,故编程时还要设置一个换刀点。换刀点应设在工件的外部,避免换刀时碰伤工件。一般换刀点选择在第一个程序的起始点或机械零点上。

对具有机床零点的数控机床,当采用绝对编程坐标系编程时,第一个程序段就是设定对刀点坐标值,以规定对刀点在机床坐标系中的位置;当采用增量编程坐标系编程时,第一个程序段则是设定对刀点到工件坐标系坐标原点(工件零点)的距离,以确定对刀点与工件坐标系间的相对位置关系。

6. 确定切削用量

切削用量包括主轴转速(切削速度)、背吃刀量和进给量(进给速度)。主轴转速要根据机床和刀具允许的切削速度来确定;背吃刀量主要受机床刚度的制约,在机床刚度允许的情况下,尽可能加大背吃刀量;进给量要根据零件的加工精度、表面粗糙度、刀具和工件材料来选。切削用量的合理选择将直接影响加工精度、表面质量、生产率和经济性,其确定原则与普通加工相似。具体数据应根据机床使用说明书、切削用量手册,并结合实际经验加以修正确定。

以下对切削用量三要素选择方法分别进行论述。

(1)背吃刀量的选择

背吃刀量的选择根据加工余量确定。切削加工一般分为粗加工、半精加工和精加工几道工序,各工序有不同的选择方法。

粗加工时(表面粗糙度 R_a50 ~ 12.5 μm),在允许的条件下,尽量一次切除该工序的全部余量。中等功率机床,背吃刀量可达 8~10 mm。但对于加工余量大,一次走刀会造成机床功率或刀具强度不够,或加工余量不均匀引起振动,或刀具受冲击严重出现打刀等情况,则需要采用多次走刀。如分两次走刀,则第一次背吃刀量尽量取大,一般为加工余量2/3~3/4;第二次背吃刀量尽量取小些,可取加工余量的 1/3~1/4。

半精加工时(表面粗糙度 R_a6.3 ~ 3.2 μm),背吃刀量一般为 0.5~2 mm。

精加工时(表面粗糙度 R_a1.6 ~ 0.8 μm),背吃刀量为 0.1~0.4 mm。

(2)进给量的选择

粗加工时,选择进给量主要考虑工艺系统所能承受的最大进给量,如机床进给机构的强度、刀具强度与刚度、工件的装夹刚度等。

精加工和半精加工时,选择最大进给量主要考虑加工精度和表面粗糙度。另外还要考虑工件材料、刀尖圆弧半径和切削速度等。当刀尖圆弧半径增大、切削速度提高时,可以选择较大的进给量。

在实际生产中,进给量常根据经验选取。粗加工时,根据工件材料、车刀导杆直径、工件直径和背吃刀量按表 1-6 所列的数据进行选取。表 1-6 中数据是经验所得,其中包含了导杆的强度和刚度、工件的刚度等工艺系统因素。从表 1-6 中可以看到,在背吃刀量一定时,进给量随着导杆尺寸和工件尺寸的增大而增大。加工铸铁时的切削力比加工钢件时小,所以铸铁可以选取较大的进给量。精加工与半精加工时,可根据加工表面粗糙度要求选取,同时考虑切削速度和刀尖圆弧半径因素,如表 1-7 所列。如果有必要,还要对所选进给量参数进行强度校核,最后根据机床说明书确定。

在数控加工中最大进给量受机床刚度和进给系统的性能限制。选择进给量时,还应注意零件加工中的某些特殊因素。比如在轮廓加工中,选择进给量时,应考虑轮廓拐角处的超程问题。特别是在拐角较大、进给速度较高时,应在接近拐角处适当降低进给速度,在拐角后逐渐升速,以保证加工精度。

加工过程中,由于切削力的作用,机床、工件和刀具系统产生变形,可能使刀具运动滞后,从而在拐角处产生"欠程"。因此,拐角处的欠程问题,在编程时应给予足够的重视。此外,还应充分考虑切削的自然断屑问题,通过选择刀具几何形状和对切削用量的调整,使排屑处于最顺畅状态,严格避免长屑缠绕刀具而引起故障。

表 1-6　硬质合金车刀粗车外圆及端面的进给量参考值

工件材料	车刀刀杆尺寸 /mm	工件直径 /mm	背吃刀量				
			≤3	>3～5	>5～8	>8～12	>12
			进给量 f/mm.r^{-1}				
碳素结构钢、合金结构钢、耐热钢	16×25	20	0.3～0.4	—	—	—	—
		40	0.4～0.5	0.3～0.4	—	—	—
		60	0.5～0.7	0.4～0.6	0.3～0.5	—	—
		100	0.6～0.9	0.5～0.7	0.5～0.6	0.4～0.5	—
		400	0.8～1.2	0.7～1.0	0.6～0.8	0.5～0.6	—
	20×30 25×25	20	0.3～0.4	—	—	—	—
		40	0.4～0.5	0.3～0.4	—	—	—
		60	0.6～0.7	0.5～0.7	0.4～0.6	—	—
		100	0.8～1.0	0.7～0.9	0.5～0.7	0.4～0.7	—
		400	1.2～1.4	1.0～1.2	0.8～1.0	0.6～0.9	0.4～0.6
铸铁及合金钢	16×25	40	0.4～0.5	—	—	—	—
		60	0.6～0.8	0.5～0.8	0.4～0.6	—	—
		100	0.8～1.2	0.7～1.0	0.6～0.8	0.5～0.7	—
		400	1.0～1.4	1.0～1.2	0.8～1.0	0.6～0.8	—
	20×30 25×25	40	0.4～0.5	—	—	—	—
		60	0.6～0.9	0.5～0.8	0.4～0.7	—	—
		100	0.9～1.3	0.8～1.2	0.7～1.0	0.5～0.78	—
		400	1.2～1.8	1.2～1.6	1.0～1.3	0.9～1.0	0.7～0.9

注：① 加工断续表面及有冲击的工件时，表内进给量应乘系数 k＝0.75～0.85。

② 在无外皮加工时，表内进给量应乘系数 k＝1.1。

③ 加工耐热钢及其合金时，进给量不大于 1 mm/r。

④ 加工淬硬钢时，进给量应减小。当钢的硬度为 44～56 HRC 时，乘系数 k＝0.8；当钢的硬度 57～62 HRC 时，乘系数 k＝0.5。

（3）切削速度的选择

确定了背吃刀量 a_p、进给量 f 和刀具耐用度 T，则可以按下面公式计算确定或查表确定切削速度 v 和机床转速 n。

$$v_c = \frac{C_v}{60T^m a_p^{x_v} f^{y_v}} k_v \tag{1-11}$$

公式中各指数和系数可以由表 1-8 中选取，修正系数 k_v 为一系列修正系数乘积，各修正系数可以通过表 1-9 选取。此外，切削速度也可通过表 1-10 得出。

半精加工和精加工时，切削速度 v_c，主要受刀具耐用度和已加工表面质量限制。在选取切削速度 v_c 时，要尽可能避开积屑瘤的速度范围。

表 1-7　按表面粗糙度选择进给量的参考值

工件材料	表面粗糙度 /μm	切削速度范围 /m·min^{-1}	刀尖圆弧半径		
			0.5	1.0	2.0
			进给量 f /mm·r^{-1}		
铸铁、青铜、铝合金	$R_a10\sim5$	不限	0.25～0.40	0.40～0.50	0.50～0.60
	$R_a5\sim2.5$		0.15～0.25	0.25～0.40	0.40～0.60
	$R_a2.5\sim1.25$		0.10～0.15	0.15～0.20	0.20～0.35
碳钢及合金钢	$R_a10\sim5$	＜50	0.30～0.50	0.45～0.60	0.55～0.70
		＞50	0.40～0.55	0.55～0.65	0.65～0.70
	$R_a5\sim2.5$	＜50	0.18～0.25	0.25～0.30	0.30～0.40
		＞50	0.25～0.30	0.30～0.35	0.35～0.50
	$R_a2.5\sim1.25$	＜50	0.10	0.11～0.15	0.15～0.22
		50～100	0.11～0.16	0.16～0.25	0.25～0.35
		＞100	0.16～0.20	0.20～0.25	0.25～0.35

注：$r_\varepsilon=0.5$ mm，用于 12 mm×12 mm 以下刀杆，$r_\varepsilon=1$ mm，用于 30 mm×30 mm 以下刀杆，$r_\varepsilon=2$ mm，用于 30 mm×45 mm 及以上刀杆。

表 1-8　车削速度计算公式中的系数与指数

工件材料	刀具材料	进给量 f /mm·r^{-1}	系数与指数值			
			c_v	x_v	y_v	m
外圆纵车碳素结构钢	YT15（干切）	≤0.3	291	0.15	0.20	0.2
		≤0.7	242	0.15	0.35	0.2
		＞0.7	235	0.15	0.45	0.2
	W18Cr4V（加切削液）	≤0.25	67.2	0.25	0.33	0.125
		＞0.25	43	0.25	0.66	0.125
外圆纵车灰铸铁	YG6（干切）	≤0.4	189.8	0.15	0.20	0.2
		＞0.4	158	0.15	0.40	0.2
	W18Cr4V（干切）	≤0.25	24	0.15	0.30	0.1
		＞0.25	22.7	0.15	0.40	0.1

　　切削速度的选取原则是：粗车时，因背吃刀量和进给量都较大，应选较低的切削速度，精加工时选择较高的切削速度；加工材料强度硬度较高时，选较低的切削速度，反之取较高切削速度；刀具材料的切削性能越好，切削速度越高。

　　切削用量的确定除了遵循前面"切削用量的选择"的有关规定外，还应考虑如下因素：

　　1）刀具差异

不同厂家生产的刀具质量差异较大,因此切削用量须根据实际所用刀具和现场经验加以修正。

2) 机床特性

切削用量受机床电动机的功率和机床刚性的限制,必须在机床说明书规定的范围内选取。避免因功率不够而发生闷车、刚性不足而产生大的机床变形或振动,影响加工精度和表面粗糙度。

3) 数控机床的生产率

数控机床的工时费用较高,刀具损耗费用所占比重较低,应尽量用高的切削用量,通过适当降低刀具寿命来提高数控机床的生产率。

表 1-9　车削速度计算修正系数

工件材料 K_{MV_C}	加工钢:硬质合金 $K_{MV_C} = 0.637/\sigma_b$			高速钢:$K_{MV_C} = C_M(0.637/\sigma_b)^{n_{v_C}}$		
	$C_M = 1.0$; $n_{v_C} = 1.5$;当 $\sigma_b \leqslant 0.441\ GP_a$ 时,$n_{v_C} = -1.0$					
	加工灰铸铁:硬质合金 $K_{MV_C} = (190/HBS)^{1.25}$			高速钢:$K_{MV_C} = (190/HBS)^{1.7}$		
毛坯状况 K_{SV_C}	无外皮	棒 料	锻 件	铸钢、铸铁		Cu-Al 合金
				一般	带砂皮	
	1.0	0.9	0.8	0.8~0.85	0.5~0.6	0.9
刀具材料 K_{TV_C}	钢	YT5	YT14	YT15	YT30	YG8
		0.65	0.8	1	1.4	0.4
	灰铸铁	YG8		YG6		YG3
		0.83		1.0		1.15
主偏角 $K_{k_r v_C}$	k_r	30°	45°	60°	75°	90°
	钢	1.13	1	0.92	0.86	0.81
	灰铸铁	1.2	1	0.88	0.83	0.73
副偏角 $K'_{k_r v_C}$	k'_r	30°	30°	30°	30°	30°
	$K'_{k_r v_C}$	1	0.97	0.94	0.91	0.87
刀尖半径 $K_{r_\epsilon v_C}$	r_ϵ/mm	1	2		3	4
	$K_{r_\epsilon v_C}$	0.94	1.0		1.03	1.13
刀杆尺寸 K_{BV_C}	$B \times H$/ mm·mm	12×20 16×16	16×25 20×20	20×30 25×25	25×40 30×30	30×45 40×40	40×60
	K_{BV_C}	0.93	0.97	1	1.04	1.08	1.12

7. 数控加工工艺守则

数控加工除遵守普通加工通用工艺守则的有关规定外,还应遵守表 1-11 所列的"数控加工工艺守则"的规定。

表 1-10　车削加工常用钢材的切削速度参考数值

加工材料		硬度 HBS	背吃刀量	高速钢刀具		硬质合金刀具						陶瓷(超硬材料)刀具	
						未涂层			涂层				
				v/m.min⁻¹	f/mm.r⁻¹	v/m.min⁻¹		f/mm.r⁻¹	材料	v/m.min⁻¹	f/mm.r⁻¹	v/m.min⁻¹	f/mm.r⁻¹
						焊接式	可转位						
易切削钢	低碳	100~200	1	55~90	0.18~0.2	185~240	220~275	0.18	YT15	320~410	0.18	550~700	0.13
			4	41~70	0.40	135~185	160~215	0.50	YT14	215~275	0.40	425~580	0.25
			8	34~55	0.50	110~145	130~170	0.75	YT5	170~220	0.50	335~490	0.40
	中碳	175~225	1	52	0.20	165	200	0.18	YT15	300	0.18	520	0.13
			4	40	0.40	125	150	0.50	YT14	205	0.40	395	0.25
			8	30	0.50	100	120	0.75	YT5	160		305	0.40
碳钢	低碳	125~225	1	43~46	0.18	140~150	170~195	0.18	YT15	260~290	0.18	520~580	0.13
			4	34~33	0.40	115~125	135~150	0.50	YT14	170~190	0.40	365~425	0.25
			8	27~30	0.50	85~100	105~120	0.75	YT5	135~150	0.50	275~365	0.40
	中碳	175~275	1	34~40	0.18	115~130	150~160	0.18	YT15	220~240	0.18	460~520	0.13
			4	23~30	0.40	90~100	115~125	0.50	YT14	145~160	0.40	290~350	0.25
			8	20~26	0.50	70~78	90~100	0.75	YT5	115~125	0.50	200~260	0.40
	高碳	175~275	1	30~37	0.18	115~130	140~155	0.18	YT15	215~230	0.18	460~520	0.13
			4	24~27	0.40	88~95	105~120	0.50	YT14	145~150	0.40	275~335	0.25
			8	18~21	0.50	69~76	84~95	0.75	YT5	115~120	0.50	185~245	0.40
合金钢	低碳	125~225	1	41~46	0.18	135~150	170~185	0.18	YT15	220~235	0.18	520~580	0.13
			4	32~37	0.40	105~120	135~145	0.50	YT14	175~190	0.40	365~395	0.25
			8	24~27	0.50	84~95	105~115	0.75	YT5	135~145	0.50	275~335	0.40
	中碳	175~275	1	34~41	0.18	105~115	130~150	0.18	TY15	175~200	0.18	460~520	0.13
			4	26~32	0.40	85~90	105~120	0.40~0.50	YT14	135~160	0.40	280~360	0.25
			8	20~24	0.50	67~73	82~95	0.5~0.75	YT5	105~120	0.50	220~265	0.40
	高碳	175~275	1	30~37	0.18	105~115	135~145	0.18	YT15	175~190	0.18	460~520	0.13
			4	24~27	0.40	84~90	105~115	0.50	YT14	135~150	0.40	275~335	0.25
			8	18~21	0.50	66~72	82~90	0.75	YT5	105~120	0.50	215~245	0.40
高强度钢		225~350	1	20~26	0.18	90~105	115~135	0.18	YT15	150~185	0.18	380~440	0.13
			4	15~20	0.40	69~84	90~105	0.50	YT14	120~135	0.40	205~265	0.25
			8	12~15	0.50	53~66	69~84	0.75	YT5	90~105	0.50	145~205	0.40

表 1-11　数控加工工艺守则

项　目	要　求　内　容
加工前的准备	① 操作者必须根据机床使用说明书熟悉机床的性能、加工范围和精度,并要熟练地掌握机床及其数控装置或计算机各部分的作用及操作方法 ② 检查各开关、旋钮和手柄是否在正确位置 ③ 启动控制电气部分,按规定进行预热 ④ 开动机床使其空运转,并检查各开关、按钮、旋钮和手柄的灵敏性及润滑系统是否正常等 ⑤ 熟悉被加工件的加工程序和编程原点
刀具与工件的装夹	① 安放刀具时应注意刀具的使用顺序,刀具的安放位置必须与程序要求的顺序和位置一致 ② 工件的装夹除应牢固可靠外,还应注意避免在工作中刀具与工件或刀具与夹具发生干涉
加　工	① 进行首件加工前,必须经过程序检查(试走程序)、轨迹检查、单程序段试切及工件尺寸检查等步骤 ② 在加工时,必须正确输入程序,不得擅自更改程序 ③ 在加工过程中操作者应随时监视显示装置,发现报警信号时应及时停车排除故障 ④ 零件加工完后,应将程序纸带、磁带或磁盘等收藏起来妥善保管,以备再用

1.3.4　编制数控加工工艺文件

数控加工工艺文件不仅是进行数控加工和产品验收的依据,也是操作者遵守和执行的规程,同时还为产品零件重复生产积累了必要的工艺资料,完成了技术储备。这些技术文件是对数控加工的具体说明,目的是让操作者更明确加工程序的内容、装夹方式、各个加工部位所选用的刀具及其他技术问题。该文件包括了编程任务书、数控加工工序卡、数控刀具卡片、数控加工程序单等。以下提供了常用文件格式,文件格式可根据企业实际情况自行设计。

1. 数控加工编程任务书

编程任务书阐明了工艺人员对数控加工工序的技术要求、工序说明和数控加工前应保证的加工余量,是编程人员与工艺人员协调工作和编制数控程序的重要依据之一,见表1-12。

2. 数控加工工序卡

数控加工工序卡与普通加工工序卡很相似,所不同的是:工序简图中应注明编程原点与对刀点,要有编程说明及切削参数的选择等,它是操作人员进行数控加工的主要指导性工艺资料。工序卡应按已确定的工步顺序填写,见表1-13。如果工序加工内容比较简单,也可采用表1-14数控加工工艺卡片的形式。

表 1-12　数控加工编程任务书

单　位	数控编程任务书	产品零件图号		任务书编号	
		零件名称			
		使用数控设备		共　页第　页	
		编程收到日期	月　　日	经手人	
编　制		审　核	编　程	审　核	批　准

表 1-13　数控加工工序卡片

单　位	数控加工工序卡片	产品名称或代号			零件名称	零件图号
工序简图		车　间			使用设备	
		工艺序号			程序编号	
		夹具名称			夹具编号	
工步号	工步作业内容	加工面	刀具号	刀补量	主轴转速	进给速度	背吃刀量	备　注
编　制		审　核		批　准		年　月　日	共　页	第　页

表 1-14　数控加工工艺卡片

单位名称		产品名称或代号			零件名称		零件图号	
工序号	程序编号		夹具名称		使用设备		车　间	
工步号	工步内容		刀具号	刀具规格	主轴转速	进给速度	背吃刀量	备　注
编　制		审　核			年　月　日		共　页	第　页

3. 数控加工程序说明卡

实践证明,仅用加工程序单和工艺规程来进行实际加工还有许多不足之处。由于操作者对程序的内容不清楚,对程编人员的意图不够理解,经常需要程编人员在现场进行口头解释、说明与指导,这种做法在程序仅使用一二次就不用了的场合还是可以的。但是,若程序是用于长期批量生产的,则编程人员很难都到达现场。再如编程人员临时不在场或调离,已经熟悉的操作工人不在场或调离,弄不好会造成质量事故或停产。因此,对加工程序进行必要的详细说明是非常重要的。

根据应用实践,一般应对加工程序做出说明的主要有以下内容:

① 所用数控设备型号及控制机型号;

② 程序原点、对刀点及允许的对刀误差;

③ 工件相对于机床的坐标方向及位置(用简图表述);

④ 镜像加工使用的对称轴;

⑤ 所用刀具的规格、图号及其在程序中对应的刀具号(如:D03 或 T0101 等),必须按实际刀具半径或长度加大或缩小补偿值的特殊要求(如用同一条程序、同一把刀具利用加大刀具半径补偿值进行粗加工),更换该刀具的程序段号等;

⑥ 整个程序加工内容的顺序安排(相当于工步内容说明与工步顺序),使操作者明白先干什么后干什么;

⑦ 子程序说明,对程序中编入的子程序应说明其内容,使操作者明白每条子程序的功用;

⑧ 其他需要作特殊说明的问题,如需要在加工中更换夹紧点(挪动压板)的计划停车程序段号,中间测量用的计划停车程序段号,允许的最大刀具半径和长度补偿值等。

4.数控加工走刀路线图

在数控加工中,常常要注意并防止刀具在运动中与夹具、工件等发生意外的碰撞,为此,必须设法告诉操作者关于程编中的刀具运动路线(如从哪里下刀,在哪里抬刀,哪里是斜下刀等),使操作者在加工前就有所了解并计划好夹紧位置及控制夹紧元件的高度,这样可以减少上述事故的发生。此外,对有些被加工零件,由于工艺性问题,必须在加工过程中挪动夹紧位置,也需要事先告诉操作者,在哪个程序段前挪动,夹紧点在零件的什么地方,然后更换到什么地方,需要在什么地方事先备好夹紧元件等,以防到时候手忙脚乱或出现安全问题。这些用程序说明卡和工序说明卡是难以说明或表达清楚的,如用走刀路线图加以附加说明效果就会更好。

为简化走刀路线图,一般可采取统一约定的符号来表示。不同的机床可以采用不同图例与格式。

5.数控刀具卡片

数控加工刀具卡主要反映刀具的名称、编号、规格和长度等内容,它是组装刀具和调整刀具的依据,详见表 1 - 15。

表 1 - 15　数控加工刀具卡片

产品名称或代号				零件名称		零件图号	
序　号	刀具号	刀具规格名称		数　量	加工表面		备　注
编　制			审　核		批　准	共　页	第　页

6.数控加工程序单

数控加工程序单是编程员根据工艺分析情况,按照机床特点的指令代码编制的。它是记录数控加工工艺过程、工艺参数的清单,有助于操作者正确理解加工程序内容。格式见表1 - 16。

表 1-16　数控加工程序单

零件号		零件名称		编　制		审　核	
程序号				日　期		日　期	

N	G	X(U)	Z(W)	F	S	T	M	CR	备　注

思考题与习题

1. 什么叫工艺系统？数控加工工艺系统的组成由哪些部分组成？

2. 数控机床有哪些主要的分类方法？

3. 数控加工刀具如何进行分类？模块化刀具的主要优点有哪些？

4. 数控加工刀具的特点有哪些？

5. 机床夹具的作用是什么？机床夹具如何进行分类？

6. 数控加工夹具的特点主要有哪些？

7. 切削用刀具材料应具备的性能有哪些？

8. 数控刀具材料有哪些？试分析它们各自的主要性能？

9. 分析刀具破损的主要形式及产生原因和对策。

10. 数控可转位刀片的夹紧方式有哪些基本要求？常见的可转位刀片的夹紧方式有哪几种？

11. 可转位刀片选择的原则是什么？

12. 选择数控刀具通常应考虑的因素有哪些？

13. 数控铣削刀具如何进行选择？

14. 镗孔刀具如何进行选择？

15. 铰孔刀具如何进行选择？

16. 刀具尺寸如何进行确定？

17. 选用加工中心刀柄时的注意事项有哪些？

18. 数控机床的工具系统怎样进行分类？镗铣类工具系统的特点主要有哪些？

19. 刀具管理系统的任务和基本功能是什么？

20. 数控加工工艺和数控加工工艺过程包括哪些主要内容？

21. 数控加工工艺的特点主要包括哪些内容？

22. 怎样进行数控加工零件的结构工艺性分析？

23. 数控加工的工艺路线设计与常规工艺路线的设计有什么不同？数控加工划分工序的原则有哪些？

24. 数控加工安排加工顺序的原则有哪些？

25. 数控加工工序设计的主要任务是什么？

26. 数控加工中如何确定走刀路线和安排工步顺序？

27. 数控加工中如何正确合理选择夹具？

28. 数控加工中如何正确合理选择刀具？

29. 什么叫对刀点、换刀点及刀位点？如何确定对刀点、换刀点及刀位点？

30. 如何选择切削用量？

31. 什么叫数控加工工艺文件？数控加工工艺文件包括哪些内容？

第2章　数控程序编制基本知识

数控机床是一种高效的自动化加工设备,是在普通机床的基础上发展演变而来的。在普通机床上加工零件时,操作人员按工艺卡片上规定的内容加工零件。在数控机床上加工零件不需要手工直接操作,而是靠输入一系列的加工指令,经机床数控系统处理后,使机床自动完成零件加工。改变加工程序,即可改变数控机床所加工的零件。因此,在加工前,必须先确定工件的加工工艺,编制零件的加工程序。

2.1　数控编程的基本概念

2.1.1　数控编程的定义

数控加工是泛指在数控机床上进行零件加工的工艺过程。在数控机床上加工零件时,机床的运动和各种辅助动作均由数控系统发出的指令来控制。而数控系统的指令是由程序员预先根据工件的材质、加工要求、机床特性和系统所规定的指令格式编制的。所谓编程,是指编写加工指令的过程,即把加工零件的工艺过程、工艺参数和运动要求用数字指令的形式(数控语言)记录在介质上。将编制的程序指令输入数控系统,数控系统根据输入指令来控制伺服系统和其他功能部件发出运行或中断信息来控制机床的各种运动。当零件的加工程序结束时,机床自动停止。任何一种数控机床,若没有输入程序指令,数控机床就不能工作。

2.1.2　数控编程的内容与步骤

一般来说,数控编程主要包括:分析零件图样、确定加工工艺过程、数学处理、编写加工程序、程序输入、程序检验及首件加工,如图 2-1 所示。

数控编程的具体步骤与要求如下。

1.分析零件图样和确定加工工艺过程

分析零件图样,即分析零件的材料、轮廓形状、有关尺寸精度、形状精度、表面粗糙度以及毛坯的形状和热处理要求等。通过分析,确定该零件是否适合在数控机床上加工,同时明确加工的内容及要求,确定加工方案、选择合适的夹具及装夹定位方法、选择合理的走刀路线、选择合理加工刀具及切削用量等。工艺分析掌握的基本原则是充分发挥数控机床的效能,走刀路线要尽量短,要正确选择对刀点、换刀点,以减少换刀次数。

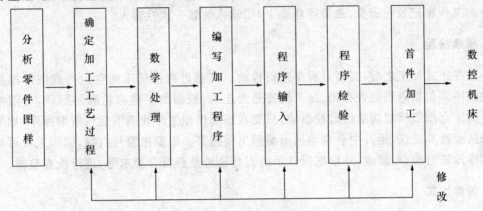

图 2-1　数控编程过程

2.数学处理

在完成了工艺处理的工作后,需根据零件图样的几何尺寸和所确定的走刀路线及设定的坐标系,计算出数控机床所需输入的数据,包括零件轮廓线上各几何元素的起点、终点、圆弧的圆心坐标、几何元素的交点或切点等坐标尺寸。数值计算的复杂程度,取决于零件的复杂程度和数控系统的功能。对于零件形状比较简单(由直线或圆弧组成)的平面零件,仅需要算出零件轮廓相邻几何元素的交点或切点的坐标值,即可满足要求。当零件形状比较复杂,并与数控系统的插补功能不一致时,就需要较复杂的数值计算过程。对于这种情况,大都借助计算机完成数值计算工作。

3.编写加工程序

根据数值计算得到的加工数据和已确定的工艺参数、刀位数据,结合数控系统对输入信息的要求,编程人员可根据数控系统规定的功能指令代码及程序段格式编写零件加工程序单。编写程序时,还要了解数控机床加工零件的过程,以便填入必要的工艺指令,如机床启停、加工中暂停等。只有对数控机床的技术性能、指令功能、代码书写格式等非常熟悉,才能正确编写程序。

4.程序输入

程序输入有手动数据输入、介质输入和通信输入等方式。

现代 CNC 系统的存储量大,可储存多个零件加工程序,且可在不占用加工时间的情况下进行输入。因此,对于不太复杂的零件常采用手动数据输入(MDI):按所编程序清单内容,通过操作数控系统键盘上各数字、字母、符号键进行逐段程序输入,并利用 CRT 或者 LCD 显示器对显示内容进行逐段检查,如有输入错误,就及时改正。这样比较方便、及时。介质输入方式是将加工程序记录在磁盘、磁带等介质上,用输入装置一次性输入。

5. 程序检验

一般在正式加工之前,需要对程序进行检验。可通过数控机床的空运行或图形模拟功能来校验程序。包括语法是否有错、加工轨迹是否正确,根据加工模拟轮廓的形状,与图纸对照检查。对于有图形模拟功能的数控系统,只要在图形模拟工作状态下运行所编程序,如果程序存在语法或计算错误,运行中会自动显示编程出错报警。根据报警号内容,编程人员可对相应出错程序段进行检查、修改,并根据所显示的刀具轨迹是否符合要求等,进行检查整改。

6. 首件加工

程序校验结束后,必须在机床上进行首件试切。因为校验方法只能检验出机床的运动是否正确,不能检查出被加工零件的加工精度。如果加工出来的零件不合格,需修改程序再试,直到加工出满足零件图样要求的零件为止。

经过以上各步骤,并确认试切的零件符合零件图纸技术要求后,数控编程工作才算结束。

2.1.3 数控编程的方法

数控编程有两种方法:手工编程和自动编程。具体采用何种编程方法取决于被加工零件的特点、复杂程度及数控机床的性能。对于加工尺寸较少的简单零件,可以采用手工编程。对于加工内容比较多、加工型面比较复杂的零件,需要采用自动编程。

1. 手工编程

从零件图样分析、工艺处理、数值计算、编写程序单、键盘输入程序直至程序校验等各步骤均由人工完成,称为手工编程。适用于点位加工或几何形状不太复杂的零件,二维或不太复杂的三维加工、程序编制坐标计算较为简单、编程工作量小、程序段不多、程序编制易于实现的场合。

2. 自动编程

自动编程是指利用计算机及其外围设备组成的自动编程系统完成程序编制工作的方法,也称为计算机辅助编程。对于复杂的零件,如一些非圆曲线、曲面的加工表面,或者零件的几何形状并不复杂但是程序编制的工作量很大,或者是需要进行复杂的工艺及工序处理的零件,因其在加工编程过程中的数值计算非常烦琐,编程工作量大。如果采用手动编程,往往耗时多而效率低,出错率高,甚至无法完成,故这种情况下必须采用自动编程的方法。自动编程与手工编程相比有可降低编程劳动强度、缩短编程时间和提高编程质量等优点。但自动编程的硬件与软件配置费用较高,在加工中心、数控铣床上应用比较普遍。

2.2　数控机床的坐标系

为了使数控系统规范化及简化编程,数控机床的坐标系作了若干规定。国际标准化组织于 1974 年制定了数控机床坐标系的国际标准 ISO841—1974,我国于 1999 年制定的标准 JB/T3051—1999 与之等效。

2.2.1　机床坐标系

在数控机床上,机床的动作是由数控装置来控制的。为了确定机床上的成形运动和辅助运动,必须先确定机床上运动的方向和运动的距离,这就需要一个坐标系才能实现,这个坐标系就称为机床坐标系。

1. 规定原则

(1)右手直角笛卡尔坐标系

标准的机床坐标系为右手直角笛卡尔坐标系,如图 2-2 所示。图中规定了 X,Y,Z 三坐标轴的关系:右手的拇指、食指和中指分别代表 X,Y,Z 三轴,3 个手指互相垂直,所指方向分别为 X,Y,Z 轴的正方向。围绕 X,Y,Z 各轴的回转运动分别用 A,B,C 表示,其正向用右手螺旋定则确定。与 $+X,+Y,+Z,\cdots,+C$ 相反的方向用带"$'$"的 $+X',+Y',+Z',\cdots,+C'$ 表示。

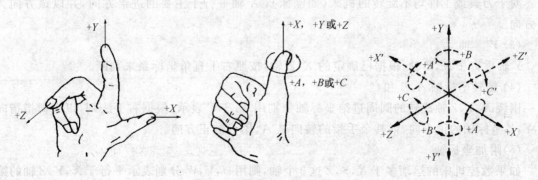

图 2-2　右手直角笛卡尔坐标系

（2）运动的正方向

规定使刀具和工件之间距离增大的方向为正方向。

（3）刀具相对于静止工件而运动的原则

在编程时，为了编程的方便和统一，总是假定工件是静止的，而刀具是运动的。这样，编程人员在不知道是刀具移近工件还是工件移近刀具的情况下，就可依据零件图样，确定机床的加工过程。

2. 坐标轴的规定

（1）Z　轴

规定平行于主轴轴线的坐标轴为 Z 轴，对于没有主轴的机床（如刨床、线切割机床等），则规定垂直于工件装夹平面的坐标轴为 Z 轴。

对于工件旋转的机床（如车床、磨床等），工件转动的轴为 Z 轴；对于刀具旋转的机床（如铣床、钻床和镗床等），刀具转动的轴为 Z 轴。

如果机床上有几个主轴，可选垂直于工件装夹平面的一个作为主要主轴，Z 轴则平行于主要主轴的轴线。

如主轴能摆动，在摆动范围内只与标准坐标系中的一个坐标轴平行时，则这个坐标轴就是 Z 轴。若摆动范围内能与基本坐标中的多个坐标轴相平行时，则取垂直于工件装夹平面的方向作为 Z 轴的方向。

Z 轴的正方向规定为增大刀具与工件距离的方向。

（2）X　轴

X 轴是水平的，平行于工件的装夹平面且与 Z 轴垂直。

对于工件旋转的机床，X 轴为工件的径向，且平行于滑座。刀具离开工件旋转中心的方向为 X 轴正方向。对于刀具旋转的机床，若 Z 轴是垂直（立式）的，当从刀具主轴向立柱看时，X 轴的正方向指向右；若 Z 轴是水平（卧式）的，当从刀具主轴向工件看时，X 轴的正方向指向右。对于刀具或工件均不旋转的机床（如刨床），X 轴平行于主要的进给方向，并以该方向为正方向。

（3）Y　轴

Y 轴垂直于 X,Z 轴。根据已确定的 X,Z 轴，按照右手直角坐标系来判断。

（4）旋转坐标轴 A,B 和 C

围绕 X,Y,Z 轴旋转的圆周进给坐标轴分别用 A,B,C 表示。根据右手法则，以大拇指指向 X,Y,Z 坐标轴的正方向，则其余手指的转向是 A,B,C 的正方向。

（5）附加坐标轴

如果数控机床的运动多于 X,Y,Z 这 3 个轴，则用 U,V,W 分别表示平行于 X,Y,Z 轴的第二组直线运动，用 P,Q,R 表示平行于 X,Y,Z 轴的第三组直线运动。如果在第一组旋转运动

A,B,C 存在的同时,还有平行于或不平行于 A,B,C 的第二组旋转运动,可命名为 D 和 E。

车床坐标系如图 1-4 所示,铣床坐标系如图 2-3 所示,卧式铣镗床坐标系如图 2-4 所示,刨床坐标系如图 2-5 所示。

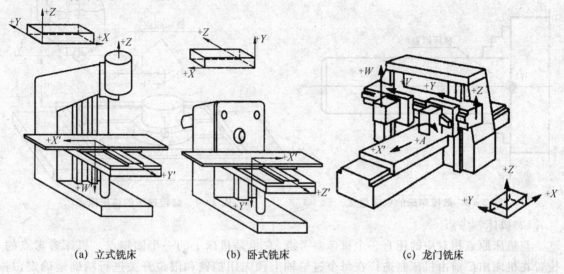

| (a) 立式铣床 | (b) 卧式铣床 | (c) 龙门铣床 |

图 2-3 铣床坐标系

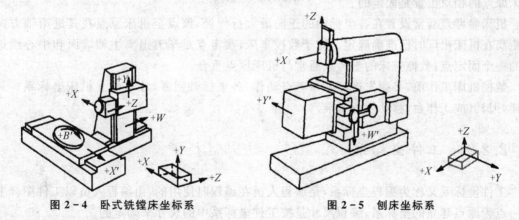

图 2-4 卧式铣镗床坐标系   图 2-5 刨床坐标系

3. 机床原点与参考点

(1)机床原点

机床坐标系的原点称为机床原点或机床零点($X=0,Y=0,Z=0$)。机床原点是机床上的一个固定点,是机床制造商设置在机床上的一个物理位置,是在机床装配、调试时就已确定的,其作用是使机床与控制系统同步,建立测量机床运动坐标的起始点,通常不允许用户改变。机床原点是工件坐标系、编程坐标系以及机床参考点的基准点。

数控车床的机床原点一般取在卡盘端面与主轴轴心线的交点处。如图 2-6 所示。

　　数控铣床的机床原点位置,各生产厂家不一致。有的设置在机床工作台中心,有的设置在进给行程范围的终点,如图 2-7 所示。

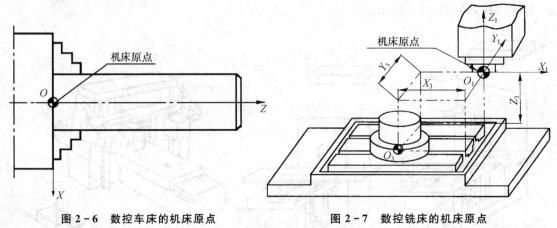

　　　图 2-6　数控车床的机床原点　　　　　　图 2-7　数控铣床的机床原点

（2）机床参考点

　　与机床原点相对应的还有一个机床参考点,它也是机床上的一个固定点。机床参考点的位置在机床出厂前由机床制造厂在每个进给轴上预先用挡铁和限位开关进行精确地确定,与机床原点的相对位置是固定的。

　　机床参考点通常设置在各坐标轴的正向最大行程处,该点至机床原点在其进给轴方向上的距离在机床出厂时已准确确定。对于数控车床,参考点是车刀退离主轴端面和中心线最远处的一个固定点;数控铣床的参考点通常与机床原点重合。

　　数控机床工作前,必须先进行回参考点动作,各坐标轴回零,才可建立机床坐标系。只有这样,刀具(或工作台)移动才有基准。

2.2.2　工件坐标系

　　工件坐标系又称为编程坐标系,是编程人员在编程时使用的,由编程人员以工件图样上的某一点为原点建立的坐标系,编程尺寸是按工件坐标系中的尺寸来确定的。

　　在工件坐标系中,确定工件轮廓坐标值的计算和编程的原点称为工件编程原点。是由编程人员根据编程计算方便性、机床调整方便性、对刀方便性、在毛坯上位置确定的方便性等具体情况定义在工件上的几何基准点,一般为零件图上最重要的设计基准点。

　　对于数控车床,如图 2-8 所示,一般将工件编程原点设在零件的轴心线和零件右端面的交点上。对于数控铣床,如图 2-9 所示,一般将工件编程原点设在工件外轮廓的某一个角上。

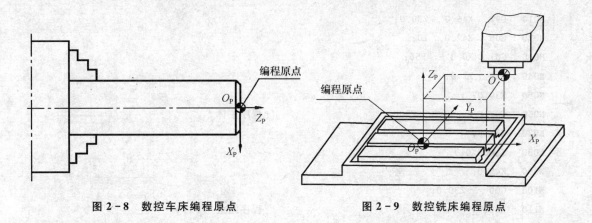

图 2-8　数控车床编程原点　　　　图 2-9　数控铣床编程原点

2.2.3　加工坐标系

加工坐标系是指以确定的加工原点为基准所建立的坐标系。加工原点称为程序原点,是指零件被装夹好后,相应的编程原点在机床坐标系中的位置。

在加工过程中,数控机床是按照工件装夹好后所确定的加工原点位置和程序要求进行加工的。编程人员在编制程序时,只要根据零件图样就可以选定编程原点、建立编程坐标系、计算坐标数值,而不必考虑工件毛坯装夹的实际位置。对于加工人员来说,则应在装夹工件、调试程序时,将编程原点转换为加工原点并确定加工原点的位置,在数控系统中给予设定(即给出原点设定值),设定加工坐标系后就可根据刀具当前位置,确定刀具起始点的坐标值。在加工时,工件各尺寸的坐标值都是相对于加工原点而言的,这样数控机床才能按照准确的加工坐标系位置开始加工。

2.3　数控加工程序与常用编程指令

2.3.1　程序结构与程序段格式

1. 程序的组成

一个完整的程序必须包括程序开始、程序主体和程序结束 3 部分。

下面以一个在数控车床上加工阶梯轴的加工程序来分析加工程序的结构:

O0001　　　　　　　　　　　　　　　程序开始

```
N010   G92   X45.0   Z30.0;
N020   G00   X42.0   Z0;
N030   G01   X0.0     F50;
N040   G00   Z2.0;
N050   X30.0;
N060   G01   Z－40.0   F300;                              程序主体
N070   X35.0;
N080   Z－60.0;
N090   X45.0;
N100   G00   Z30.0;
N110   M30;                                              程序结束
```

由这个加工程序可以看出该程序由 11 个程序段组成。

程序的开头 O0001 是程序号。每一个完整的程序都必须有一个程序号,以便从数控装置的存储器中检索。程序号由地址符 O,P 或 ½ 和跟随地址符后面的 4 位数字组成。

N010～N100 为程序主体,整个程序的核心部分,由若干程序段组成,表示数控机床要完成的全部动作。

N110 为程序结束。程序结束是以程序结束指令 M30 或 M02 作为整个程序结束的符号来结束程序的。

2. 程序段格式

程序段是程序的主要组成部分。程序段由程序字组成,程序字由地址符(用英文字母表示)、正负号和数字(或代码)组成。程序段格式是程序段的书写规则。目前使用最多的是字地址可变程序段格式。这种格式是以地址符开头,后面跟随数字或符号组成程序字,每个程序字根据地址来确定其含义,因此不需要的程序字或与上一程序段相同的程序字都可以省略。各程序字的排列顺序也不严格。例如:

```
N070   G01   Z－40   F300
N080   X35(本程序段省略了 G01 和 F300,但它们的功能仍然有效)
```

其中:N 为程序段号;G 为准备功能;X,Z 为坐标尺寸字;F 为进给速度;300,35,－40 为数字。

通常字地址可变程序段中程序字的顺序及形式一般为:

N____ G____ X____ Y____ Z____ F____ S____ T____ M____

各程序字含义见表 2-1。

表 2-1　程序字含义

功　能	地　址	意　义
程序号	O,P,%	程序号、子程序号
顺序号	N	程序段号
准备功能	G	指令动作方式(快进、直线、圆弧等)
坐标字	X,Y,Z	坐标轴的移动指令
	A,B,C,U,V,W	附加轴的移动指令
进给速度	F	进给速度指令
主轴功能	S	主轴转速指令
刀具功能	T	刀具编号
辅助功能	M	主轴、切削液的开/关等

2.3.2　常用编程指令

1. 准备功能

准备功能 G 代码,用来规定刀具和工件的相对运动轨迹(即插补功能指令)、机床坐标系、坐标平面、刀具补偿、坐标偏置等多种加工操作。G 代码由字母 G 及其后面的两位数字组成,从 G00 到 G99 共有 100 种代码。

G 代码有两种:一是模态指令,这类 G 指令一旦被执行则一直有效,直至被同组的 G 指令注销为止。不同组的 G 指令可放在同一程序段中,在同一程序段 G 指令中有多个同组的代码时,以最后一个为准;二是非模态指令,这类 G 指令只在被指定的程序段中有效。

我国 JB/T3208—1999 标准中规定的 G 代码功能如表 2-2 所列。

表 2-2　G 代码功能表

代　码 (1)	组号 (2)	功　能 (3)	代　码 (1)	组号 (2)	功　能 (3)
G00	a	点定位	G50	#(d)	刀具偏置 0/-
G01	a	直线插补	G51	#(d)	刀具偏置+/0
G02	a	顺时针圆弧插补	G52	#(d)	刀具偏置-/0
G03	a	逆时针圆弧插补	G53	f	直线偏移注销
G04		暂停	G54	f	直线偏移 X
G05	#	不指定	G55	f	直线偏移 Y

代码 (1)	组号 (2)	功 能 (3)	代码 (1)	组号 (2)	功 能 (3)
G06	a	抛物线插补	G56	f	直线偏移 Z
G07	#	不指定	G57	f	直线偏移 XY
G08		加速	G58	f	直线偏移 XZ
G09		减速	G59	f	直线偏移 YZ
G10~G16	#	不指定	G60	h	准确定位 1(精)
G17	c	XY 平面选择	G61	h	准确定位 2(中)
G18	c	ZX 平面选择	G62	h	准确定位(粗)
G19	c	YZ 平面选择	G63	*	攻螺纹
G20~G32	#	不指定	G64~G67	#	不指定
G33	a	螺纹切削,等螺距	G68	#(d)	刀具偏置,内角
G34	a	螺纹切削,增螺距	G69	#(d)	刀具偏置,外角
G35	a	螺纹切削,减螺距	G70~G79	#	不指定
G36~G39	#	永不指定	G80	e	固定循环注销
G40	d	刀具补偿/刀具偏置注销	G81~G89	e	固定循环
G41	d	刀具补偿(左)	G90	j	绝对尺寸
G42	d	刀具补偿(右)	G91	j	增量尺寸
G43	#(d)	刀具偏置(正)	G92		预置寄存
G44	#(d)	刀具偏置(负)	G93	k	时间倒数,进给率
G45	#(d)	刀具偏置+/+	G94	k	每分钟进给
G46	#(d)	刀具偏置+/-	G95	k	主轴每转进给
G47	#(d)	刀具偏置-/-	G96	i	恒线速度
G48	#(d)	刀具偏置-/+	G97	i	主轴每分钟转数
G49	#(d)	刀具偏置 0/+	G98,G99	#	不指定

注:① ＃号表示如选作特殊用途,必须在程序中加以说明。

② 如在直线切削控制中没有刀具补偿,则 G43~G52 可指定作其他用途。

③ 在表中第(2)栏括号中的字母(d)表示可以被同栏的没有括号的字母 d 所注销或代替,也可被有括号的字母(d)所注销或代替。

④ G45~G52 的功能可用于机床上任意两个预定的坐标。

⑤ 控制机上没有 G53~G59 及 G63 功能时,可以指定作其他用途。

(1)绝对值编程 G90 与相对值编程 G91

格式:G90;

G91

G90 与 G91 是一对模态指令。采用 G90 编程,程序中的所有编程尺寸是相对于某一固定的编程原点给定的;采用 G91 编程,程序中机床运动部件的坐标值是相对于前一位置给定的。若在程序中不注明是 G90 还是 G91,系统按 G90 运行。一般数控系统在初态(开机时状态)时自动设置为 G90 状态。

G90 和 G91 可以在同一个程序中出现,但要注意其顺序所造成的差异。加工图 2-10 所示的图形,要求刀具由原点按顺序移动到 1,2,3 点,使用 G90 和 G91 编程,其程序如表 2-3 所列。

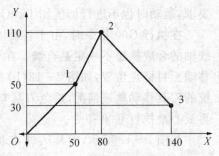

选择合适的编程方式可使编程简化。通常当图纸尺寸由一个固定基准给定时,采用绝对方式编程较为方便,而当图纸尺寸是以轮廓顶点之间的间距给出时,采用相对方式编程较为方便。

图 2-10　绝对值编程与相对值编程

表 2-3　G90 和 G91 编程

G90 编程	G91 编程
G90 G01 X50 Y50 F100	G91 G01 X50 Y50 F100
G01 X80 Y110	G01 X30 Y60
G01 X140 Y30	G01 X60 Y-80

(2)坐标平面选择指令 G17,G18,G19

格式:G17;

　　　G18;

　　　G19

该指令用于选择一个平面,在此平面进行直线插补、圆弧插补和刀具半径补偿。其中 G17 选择 XY 平面,G18 选择 ZX 平面,G19 选择 YZ 平面,如图 2-11 所示。G17,G18,G19 为模态指令,一般系统默认为 G17。

注意:移动指令与平面选择无关。例如执行指令 G17 G01 Z10 时,Z 轴照样会移动。

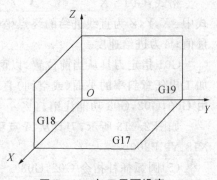

(3)快速定位指令 G00

格式:G00　X____　Y____　Z____

式中:X,Y,Z 为快速定位的终点坐标值,不运动的坐标

图 2-11　加工平面设定

可省略。目标点坐标可采用绝对值或增量值。在 G90 时为终点在工件坐标系中的坐标值,在 G91 时为终点相对于起点的位移增量。

　　G00 指令刀具相对于零件以各轴预先设定的速度,从当前位置快速移动到程序段指令的定位目标点,如图 2-12(a)所示。其快速移动的速度由机床参数设定,而不能用 F 规定。G00 用于加工前的快速定位或加工后的快速退刀。只实现定位作用,对实际所走的路径不作严格要求,运动时也不进行切削加工。G00 是模态指令,可由 G01,G02,G03 功能注销。

　　在执行 G00 指令时,由于各轴以各自速度移动,不能保证各轴同时到达终点,因而联动直线轴的合成轨迹不一定是直线。在 FANUC 系统中,总是先沿 45°直线移动,再沿某一轴单向移动至目标点位置,如图 2-12(b)所示。编程人员必须格外小心,应先了解所使用的数控系统的刀具移动轨迹情况,避免刀具与零件发生碰撞。常见的做法是将 Z 轴移动到安全高度,再放心地执行 G00 指令。

　　如图 2-12 所示,刀具从 A 点快速移动到 B 点的程序为 G90 G00 X60 Y30 或 G91 G00 X40 Y20。

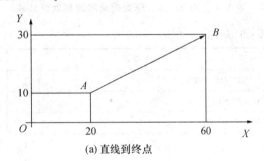
(a) 直线到终点

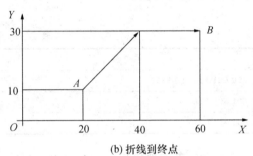
(b) 折线到终点

图 2-12　快速定位编程

　　(4)直线插补指令 G01

　　格式:G01　X____　Y____　Z____　F____

式中:X,Y,Z 为直线进给的终点坐标值,不运动的坐标可省略,目标点坐标可采用绝对值或增量值;F 为进给速度。

　　G01 指定刀具从当前位置,以两轴或三轴联动方式向给定目标按 F 指定进给速度运动,加工出任意斜率的平面(或空间)直线,在没有新的 F 替代前一直有效。G01 是模态指令,可由 G00,G02,G03 功能注销。

　　如图 2-13 所示,刀具从 A 点移动到 B 点的程序为 G90 G01 X25 Y14 F200 或 G91 G01 X18 Y9 F200。

　　(5)圆弧插补指令 G02,G03

　　G02,G03 按指定进给速度进行圆弧切削:G02 为顺时针圆弧插补,G03 为逆时针圆弧插补。所谓顺圆、逆圆指的是从第三轴正向朝原点或朝负方向看,如 XY 平面内,从 Z 轴正向向原点观察,顺时针方向为 G02,反之为 G03,如图 2-14 所示。

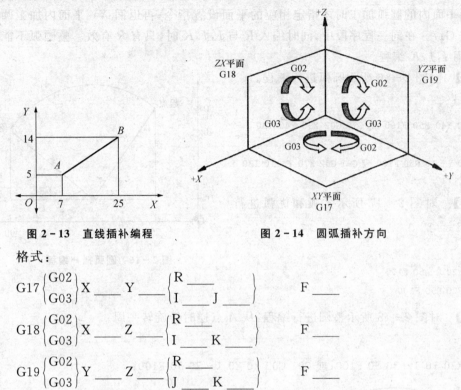

图 2-13　直线插补编程　　　　图 2-14　圆弧插补方向

格式:

$$G17 \begin{Bmatrix} G02 \\ G03 \end{Bmatrix} X\underline{\quad} Y\underline{\quad} \begin{Bmatrix} R\underline{\quad} \\ I\underline{\quad} J\underline{\quad} \end{Bmatrix} \qquad F\underline{\quad}$$

$$G18 \begin{Bmatrix} G02 \\ G03 \end{Bmatrix} X\underline{\quad} Z\underline{\quad} \begin{Bmatrix} R\underline{\quad} \\ I\underline{\quad} K\underline{\quad} \end{Bmatrix} \qquad F\underline{\quad}$$

$$G19 \begin{Bmatrix} G02 \\ G03 \end{Bmatrix} Y\underline{\quad} Z\underline{\quad} \begin{Bmatrix} R\underline{\quad} \\ J\underline{\quad} K\underline{\quad} \end{Bmatrix} \qquad F\underline{\quad}$$

式中:X,Y,Z 为圆弧终点坐标,采用 G90 方式时为在编程坐标系中的坐标值,采用 G91 方式时为圆弧终点相对于圆弧起点在各坐标轴方向的增量;I,J,K 为圆心相对于圆弧起点在各坐标轴方向的增量,与 G90 或 G91 无关,如图 2-15 所示;R 为圆弧半径,当圆弧对应的圆心角为 $0°\sim180°$,R 取正值;圆弧对应的圆心角为 $180°\sim360°$,R 取负值;F 为进给速度。

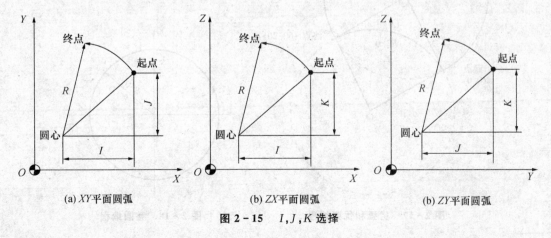

(a) XY平面圆弧　　　　(b) ZX平面圆弧　　　　(b) ZY平面圆弧

图 2-15　I,J,K 选择

机床通电后默认的加工平面是 G17。若开始时所加工的圆弧属于 XY 平面，则 G17 省略，一直到有其他平面内的圆弧加工时才指定相应的平面设置指令；再返回 XY 平面内加工圆弧时则必须指定 G17。在同一程序段中，同时编入 R 与 I,J,K 时，只有 R 有效。整圆弧不能用 R 指定，只能用 I,J,K 编程。

【例 2-1】 对图 2-16 所示圆弧进行编程。

程序如下：

　G90 G02 X90 Y40 R50 F100 或 G90 G02 X90 Y40 I30 J-40 F100

　G91 G02 X70 Y-10 R50 F100 或 G91 G02 X70 Y-10 I30 J-40 F100

【例 2-2】 对图 2-17 所示劣弧和优弧进行编程。

程序如下：

　①G02 X60 Y20 R-50 F100

　②G02 X60 Y20 R50 F100

【例 2-3】 对图 2-18 所示整圆进行编程：从 A 点逆时针旋转一周。

程序如下：

G90 G03 X30 Y0 I-30 J0 F100；或 G91 G03 X0 Y0 I-30 J0 F100；

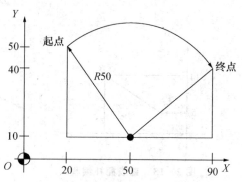

图 2-16　圆弧插补编程

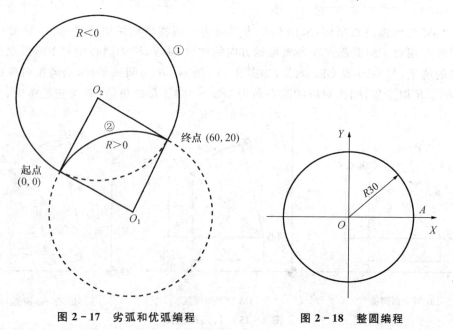

图 2-17　劣弧和优弧编程　　　　　　　图 2-18　整圆编程

2. 辅助功能

辅助功能 M 代码主要用于控制数控机床各种辅助动作及开关状态,如主轴正、反转,切削液的开、停,程序结束等。M 代码由地址字 M 和其后的两位数字组成,从 M00～M99 共 100 种。表 2-4 为我国 JB/T3208-1999 标准中规定的 M 指令功能。

表 2-4　M 代码表

代码	功能	代码	功能	代码	功能
M00	程序停止	M15	正运动	M49(♯)	进给率修正旁路
M01	计划停止	M16	负运动	M50(♯)	3 号冷却液开
M02	程序结束	M17,M18(♯)	不指定	M51(♯)	4 号冷却液开
M03(＊)	主轴顺时针方向	M19(＊)	主轴定向停止	M52～54(♯)	不指定
M04(＊)	主轴逆时针方向	M20～M29(♯)	永不指定	M55(♯)	刀具直线位移,位置 1
M05(＊)	主轴停止	M30	纸带结束	M56(♯)	刀具直线位移,位置 2
M06	换刀	M31	互锁旁路	M57～M59(♯)	不指定
M07(＊)	2 号冷却液开	M32～M35(♯)	不指定	M60	更换工件
M08(＊)	1 号冷却液开	M36(♯)	进给范围 1	M61(＊)	工件直线位移,位置 1
M09(＊)	冷却液关	M37(♯)	进给范围 2	M62(＊)	工件直线位移,位置 2
M10(＊)	夹紧	M38(♯)	主轴速度范围 1	M63～M70(♯)	不指定
M11(＊)	松开	M39(♯)	主轴速度范围 2	M71(＊)	工件角度位移,位置 1
M12(♯)	不指定	M40～M45(♯)	如需要作齿轮换档	M72(＊)	工件角度位移,位置 2
M13(＊)	主轴顺时针方向,冷却液开	M46,47(♯)	不指定	M73～M89(♯)	不指定
M14(＊)	主轴逆时针方向,冷却液开	M48(＊)	注销 M49	M90～M99(♯)	永不指定

注:① 带(＊)号表示为模态指令;带(♯)号表示如选作特殊用途,必须在程序中进行说明;其余为非模态指令。
　　② M90～M99 可指定为特殊用途。

3. 其他常用功能

(1)F——进给功能

用于指定切削进给速度,属模态指令。一般用 F 后的数字直接给定进给速度。

① 切削进给速度(每分钟进给量):以每分钟进给距离的形式指定刀具切削进给速度,用 F 和后续数值表示。ISO 标准规定 F1～F5 位,对于直线轴如 F1 000 表示每分钟进给速度是 1 000 mm;对于旋转轴如 F10 表示每分钟进给速度为 10°。

② 同步进给速度(每转进给量):以主轴每转进给量规定的进给速度,单位为 mm/r。

③ 快速进给速度:通过参数设定,用 G00 指令执行快速,还可用操作面板上的快速倍率开关分档。

④ 进给倍率:操作面板上设置了进给倍率开关,倍率可在 10%～200%之间变化,每档间隔 10%。使用倍率开关不用修改程序中的 F 代码,就可改变机床的进给速度,对每分钟进给量和每转进给量都有效。

(2)S——主轴转速功能

用来指定主轴转速,属模态指令。用字母 S 和其后的 2～4 位数字表示,单位为 r/min(恒转速)或 m/min(表面恒线速)。主轴转向用 M03(正向)和 M04(反向)指定。操作面板上设有主轴倍率开关,可不修改程序而改变主轴转速。

(3)T——刀具功能

用来选择刀具,指定加工用刀具号及刀具的长度与半径补偿号,属模态指令。由 T 及后面 2 位或 4 位数字表示。

经济型数控系统由 T+2 位数字组成,2 位数字既表示刀具号,又表示刀具长度补偿号;中高档数控系统由 T+4 位数字组成,前 2 位数字表示刀具号,后 2 位数字表示刀具补偿号;加工中心由 M06 和 T+2 位数字(或 4 位数字)组成,表示换刀刀具号。

2.4　数控编程中的数学处理

根据被加工零件图样,按照已经确定的加工路线和允许的编程误差,计算数控系统所需要输入数据的过程称为数学处理。数学处理是编程前的主要准备工作之一,是手工编程必不可少的工作步骤,而且即使采用计算机进行自动编程,也经常需要先对工件的轮廓图形进行数学预处理,才能对有关几何元素进行定义。根据零件图样给出的形状、尺寸和公差等直接通过数学方法(如三角函数、解析几何法等)计算出编程时所需要的有关各点的坐标值、圆弧插补所需要的圆弧终点、圆弧圆心的坐标;若不能直接计算出编程时所需要的所有坐标值,或不能按零件图给出的条件直接进行工件轮廓几何要素的定义来进行自动编程时,就必须根据所采用的具体工艺方法、工艺装备等加工条件,对零件原图形及有关尺寸进行必要的数学处理或改动,才可以进行各点的坐标计算和编程。

2.4.1　选择编程原点

同一个零件,同样的加工,若编程原点选择不同,指令中的坐标值也不一样,所以,编程之前首先要选定编程原点。从理论上讲,编程原点选在任何位置都是可以的,但实际上,为了换算尽可能简便以及尺寸较为直观(至少让部分点的坐标值与零件图上的尺寸值相同),减少计算误差,应尽可能选择一个合理的编程原点。

数控车床的编程原点 X 向应取在零件的回转中心,即主轴的轴心线上,Z 向原点一般选在零件的右端面、设计基准或对称平面内。如果是左右对称的零件,Z 向原点应选在对称平面内,这样同一个程序可用于调头前后的两道加工工序。对于轮廓中有椭圆之类非圆曲线的零件,Z 向原点取在椭圆的对称中心较好。

数控铣床的编程原点 X,Y 向零点一般可选在设计基准或工艺基准的端面或孔的中心线上,对于有对称部分的工件,可以选在对称面上,以便用镜像等指令来简化编程。Z 向的编程原点,习惯选在工件上表面,这样当刀具切入工件后 Z 向尺寸字均为负值,以便于检查程序。

2.4.2　基点计算

一个零件的轮廓曲线常常由不同的几何元素组成,如直线、圆弧和二次曲线等。各几何元素间的连接点称为基点,如两直线的交点,直线与圆弧的交点或切点,圆弧与圆弧的交点或切点,圆弧或直线与二次曲线的切点或交点等。两个相邻基点间只能有一个几何元素。基点坐标是编程中需要的重要数据,可以直接作为其运动轨迹的起点或终点。

平面零件轮廓大多由直线和圆弧组成,而现代数控机床的数控系统都具有直线插补和圆弧插补功能,所以平面零件轮廓曲线的基点计算比较简单。一般根据图样上需要求解的基点数量以及计算的难易程度,利用构成零件轮廓的几何图素,绘制适当的辅助线,直接在几何图形上利用方程组、勾股定理、三角函数中直角三角形或斜三角形求解公式求解。

【例 2 - 4】　求图 2 - 19 所示各基点坐标,O 为坐标原点。

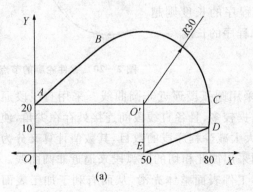
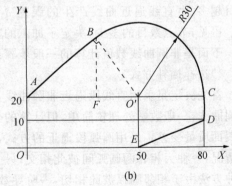

(a)　　　　　　　　　　　　　(b)

图 2 - 19　基点坐标计算

基点坐标计算过程:

① A,C,D,E 的坐标可直接根据图示得到:

$A(0,20)$；$C(80,20)$；$D(80,10)$；$E(50,0)$。

② 计算 B 点坐标：

如图 2-19(b)所示，过圆心 O' 作垂线与直线 AB 交于 B 点，过 B 点作 AC 的垂线交于 F 点。根据条件得知 $\triangle ABO' \backsim \triangle BFO'$，可列出 $BO'/FO' = AO'/BO'$，其中 $BO' = 30$，$AO' = 50$，可得出 $FO' = 18$，则 $AF = 50 - 18 = 32$，即 B 点的 X 坐标为 32。

根据勾股定理，$BF^2 = BO'^2 - FO'^2$，得出 $BF = 24$，则 B 点的 Y 坐标为 $20 + 24 = 44$。故 B 点的坐标为(32,44)。

2.4.3　非圆曲线数学处理的基本过程

数控加工中把除直线和圆以外可以用数学方程式表达的平面轮廓曲线，称为非圆曲线。其数学表达式的形式以 $y = f(x)$ 的直角坐标的形式给出，或以 $\rho = \rho(\theta)$ 的极坐标形式给出，还可以以参数方程的形式给出。数控系统一般只能作直线插补和圆弧插补的切削运动。如果零件的轮廓曲线不是由直线或圆弧构成(可能是椭圆、双曲线、抛物线、一般二次曲线、阿基米德螺旋线等曲线)，而数控装置又不具备其他曲线的插补功能时，数控系统就无法直接实现插补，而需要通过一定的数学处理。数学处理的方法是在满足允许编程误差的条件下，用直线段或圆弧段去逼近非圆曲线，相邻直线段或圆弧段的交点或切点称为节点。例如，对图 2-20 所示的曲线用直线逼近时，其交点 A,B,C,D,E 等即为节点。

在编程时，首先要计算出节点的坐标，求得各节点后，就可按相邻两节点间的直线来编写加工程序。如图 2-20 中有 6 个节点，可用 5 段直线逼近曲线，因而就有 5 个直线插补程序段。节点数目越多，由直线逼近曲线产生的误差 δ 越小，程序的长度则越长。可见，节点数目的多少，决定了加工的精度和程序的长度。

下面是非圆曲线数值计算的一般步骤：

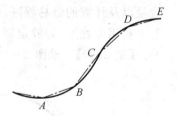

图 2-20　零件轮廓的节点

1)选择插补方式

首先决定是采用直线段逼近非圆曲线，还是采用圆弧段逼近非圆曲线。采用直线段逼近非圆曲线，一般数学处理较简单，但计算的坐标数据较多，且各直线段间连接处存在尖角，使加工表面质量变差。采用圆弧段逼近的方式，可以大大减少程序段的数目，其数值计算又分为两种情况，一种为相邻两圆弧间彼此相交；另一种则采用彼此相切的圆弧段来逼近非圆曲线。后一种方法由于相邻圆弧彼此相切，一阶导数连续，工件表面整体光滑，从而有利于加工表面质量的提高。采用圆弧段逼近，其数学处理过程要复杂一些。

2)确定编程允许误差

编程允许误差 δ 一般为零件轮廓公差的 $1/5 \sim 1/10$，并保证计算出的插补误差 $\delta \leqslant \delta_{允}$。

3)选择数学模型，确定计算方法

非圆曲线节点计算过程一般比较复杂。目前生产中采用的算法也较多。在决定采用什么算法时,主要考虑的因素一是尽可能按等误差的条件确定节点坐标位置,以减少程序段的数目;二是尽可能寻找一种简便的计算方法,以便于计算机程序的制作,及时得到节点坐标数据。常用的方法有等间距法、等步长法和等误差法。等间距法是将某一坐标轴划分成相等的间距,适用于曲线曲率变化不大时节点坐标的计算,是一种最简单的数学处理方法;等步长法是使每个程序段的线段长度相等,由于轮廓曲线处的曲率不等,产生的插补误差 δ 也不等,编程时必须使 $\delta < \delta_{允}$。曲线曲率变化不大时,所求节点数目比等间距法要少,但计算过程稍繁;等误差法使零件轮廓曲线上的各逼近线段的逼近误差相等且小于等于 $\delta_{允}$,各逼近线段的长度不相等,程序段数目最少,但计算过程比较复杂,一般采用计算机编程。

2.4.4　列表曲线的数学处理

零件的轮廓形状除可用直线、圆弧及各种非圆曲线表达之外,还可以用列表曲线表示。所谓列表曲线是指零件图样上曲线的形状是由一系列坐标点所确定。实际生产中许多零件的轮廓形状是通过实验或测量的方法得到,如飞机的机翼、叶片等,通过实验或测量方法得到的数据只能以坐标点的表格形式给出,无法给出确定的函数表达式。编程人员通过各种 CAD/CAM 软件,通过在一系列连续的列表点上,创建参数式样条曲线或 NURBS 样条曲线,即可完成编程工作。

列表曲线的数学处理较为复杂,通常采用二次拟合法:先选择直线方程或圆方程之外的其他数学方程式(如抛物线、三次样条曲线)对列表点进行拟合,得到由多段参数不同但方程式表达形式完全相同的函数表达式表示出该曲线,称为第一次拟合;然后根据编程允差的要求,再对第一次拟合时的数学方程(称为插值方程)进行插点加密,求得新的节点,再在新的节点之间采用直线或圆弧拟合,称为第二次拟合。

2.4.5　数控加工误差分析

数控加工误差 $\Delta_{数加}$ 是由编程误差 $\Delta_{编}$、机床误差 $\Delta_{机}$、定位误差 $\Delta_{定}$、对刀误差 $\Delta_{刀}$ 等误差综合形成。即: $\Delta_{数加} = f(\Delta_{编} + \Delta_{机} + \Delta_{定} + \Delta_{刀})$

(1)编程误差 $\Delta_{编}$

编程误差 $\Delta_{编}$ 由逼近误差、插补误差和尺寸圆整误差组成。

逼近误差是用近似计算的方法处理列表曲线、曲面轮廓时产生的误差。

插补误差 δ 是在用直线段或圆弧段去逼近非圆曲线的过程中产生的,如图 2-21 所示。逼近曲线与零件轮廓的最大差值为插补误差。减小插补误差的最简单的方法是密化插补点,但会增加程序段的数目,增加计算、编程的工作量。

尺寸圆整误差是在数据处理时,将坐标值四舍五入圆整成整数脉冲当量值而产生的误差。脉冲当量是指每个单位脉冲对应坐标轴的位移量。数控机床能反映的最小位移量是一个脉冲当量,小于一个脉冲当量的数据只能四舍五入,于是就产生了误差。普通精度级的数控机床,一般脉冲当量值为 0.01 mm;较精密数控机床的脉冲当量值为 0.005 mm 或 0.001 mm 等。

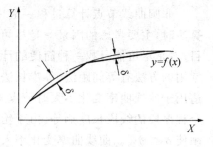

图 2 - 21　插补误差

(2)机床误差 $\Delta_{机}$

机床误差 $\Delta_{机}$ 由数控系统误差、进给系统误差等原因产生。

(3)定位误差 $\Delta_{定}$

定位误差 $\Delta_{定}$ 是当零件在夹具上定位、夹具在机床上定位时产生的。

(4)对刀误差 $\Delta_{刀}$

对刀误差 $\Delta_{刀}$ 是在确定刀具与零件的相对位置时产生的。

思考题与习题

1.何谓数控编程？数控编程的内容包括哪些？

2.数控机床的坐标轴与运动的方向是怎样规定的？

3.试说明机床原点、机床参考点、编程原点、刀位点的含义及它们之间的关系。

4.什么是准备功能指令？模态代码与非模态代码有何区别？

5.简述 F,S,T 功能的含义及作用。

6.绝对值编程与相对值编程有何区别？

7.何谓基点？何谓节点？有何区别？

8.在图 2 - 22 中,以 O 点为原点,计算各基点坐标。

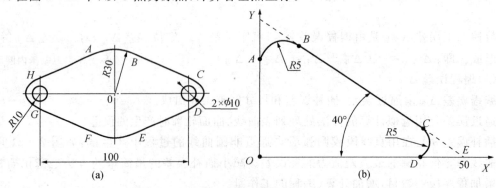

(a)　　　　　　　　　　　(b)

图 2 - 22　习题 8 图

第3章 数控车床加工工艺与编程

3.1 数控车削的主要加工对象

数控车床主要用于加工轴类、盘状类等回转体零件。可以自动完成内外圆柱面、圆锥面、成形表面、螺纹、端面等表面的切削加工，并能进行车槽、钻孔、扩孔和铰孔等工作，由于数控车床具有加工精度高、能作直线和圆弧插补以及在加工过程中能自动变速的特点，所以，其工艺范围较普通车床宽得多。数控车削中心和数控车铣中心可在一次装夹中完成更多的加工工序，加工精度和生产效率更高。

3.1.1 加工精度要求高的零件

由于数控车床刚性好，制造和对刀精度高，能方便和精确地进行人工补偿和自动补偿，所以能加工尺寸精度要求较高的零件，在有些场合可以采用以车代磨。它能加工直线度、圆度和圆柱度等形状精度要求高的零件。对于圆弧以及其他曲线轮廓，加工出的形状与图样上所要求的几何形状的接近程度比仿形车床要高得多。数控车削对提高位置精度还特别有效，不少位置精度要求高的零件用卧式车床车削时，因机床制造精度低，工件装夹次数多而达不到要求，只能在车削后用磨削或其他方法达到要求。例如图 3-1 所示的轴承内圈，原采用 3 台液压半自动车床和一台液压仿形车床加工，需多次装夹，因而造成较大的壁厚差，达不到图样要求，后改用数控车床加工，一次装夹即可完成滚道和内孔的车削，壁厚差大为减少，且加工质量稳定。

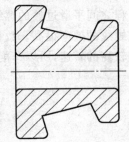

图 3-1 轴承内圈示意图

3.1.2 表面质量要求高的零件

数控车床具有恒线速度切削功能，能加工出表面粗糙度 R_a 值小而均匀的零件。在材质、精车余量和刀具已确定的情况下，表面粗糙度取决于进给量和切削速度。使用数控车床的恒线速度切削功能，就可选用最佳线速度来切削锥面和端面，使车削后的表面粗糙度 R_a 值既小又一致。数控车削还适合于车削各部位表面粗糙度要求不同的零件,表面粗糙度 R_a 值要求大的部位选用大的进给量,要求小的部位选用小的进给量。

3.1.3　表面轮廓形状复杂的零件

由于数控车床具有直线和圆弧插补功能,所以可以车削任意直线和曲线组成的形状复杂的回转体零件。如图 3－2 所示的零件内腔的成形面,在普通车床上加工难度较大,而在数控车床上则很容易加工出来。

组成零件轮廓的曲线可以是数学方程描述的曲线,也可以是列表曲线。对于由直线或圆弧组成的零件轮廓,直接利用机床的直线或圆弧插补功能,对于由非圆曲线组成的零件轮廓应先用直线或圆弧去逼近,然后再用直线或圆弧插补功能进行插补切削。

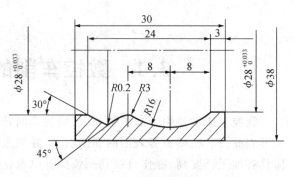

图 3－2　成形内腔零件

3.1.4　导程有特殊要求的螺纹零件

卧式车床所能车削的螺纹相当有限,它只能车削等导程的直、锥面的公、英制螺纹,而且一台车床只能限定加工若干种导程。但数控车床能车削增导程、减导程以及要求等导程和变导程之间平滑过渡的螺纹。数控车床车削螺纹时,可以不停顿地循环切削,直到完成,所以车削螺纹的效率很高。数控车床可以配备精密螺纹切削功能,再加上采用硬质合金成形刀片、使用较高的转速,所以车削出来的螺纹精度高、表面粗糙度 R_a 值小。

3.2　数控车削加工工艺基础

工艺制定的合理与否,对程序编制、机床的加工效率和零件的加工精度都有重要影响。其主要内容有:分析零件图样、确定工件在车床上的装夹方式、各表面的加工顺序和刀具的进给路线以及切削用量的选择等。

3.2.1　零件图工艺分析

分析零件图是工艺制订中的首要工作,它主要包括以下内容:

1. 结构工艺性分析

零件的结构工艺性是指所设计的零件在满足使用要求的前提下，制造的可行性和经济性。即所设计的零件结构应便于加工成形。在数控车床上加工零件时，应根据数控车削的特点，认真审查零件结构的合理性。例如图 3-3(a)所示零件，需用 3 把不同宽度的切槽刀切槽，如无特殊需要，显然是不合理的。若改成图 3-3(b)所示结构，只需一把刀即可切出 3 个槽，即减少了刀具数量，少占了刀架刀位，又节省了换刀时间。

2. 零件轮廓几何要素分析

在手工编程时，要计算每个基点坐标；在自动编程时，要对构成零件轮廓的所有几何元素进行定义。因此在分析零件图时，要分析几何元素的给定条件是否充分。由于设计等多方面的原因，可能在图样上出现构成加工零件轮廓的条件不充分，尺寸模糊不清且有缺陷，增加了编程工作的难度，有的甚至无法编程。总之，图样上给定的尺寸要完整，且不能自相矛盾，所确定的加工零件轮廓是唯一的。

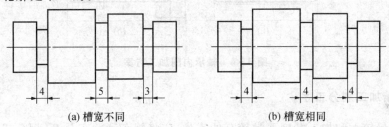

(a) 槽宽不同　　　　　　　　　　　(b) 槽宽相同

图 3-3　零件结构工艺性

3. 精度及技术要求分析

对被加工零件的精度及技术要求进行分析，是零件工艺性分析的重要内容，只有在分析零件尺寸精度和表面粗糙度的基础上，才能对加工方法、装夹方式、刀具及切削用量进行正确而合理的选择。

精度及技术要求分析的主要内容：一是分析精度及各项技术要求是否齐全、是否合理；二是分析本工序的数控车削加工精度能否达到图样要求，若达不到，需采取其他后续工序弥补时，则应给后续工序留有一定余量；三是找图样上有位置精度要求的表面，这些表面应在一次装夹下完成；四是对表面粗糙度要求较高的表面，应确定用恒线速度切削。

3.2.2　工序的划分

在数控车床上加工零件，应按工序集中的原则划分工序，一次装夹尽可能完成大部分甚至全部表面的加工。根据零件结构形状不同,通常选择外圆、端面或内孔、端面装夹,并力求设计基准、工艺基准和编程原点的统一。在批量生产中,常用下列方法划分工序。

1. 按零件加工表面划分工序

将位置精度要求较高的表面在一次装夹上完成,以免多次定位夹紧产生的误差影响位置精度。例如,图3-4所示的轴承内圈,其内孔对小端面的垂直度、滚道和大挡边对内孔回转中心的角度差以及滚道与内孔间的壁厚差均有严格的要求,精加工时分成两道工序,用两台数控车床完成。第一道工序采用图3-4(a)所示的以大端面和大外径装夹的方案,将滚道、小端面及内孔等安排在一次装夹下车出,很容易保证位置精度。第二道工序采用图3-4(b)所示的以内孔和小端面装夹的方案,车削大外圆和大端面。

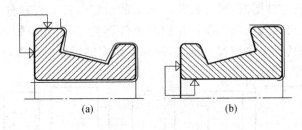

(a) 　　　　　　　　　　　　　　(b)

图3-4　轴承内圈加工方案

2. 按粗、精加工划分工序

对毛坯余量较大和加工精度要求较高的零件,应将粗车和精车分开,划分成两道或更多的工序。将粗车安排在精度较低、功率较大的数控机床上进行,将精车安排在精度较高的数控机床上进行。

3. 按所使用的刀具种类划分工序

见第1章1.3.2小节。

3.2.3　加工顺序的确定

制订零件车削加工顺序一般应遵循下列原则:

1. 先粗后精的原则

指按照"粗车—半精车—精车"的顺序进行,逐步提高加工精度。粗车将工件表面上的大部分余量(如图3-5中的双点划线内所示部分)切掉,一方面提高金属切除率,另一方面满足精车余量均匀的要求。若粗车后所留余量满足不了精加工的要求,则要安排半精车,而为精加工做准备。精车要保证加工精度,按图样尺寸切出零件轮廓形状。

2. 先近后远的原则

指先加工离对刀点近的部位,后加工离对刀点远的部位,以便缩短刀具移动距离,减少空行程时间。对车削来说,先近后远还有利于保持坯件或半成品的刚性,改善其切削条件。

例如,当加工图 3-6 所示零件时,如果按 $\phi38$—$\phi36$—$\phi34$ 的顺序加工,不仅会增加刀具返回对刀点所需的空行程时间,而且一开始就削弱了工件的刚性,还可能使台阶的外直角处产生毛刺(飞边)。对这类直径相差不大的台阶轴,当第一刀背吃刀量(图中最大背吃刀量可为 3 mm 左右)未超限度时,宜按 $\phi34$—$\phi36$—$\phi38$ 的次序先近后远的安排车削加工。

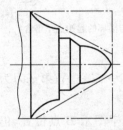

图 3-5　先粗后精示例

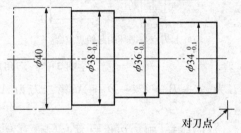

图 3-6　先近后远示例

3. 内外交叉的原则

对既有内表面(内型、腔),又有外表面需加工的零件,安排加工顺序时,应先进行内外表面粗加工,后进行内外表面精加工。切不可将零件上一部分表面(外表面或内表面)加工完毕后,再加工其他表面(内表面或外表面)。

4. 最后加工槽、螺纹的原则

零件要加工槽和螺纹时,应将车槽、车削螺纹安排在最后加工,避免加工时损坏螺纹。

3.2.4　进给路线的确定

进给路线是指刀具从对刀点(或机床固定原点)开始运动起,直至返回该点并结束加工程序所经过的路径,包括切削加工的路径及刀具切入、切出等非切削空行程。进给路线的确定,主要在于确定粗加工及空行程的进给路线。

1.最短的空行程路线

(1)巧用起刀点

如图 3-7(a)所示,为采用矩形循环方式进行粗车的一般情况。其对刀点 A 的设定,是考虑到精车等加工过程中需方便地换刀,故设置在离坯件较远的位置处,同时将起刀点与其对刀点重合在一起。按三刀进行粗车的进给路线安排如下:

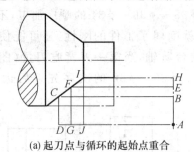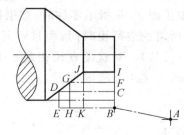

(a)起刀点与循环的起始点重合　　　　(b)起刀点与循环的起始点不重合

图 3-7　巧用起刀点

第一刀为 $A \rightarrow B \rightarrow C \rightarrow D \rightarrow A$;第二刀为 $A \rightarrow E \rightarrow F \rightarrow G \rightarrow A$;第三刀为 $A \rightarrow H \rightarrow I \rightarrow J \rightarrow A$。

如图 3-7(b)所示,则是巧将起刀点与对刀点分离,并设于图示 B 点位置,仍按相同的切削用量进行三刀粗车,其进给路线安排如下:

起刀点与对刀点分离的空行程为 $A \rightarrow B$;第一刀为 $B \rightarrow C \rightarrow D \rightarrow E \rightarrow B$;第二刀为 $B \rightarrow F \rightarrow G \rightarrow H \rightarrow B$;第三刀为 $B \rightarrow I \rightarrow J \rightarrow K \rightarrow B$。

显然,图 3-7(b)所示的进给路线短。该方法也可用在其他循环车削的加工中。

(2)巧设换刀点

为了考虑换刀的方便和安全,有时将换刀点设置在离坯件较远的位置处(如图 3-7 中的 A 点)。那么,当换第二把刀后,进行精车时的空行程路线必然也较长;如果将第二把刀的换刀点也设置在图 3-7(b)的 B 点位置上,则可缩短空行程距离。

(3)合理安排"回零"路线

在合理安排"回零"路线时,应使其前一刀终点与后一刀起点间的距离尽量缩短,或者为零,即可满足进给路线为最短的要求。此外,在选择返回对刀点指令时,在不发生加工干涉现象的前提下,宜尽量采用 X,Z 坐标轴双向同时"回零"指令,该指令功能的"回零"路线将是最短的。

2.最短的切削进给路线

切削进给路线为最短,可有效地提高生产效率,降低刀具的损耗等。在安排粗加工或半精加工的切削进给路线时,应同时兼顾到被加工零件的刚性及加工的工艺性等要求,不要顾此失彼。

图 3-8 所示为粗车图 3-5 零件时几种不同切削进给路线的安排示意图。其中图 3-8(a)表示利用数控系统具有的封闭式复合循环功能控制车刀沿着零件轮廓进给的路线;图 3-8(b)为利用其程序循环功能安排的"三角形"进给路线;图 3-8(c)为利用其矩形循环功能而安排的"矩形"进给路线。对这 3 种切削进给路线,经分析和判断后可知矩形循环进给路线的进给长度总和最短。因此,在同等条件下,其切削所需时间最短,刀具的损耗最少。

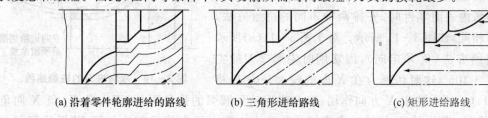

| (a) 沿着零件轮廓进给的路线 | (b) 三角形进给路线 | (c) 矩形进给路线 |

图 3-8　粗车进给路线示例

3. 大余量毛坯的阶梯切削进给路线

图 3-9 所示为车削大余量工件的两种加工路线,其中图 3-9(a)是错误的阶梯切削路线,图 3-9(b)所示按 1～5 的顺序切削,每次切削所留余量相等,是正确的阶梯切削路线。因为在同样背吃刀量的条件下,按图 3-9(a)的方式加工所剩的余量过多。

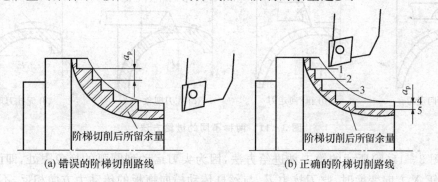

| (a) 错误的阶梯切削路线 | (b) 正确的阶梯切削路线 |

图 3-9　大余量毛坯的阶梯切削路线

根据数控车床加工的特点,还可以采用依次从轴向和径向进刀,顺零件毛坯轮廓切削进给的路线,如图 3-10 所示。

4. 完工轮廓的连续切削进给路线

在安排可以一刀或多刀进行的精加工工序时其零件的完工轮廓应由最后一刀连续加工而成,这时加工刀具的进、退刀位置要考虑妥当,尽量不要在连续的轮廓中安排切入和切出或换刀及停顿,以免因切削力突然变化而造成弹性变形,致使光滑连接轮廓上产生表面划伤、形状突变或滞留刀痕等缺陷。

5.特殊的进给路线

在数控车削加工中,一般情况下,Z 坐标轴方向的进给运动都是沿着负方向进给的,但有时按其常规的负方向进给并不合理,甚至可能车坏工件。例如,当采用尖形车刀加工大圆弧内表面零件时,安排两种不同的进给方法,其结果也不相同,如图 3-11 所示。对于图 3-11(a)所示的第一种进给方法(负 Z 走向),因切削时尖形车刀的主偏角为 $100°\sim105°$,这时切削力在 X 向的较大分力 F 将

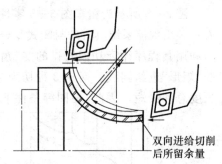

双向进给切削后所留余量

图 3-10　双向进刀的进给路线

沿着图 3-11(a)所示的正 X 方向作用,当刀尖运动到圆弧的换象限处,即由负 Z、负 X 向负 Z、正 X 变换时,背向力 F_p 与传动横拖板的传动力方向由原来相反变为相同,若螺旋副间有机械传动间隙,就可能使刀尖嵌入零件表面(即扎刀),其嵌入量在理论上等于其机械传动间隙量 e,如图 3-11(c)所示。即使该间隙量很小,由于刀尖在 X 方向换向时,横向拖板进给过程的位移量变化也很小,加上处于动摩擦与静摩擦之间呈过渡状态的拖板惯性的影响,仍会导致横向拖板产生严重的爬行现象,从而大大降低零件的表面质量。

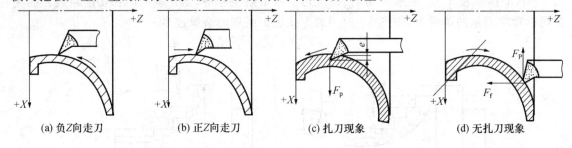

| (a) 负Z向走刀 | (b) 正Z向走刀 | (c) 扎刀现象 | (d) 无扎刀现象 |

图 3-11　两种不同的进给方法

对于图 3-11(b)所示的第二种进给方法,因为尖刀运动到圆弧的换象限处,即由正 Z、负 X 向正 Z、正 X 方向变换时,吃刀抗力 F_p 与丝杠传动横向拖板的传动力方向相反,不会受螺旋副机械传动间隙的影响而产生嵌刀现象,所以图 3-11(d)所示的进给方案是较合理的。

此外,在车削余量较大的毛坯和车削螺纹时,都有一些多次重复进给的动作,且每次进给的轨迹相差不大,这时进给路线的确定可采用系统固定循环功能。

3.2.5　夹具的选择和装夹方式的确定

为了缩短生产周期,数控机床上一般采用通用夹具。

1. 定位基准的选择

应该尽量使设计基准、工艺基准与定位基准重合,减少基准不重合误差和编程中的计算工作量,并减少工件的装夹次数;在多工序或者多次装夹中,要选择相同的定位基准,保证工件的位置精度;要保证定位准确、夹紧可靠,操作方便。

2. 数控车床常用的装夹方式

数控车床常用的装夹方式有以下几种:

(1)三爪自动定心卡盘装夹

这种方式装夹工件方便,但精度不是太高。适用于装夹外圆规则的中、小型工件。三爪自动定心卡盘装夹工件有正爪和反爪两种方法,如图 3-12 所示。

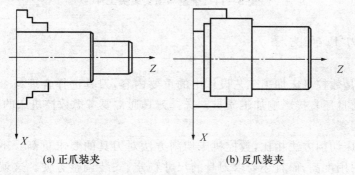

(a) 正爪装夹　　　　　　　　(b) 反爪装夹

图 3-12　三爪卡盘装夹工件

(2)两顶尖装夹

这种装夹方式精度高,能较好地保证工件的同轴度要求,且适合于长度尺寸较大或工序较多的轴类零件的装夹,如图 3-13 所示。

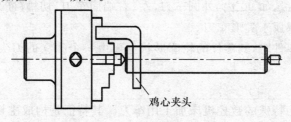

鸡心夹头

图 3-13　两顶尖装夹工件

(3)卡盘和顶尖装夹

这种方式装夹工件的刚性好,轴向定位准确,能承受较大的轴向切削力,装夹可靠。实用于装夹较大的工件。一般在卡盘内装一限位支承或利用工件台阶限位,防止工件由于切削力的作用产生轴向位移,如图 3-14 所示。

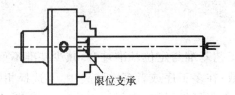

限位支承

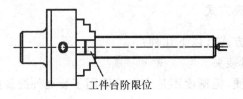

工件台阶限位

图 3-14　卡盘和顶尖装夹工件

3.2.6　刀具的选择

刀具的选择是数控机床加工工艺设计中的重要内容,刀具选择合理与否不仅影响数控机床的加工效率,而且还直接影响加工质量。选择刀具通常要考虑数控机床的加工能力、工序内容、工件材料等因素。

与传统的机床切削方法相比,数控机床切削方法对刀具的要求更高。不仅要求刀具的精度高、刚度好和耐用度高,而且还要求刀具的尺寸稳定、安装调整方便。这就要求采用新型优质材料制造数控机床加工刀具,并优选刀具参数。

数控机床车削常用的车刀一般分为 3 类,即尖形车刀、圆弧车刀和成形车刀。

(1)尖形车刀

凡直线形切削刃为特征的车刀一般称为尖形车刀。这类车刀的刀尖(也是其刀位点)由直线形的主、副切削刃构成,如 90°内、外圆车刀,左、右端面车刀,切槽(断)刀及刀尖倒棱很小的各种外圆和内孔车刀都属于尖形车刀。

用这类车刀加工零件时,其零件的轮廓形状主要由一个独立的刀尖或一条直线形主切削刃位移后得到。

(2)圆弧形车刀

圆弧形车刀是较为特殊的数控机床加工用车刀。其特征是构成主切削刃的刀刃形状为一圆弧,该圆弧上的每一点都是圆弧形车刀的刀尖,因此刀位点不在圆弧上,而在该圆弧的圆心上。

当某些尖形车刀或成形车刀(如螺纹车刀)的刀尖具有一定的圆弧形状时,也可作为圆弧形车刀使用。圆弧形车刀可以用于车削内、外表面,特别适宜于车削各种光滑连接的凹形成形面。

（3）成形车刀

成形车刀加工的零件轮廓形状完全由车刀刀刃的形状和尺寸决定。数控机床车削加工中，常见的成形车刀有小半径圆弧车刀、非矩形车槽刀和螺纹车刀等。

为了减少刀具的刃磨，数控车床广泛采用可转位刀片。

3.2.7　对　刀

在数控车削加工中，应首先确定零件的加工原点，以建立准确的加工坐标系；同时，还要考虑刀具的不同尺寸对加工的影响。这些都需要通过对刀来解决。

1. 一般对刀

一般对刀是指在数控机床上作手动对刀。数控车床所用的位置检测器分相对式和绝对式两种。采用相对位置检测器的对刀过程：如图 3-15 所示，以 Z 轴方向为例说明的对刀方法。设图 3-15 中的端面车刀是第一把刀，内径镗刀为第二把刀，由于是相对位置检测，需要用 G50 进行加工坐标系设定。假定程序原点设在零件左端面，如果以刀尖点为编程点，则坐标系设定中的 Z 轴方向数据为 L_1，这时可以将刀架向左

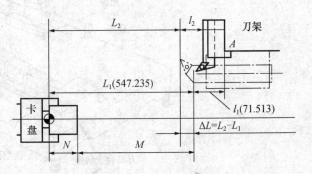

图 3-15　采用相对位置检测器的数控车就要对刀

移动并将右端面光切一刀，测量出车削过后的零件长度 N 值，并将 Z 轴方向显示值置零，再把刀架移回到起始位置，此时的 Z 轴方向显示值就是 M 值，N 加 M 即为 L_1。这种以刀尖为编程点的方式应将第一把刀的刀具补偿值设定为零。接着用同样的方法测量出第二把刀的 L_2 值，L_2 减 L_1 是第二把刀对第一把刀的 Z 轴方向位置差，此处应是负值。如果程序中第一把刀转为第二把刀时不变换坐标，那么第二把刀的 Z 轴方向刀具补偿值应设定为 $-\Delta L$。

手动对刀的基础仍然是通过试切零件来对刀，它还是传统车床"试切—测量—调整"的对刀模式，手动对刀要较多地占用机床时间，此方法用在数控车床上较为落后。

2. 机外对刀仪对刀

机外对刀的本质是测量出刀具假想刀尖点到刀具台基准之间在 X 方向及 Z 方向的距离，即刀具在 X 向和 Z 向的长度。利用机外对刀仪可将刀具预先在机床外校对好，以便装上机床即可以使用。图 3-16 是一种比较典型的机外对刀仪，它可适用于各种数控车床，针对某台具体的数控车床，应制作相应的对刀刀具台，将其安装在刀具台安装座上。这个对刀刀具台与刀

座的连接结构及尺寸,应与数控车床刀架相应结构及尺寸相同,甚至制造精度也要求与数控车床刀架相应部位一样。此外,还应制作一个刀座、刀具联合体(也可将刀具焊接在刀座上),作为调整对刀仪的基准。把该联合体安装在数控车床刀架上,尽可能精确地校对出 X 向及 Z 向的长度,并将这两个值刻在联合体表面,对刀仪使用若干时间后就应装上这个联合体作一次调整。

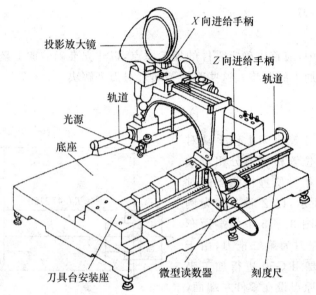

图 3 - 16　数控车床的机外对刀仪

　　机外对刀的大体顺序是:将刀具随同刀座一起紧固在对刀刀具台上,摇动 X 向和 Z 向进给手柄,使移动部件载着投影放大镜沿着两个方向移动,直至假想刀尖点与放大镜中十字线交点重合为止,如图 3 - 17 所示。通过 X 向和 Z 向的微型读数器分别读出 X 向和 Z 向的长度值,就是这把刀具的对刀长度。如果这把刀具马上使用,那么将它连同刀座一起安装到数控车床某刀位上之后,将对刀长度输到相应刀具补偿号或程序中就可以了。如果这把刀具是备用的,应作好记录。

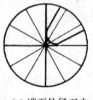　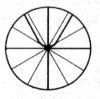　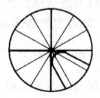

　　(a) 端面外径刀尖　　　　　　　(b) 对称刀尖　　　　　　　(c) 端面内径刀尖

图 3 - 17　刀尖在放大镜中的对刀投影

3. ATC 对刀

ATC 是在数控车床上利用对刀显微镜自动地计算出车刀 X 向和 Z 向两个长度的简称。对刀镜与支架不使用时取下，需要对刀时才安装到主轴箱上。对刀时，用手动方式将刀尖移动到对刀镜的视野内，再用手动脉冲发生器微量移动刀架使假想刀尖点与对刀镜内的中心点重合（见图 3-17），再将光标移动到相应刀具补偿号，并按"自动计算（对刀）"按键，这把刀具两个方向的长度就被自动计算出来了，并自动存入它的刀具补偿号中。

4. 自动对刀

使用对刀镜作机外对刀和机内对刀，都可以不用试切零件，所以与手动对刀相比的确要先进些，但由于整个过程基本上还是手工操作，所以仍属于手工对刀的范畴。自动对刀又称为刀具检测功能，就是利用数控系统自动精确地测量出刀具两个坐标方向的长度，并自动修正刀具补偿值，然后直接开始加工零件。自动对刀是通过刀尖检测系统实现的，如图 3-18 所示。刀尖随刀架向已设定了位置的接触式传感器慢慢行进并与之接触，直到内部电路接通发出电信号，

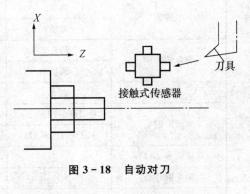

图 3-18　自动对刀

数控系统立即记下该瞬时的坐标值，接着将此值与设定值作比较，并自动修正刀具补偿值。

3.2.8　车削用量的选择

数控车床加工中的切削用量包括背吃刀量、主轴转速或切削速度（用于恒线速度切削）、进给速度或进给量，可根据机床说明书给定的允许范围内选取。

1. 背吃刀量的确定

粗加工时，在工艺系统刚性和机床功率允许的条件下，尽可能选取较大的背吃刀量，以减少进给次数。半精加工时，背吃刀量一般取 $0.5\sim2$ mm，而在精加工时，背吃刀量一般为 $0.1\sim0.5$ mm。

2. 主轴转速的确定

（1）光车时的主轴转速

光车时的主轴转速应根据零件上被加工部位的直径，并按零件和刀具的材料及加工性质等条件所允许的切削速度来确定。切削速度除了计算和查表选取外，还可根据实践经验确定。

需要注意的是交流变频调速数控车床低速输出力矩小,因而切削速度不能太低。表3-1为硬质合金外圆车刀切削速度的参考值,选用时可供参考。

表3-1　硬质合金外圆车刀切削速度的参考数值

工件材料	热处理状态	$a_p = 0.3 \sim 2$ mm $f = 0.08 \sim 0.3$ mm/r $\dfrac{v_c}{\text{m} \cdot \text{min}^{-1}}$	$a_p = 2 \sim 6$ mm $f = 0.3 \sim 0.6$ mm/r $\dfrac{v_c}{\text{m} \cdot \text{min}^{-1}}$	$a_p = 6 \sim 10$ mm $f = 0.6 \sim 1$ mm/r $\dfrac{v_c}{\text{m} \cdot \text{min}^{-1}}$
低碳钢、易切削钢	热轧	140～180	100～120	70～90
中碳钢	热轧	130～160	90～110	60～80
	调质	100～130	70～90	50～70
合金结构刚	热轧	100～130	70～90	50～70
	调质	80～110	50～70	40～60
工具钢	退火	90～120	60～80	50～70
灰铸钢	HBS＜190	90～120	60～80	50～70
	HBS＝190～225	80～110	50～70	40～60
高锰钢 $w_{Mn}13\%$			10～20	
铜及铜合金		200～250	120～180	90～120
铝及铝合金		300～600	200～400	150～200
铸铝合金 $w_{si}13\%$		100～180	80～150	60～100

注:切削钢及灰铸铁时刀具耐用度约为 60 min。

切削速度 v_c 确定之后,用下式计算主轴转速。

$$n = 1\,000 v_c / (\pi d) \tag{3-1}$$

式中:n 为主轴转速,r/min;v_c 为切削速度,m/min;d 为工件直径,mm。

(2)车螺纹时的主轴转速

在切削螺纹时,数控车床的主轴转速将受到螺纹螺距(或导程)的大小、驱动电动机的升降频率特性及螺纹插补运算速度等多种因素的影响,故对于不同的数控系统,推荐不同的主轴转速范围。一般数控车床,推荐切削螺纹时的主轴转速为

$$n \leqslant \frac{1\,200}{P} - k \tag{3-2}$$

式中:n 为主轴转速,r/min;P 为螺纹导程,mm;k 为安全系数,一般取 80。

3.进给速度的确定

在车削加工中,一般根据加工性质、工件材料、机床的刚性、刀具性能确定进给量 f,粗车

时一般取 0.3～0.8 mm/r,精车时常取 0.1～0.3 mm/r,切断时常取 0.05～0.2 mm/r。表 1－6 是硬质合金车刀粗车外圆及端面的进给量参考值,表 1－7 是按表面粗糙度选择进给量的参考值,供参考选用。

在编程时可以按进给量编程,也可以按进给速度编程,确定好进给量 f 后,进给速度 v_f 可以按下式计算:

$$v_f = n \cdot f \qquad\qquad (3-3)$$

式中: v_f 为进给速度,mm/min; n 为工件的转速,r/min; f 为进给量,mm/r。

3.3　数控车床的编程基础

3.3.1　数控车床编程特点

对于不同的数控车床、不同的数控系统,其编程方式不同,要参照具体机床的编程手册。但数控车床的编程共同特点为:

① 在一个程序段中,根据图样上标注的尺寸编写运动坐标值,既可以采用绝对值编程(X,Z),也可以采用相对值编程(U,W),或二者混合编程。

② 为了方便编程和增加程序的可读性,X 坐标采用直径编程,即程序中 X 坐标以直径值表示;用增量编程时,以径向实际位移量的二倍值表示,并附以方向符号(正向可以省略)。

③ 由于车削常用的毛坯为棒料或锻件,加工余量大,为简化编程,数控系统常具有不同形式的固定循环功能,可进行多次重复循环切削,如圆柱面切削固定循环、圆锥面切削固定循环、端面切削固定循环、车槽循环、螺纹切削固定循环及复合切削循环。

④ 编程时,常认为车刀刀尖为一个点。而实际上,为了提高刀具寿命和工件的表面质量,车刀刀尖常为一个半径不大的圆弧。因此,为了提高工件的加工精度,当用圆头车刀加工编程时,需要对刀具半径进行补偿。

⑤ 换刀一般在起刀点进行,同时应注意换刀点选择在工件外安全的地方。

3.3.2　数控车床的坐标系

数控车床的坐标系规定,如图 3－19 所示。数控车床的坐标系以径向为 X 方向,纵向为 Z 轴方向,即主轴为 Z 轴;指向主轴箱的方向为 Z 轴负方向,而指向尾座的方向为 Z 轴正方向;X 轴则是刀具所在的径向方向,使刀具离开工件的方向为 X 轴的正向。

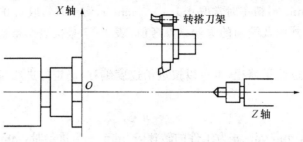

图 3 - 19　带卧式刀塔 CNC 车床坐标系

3.3.3　数控车床编程基本功能指令

1. 准备功能指令

准备功能指令又称 G 指令或 G 代码,它是建立机床或控制数控系统工作方式的一种指令。这类指令在数控装置插补运算之前需预先规定,为插补运算、刀补运算、固定循环等做好准备。G 指令由字母 G 和其后两位数字组成。不同的数控车床,其指令系统也不尽相同。例如,FANUC 0T/18T 系统的数控车床常用的准备功能指令,见表 3 - 2 所列。

表 3 - 2　数控车床常用的 G 指令

代　码	组别	功　　　能	代　码	组别	功　　　能
▼ G00	01	快速定位	G70	00	精加工复合循环
G01	01	直线插补	G71	00	外圆粗加工复合循环
G02	01	圆弧插补(顺时针)	G72	00	端面粗加工复合循环
G03	01	圆弧插补(逆时针)	G73	00	固定形状粗加工复合循环
G04	00	暂停	G74	00	端面切槽、钻孔复合循环
G10	00	数据设定	G75	00	外圆切槽复合循环
G20	06	英制输入	G76	00	螺纹切削复合循环
G21	06	公制输入	G90	01	外圆切削循环
G27	00	参考点返回检查	G92	01	螺纹切削循环
G28	00	参考点返回	G94	01	端面切削循环
G32	01	螺纹切削	G96	02	主轴恒线速度控制
▼ G40	07	取消刀尖半径补偿	▼ G97	02	主轴恒转速控制
G41	07	刀尖半径左补偿	G98	05	每分钟进给
G42	07	刀尖半径右补偿	▼ G99	05	每转进给
G50	00	坐标设定,主轴最大转速设定			

注：① 有标记"▼"的指令为开机时即已被设定的指令。

② 属于"00 组群"的 G 码是非模态指令，只能在指定的程序段中有效。

③ 一个程序段中可使用若干个不同组群的 G 指令，在 FANUC 系统中，若使用一个以上同组群的 G 指令则最后一个 G 指令有效。

2. 辅助功能指令

辅助功能指令又称 M 指令或 M 代码。这类指令的作用是控制机床或系统的辅助功能动作，如冷却泵的开、关；主轴的正转、反转；程序结束等。M 指令由字母 M 和其后两位数组成，例如 FANUC – 0T/18T 系统常用辅助功能指令，见表 3 – 3。

表 3 – 3　数控车床常用的 M 指令

代　码	功　　能	代　码	功　　能
M00	程序停止	M13	尾座心轴退回
M01	选择停止	M14	尾座本体松开
M02	程序结束	M15	尾座本体锁紧
M03	主轴正转	M17	刀架正转 CW
M04	主轴反转	M18	刀架反转 CCW
M05	主轴停止	M19	主轴定位开
M08	冷却液开	M20	主轴定位关
M09	冷却液关	M30	程序结束
M10	卡盘松开	M98	调用子程序
M11	卡盘夹紧	M99	子程序结束并返回主程序
M12	尾座心轴伸出		

3. 其他功能指令

除了 G 指令和 M 指令外，编程时还应有 F 功能、S 功能和 T 功能。

（1）F 功能

F 功能也称进给功能，作用是指定执行元件（如刀架、工作台等）的进给速度。程序中用 F 和其后面的数字组成，在 FANUC 车床数控系统中，F 代码用 G98 和 G99 指令来设定进给单位，通常 CNC 车床是用 G99 来指令主轴每转一转的刀具移动距离。如：

G99 G01 X ____ Z ____ F0.2 该程序表示主轴转一转，刀具移动 0.2 mm，即进给量 $f = 0.2$ mm/r。

如果用 G98 来指令数控车床进给速度时，则 F 单位是以 mm/min 表示，如：

G98 G01 X ____ Z ____ F100

则进给速度 F = 100 mm/min。

G98 指令(或 G99 指令)只能被 G99 指令(或 G98 指令)取消。机床开机状态一般为 G99,即为每转进给量方式。

(2)S 功能

S 功能也称主轴转速功能,作用是指定主轴的转速。主轴转速有两种表示方式:一种是指定转速,以 r/min 为计量单位,用 G97 来指令主轴转速。如 G97 S2 500 表示主轴转速为 2 500 r/min,切削过程中转速恒定,转速不随直径大小而变化,使用在车削直径变化较小及车削螺纹的场合。另一种是指定线速度,以 m/min 为计量单位,用 G96 来指令恒线速度,如 G96 S100 表示切削速度为 100 m/min。在车削工件的端面、锥面或圆弧等直径变化较大的表面时,希望切削速度不受工件径向尺寸变化的影响,因而要用 G96 指令恒线速度,恒线速度一经指令,工件上任一点的切削速度都是一样的,转速随直径大小而变化。由公式 $v_c = \pi \cdot n \cdot d/1\,000$ 可知,随着工件直径的变小(刀具沿 X 轴运动),主轴转速随之自动提高,当刀具接近工件中心时,机床主轴转速会变得越来越高,为防飞车,此时应限制主轴最高转速。因此,在用 G96 指令恒线速度的同时,还要用 G50 指令来限制主轴最高转速。例如,G50 S2 000(主轴最高转速为 2 000 r/min)。

(3)T 功能

T 功能也称为刀具功能,其作用是指定刀具号码和刀具补偿号码。程序中用 T 和其后的数字表示。

T×× 为 2 位表示方法,如 T08 表示第 8 把刀。

T×××× 为 4 位表示方法,这种表示方法的前两位数字为刀具号,后两位数字则是表示刀具补偿号。例如,T0101 表示 1 号刀具 1 号补正;T0115 表示 1 号刀具 15 号补正。

通常情况下,刀具序号应与刀架上的刀位号相对应,以免出错。刀具补偿号与数控系统刀具补偿显示页上的序号是对应的,它只是补偿量的序号,真正的补偿量是该序号设置的值。为了方便,通常使刀具序号与刀具补偿号一致。

若要取消刀具补偿,可采用 T××00。例如:T0200 表示取消 2 号刀具的刀具补偿。

3.4　数控车床编程的基本方法

不同的数控系统,其编程格式及指令大同小异,因此编程前必须认真阅读编程说明书。FANUC 0T/18T 系统的数控车床的基本编程方法说明如下。

3.4.1　坐标值编程方式

数控车床编程时,可以采用绝对值编程方式、相对值编程方式或混合编程方式。

1. 绝对值编程坐标指令

绝对值编程是用刀具移动的终点位置的坐标值进行编程的方法,它是用绝对值坐标指令 X,Z 进行编程。绝对值编程格式如下:

X ＿＿ Z ＿＿ 为绝对值坐标指令,地址 X 后的数字为直径值。

2. 相对值编程坐标指令

相对值编程是用刀具移动量直接编程的方法,程序段中的轨迹坐标都是相对前一位置坐标的增量尺寸,用 U,W 及其后面的数字分别表示 X,Z 方向的增量尺寸。相对值编程格式如下:

U ＿＿ W ＿＿ 为相对值坐标指令,地址 U 后的数字为 X 方向移动量的二倍值。

3. 混合编程坐标指令

在一程序段中,可以混合使用绝对值坐标指令(X 或 Z)和相对值坐标指令(U 或 W)进行编程。混合编程坐标指令有两组指令,一组指令是 X 轴以绝对值,Z 轴以相对值坐标指令(X,W),另一组是 X 轴以相对值,Z 轴以绝对值的坐标指令(U,Z)。混合编程书写格式如下:

X ＿＿ W ＿＿ 为 X 轴以绝对值,Z 轴以相对值的坐标指令;地址 X 后的数字为直径值。

U ＿＿ Z ＿＿ 为 X 轴以相对值,Z 轴以绝对值的坐标指令;地址 U 后的数字为 X 方向实际移动量的二倍值。

以图 3 - 20 为例,刀具从坐标原点 O 依次沿 A → B → C → D 运动。

用绝对值方法编程:

N01 G01 X40.0 Z10.0 F120;

N02 X80.0 Z30.0;

N03 X120.0 Z40.0;

N04 X60.0 Z80.0;

N05 M02;

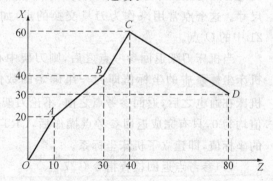

图 3 - 20　绝对值和相对值编程

用相对值编程:

N01 G01 U40.0 W10.0 F120;

N02 U40.0 W20.0;

N03 U40 .0 W10.0;

N04 U - 60.0 W40.0;

N05 M02;

4. 小数点编程

数控车床编程时,可以使用小数点编程或脉冲数编程。用小数点编程时,轴坐标移动距离的计量单位是 mm;用脉冲数编程时,轴坐标移动距离的计量单位是数控系统的脉冲当量。在编程时,一定要注意编写格式和小数点的输入。如 X70.0(或 X70.)表示 X 轴运动终点坐标为 70 mm。如果将上式误写为 X70,则表示 X 轴运动终点坐标为 0.07 mm,相差 1 000 倍。

3.4.2 机床原点与参考点

1. 机床原点

机床原点是数控机床上一个固有的点,不同类型的车床其机床原点的位置也不相同。卧式车床的机床原点在主轴回转中心与卡盘后端面的交线上,如图 3 - 21 中的 O 点。

2. 参考点返回

参考点也是机床上一个固定的点,它是用机械挡块或电气装置来限制刀具的极限位置。参考点返回就是使刀具按指令自动地返回到机床的这一固定点,此功能用来在加工过程中检查坐标系的正确与否和建立机床坐标系,以确保精确的控制加工尺寸。这个点常用来作为刀具交换的点,如图 3 - 21 中的 O' 点。

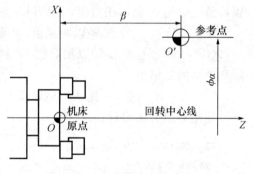

当机床刀架返回参考点之后,则刀架中心在该机床坐标系中的坐标值即为一组确定的数值。当

图 3 - 21 机床原点与参考点

机床在通电之后,返回参考点之前,不论刀架处于什么位置,此时 CRT 上显示的 Z 与 X 坐标值均为 0,只有完成返回参考点操作后,CRT 上的值才立即显示出刀架中心在机床坐标系中的坐标值,即建立了机床坐标系。

（1）参考点返回检查指令 G27

G27 用于加工过程中,检查刀架是否准确地返回参考点,指令格式如下:

G27 X(U)____ ; X 向参考点检查

G27 Z(W)____ ; Z 向参考点检查

G27 X(U)____ Z(W)____ ;   参考点检查

执行 G27 指令的前提是机床在通电后,必须返回过一次参考点（手动返回或用 G28 返回）。

执行完 G27 指令后,如果机床准确地返回参考点,则面板上的参考点返回指示灯亮。否则,机床将出现报警。

在 G27 指令之后,X,Z 表示参考点的坐标值,U,W 表示到参考点所移动的距离。

(2)自动返回参考点指令 G28

G28 指令的功能是通过指令点 $X(U)$,$Z(W)$,使刀具自动返回参考点,指令格式如下:

```
G28 X(U)____ ;              X 向回参考点
G28 Z(W)____ ;              Z 向回参考点
G28 X(U)____ Z(W)____ ;     刀架返回参考点
```

其中:$X(U),Z(W)$ 是指令刀架出发点与参考点之间的任一中间点,但此中间点不能超过参考点,如图 3-22 矩形 A,B,C,D 中的任一点都可以选作中间点。

数控系统在执行 G28 $X(U)$____ 时,X 向滑板以快速向中间点移动,到达中间点后,再以快速向参考点定位,一旦到达参考点,X 向参考点指示灯亮,说明参考点已到达。

G28 $Z(W)$____,其执行过程与 G28 $X(U)$____ 完全相同,只是 Z 向滑板到达参考点时,Z 向参考点的指示灯亮。

G28 $X(U)$____ $Z(W)$____,是两个滑板过程的合成,即 X,Z 滑板同时各自回其参考点,最后以 X 向参考点与 Z 向参考点的指示灯点亮而结束。

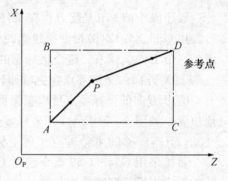

图 3-22 返回参考点

值得注意的是,使用 G27,G28 指令时,必须预先取消刀具补偿,否则将发生不正确的动作。

3.4.3 机床坐标系与工件坐标系

1. 机床坐标系

机床坐标系是以机床原点为坐标原点,建立起来的 $X-Z$ 直角坐标系,如图 3-21 所示。它是机床安装、调整的基础,也是设置工件坐标系的依据。机床坐标系在机床出厂前已调整好,一般情况下不允许用户随意调整。

2. 工件坐标系

工件坐标系也称编程坐标系,它是以工件上的某一点为坐标原点,建立起来的 $X-Z$ 直角坐标系,其设定的依据是要符合图样加工要求。从理论上讲,工件坐标系的原点选在工件上任何一点都可以,但这可能带来烦琐的计算问题,增添编程的困难。为了计算方便,简化编程,通常是把工件坐标系的原点选在工件的回转中心上,具体位置可考虑设置在工件的左端面(或右端面)上,尽量使编程基准与设计基准和定位基准重合。不同系统,建立工件坐标系的方式不同,FANUC 系统建立工件坐标系的方法一般有以下两种:

(1)G50 指令建立工件坐标系

通过设置刀具起点相对工件坐标系的坐标值,来设定工件坐标系。刀具起点是加工开始时刀位点所处的位置,即刀具相对工件运动的起始点。该点必须与工件的定位基准有一定的坐标尺寸关系。用此方法设定工件坐标系之前,应通过对刀,使刀具的刀位点位于刀具起点,如图 3 - 23 所示。指令格式为:

G50 X ＿(α)＿ Z ＿(β)＿

程序段中的 α,β 是起刀点在工件坐标系中的坐标。

用 G50 X(α)Z(β)指令所建立的坐标系,是一个以工件原点为坐标原点,确定刀具所在位置的一个工件坐标系。这个坐标系的特点是:

① X 方向的坐标零点在主轴回转中心线上。

② Z 方向的坐标零点可以根据图样技术要求,设在右端面或设在左端面,也可以设在其他位置。如图 3 - 24 所示,Z 坐标零点设定的 3 种方法,见表 3 - 4 所列。

(2)G54～G59 指令建立工件坐标系

直接采用 G54～G59 指令建立工件坐标系,对于采用增量位置检测装置的数控系统,要求数控机床先进行回零操作。

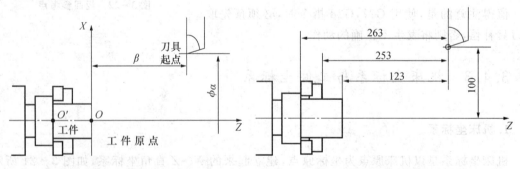

图 3 - 23　工件坐标系　　　　　　　　　　图 3 - 24　Z 坐标零点设置

表 3 - 4　Z 坐标零点设定的 3 种方法

Z 坐标零点设置	设在工件左端面	设在工件右端面	设在卡盘端面
程　　序	G50 X200.0 Z263.0	G50 X200.0 Z123.0	G50 X200.0 Z253.0
刀起点与工件原点的距离	$X = 200, Z = 263$	$X = 200, Z = 123$	$X = 200, Z = 253$

　　当工件装夹在机床上后,程序原点(即工件原点)在机床坐标系中的位置必须通过对刀确定,然后存入 G54～G59 对应的寄存器中。

　　例如,如图 3 - 25 所示零件的工件坐标系,首先设置 G54～G59 原点偏置参数值:

- 若工件坐标系原点为 O ,则设置 G54 X - 200 Z - 1 000;
- 若工件坐标系原点为 O' ,则设置 G55 X - 200 Z - 1 080。

　　然后调用:

- 若工件坐标系原点为 O ,则坐标系设定的程序段为:

```
N10 G54;
```

- 若工件坐标系原点为 O' ,则坐标系设定的程序段为:

```
N10 G55;
```

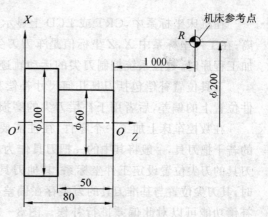

图 3 - 25　G54～G59 指令建立工件坐标系

　　要注意的是:G50 是一个非运动指令,只起预置寄存作用,是非模态指令,一般作为第一条指令放在整个程序的前面。但是,在指定了一个 G50 以后,直到下一个 G50 指令到来之前,这个设定的坐标系一直是有效的。另外,在 G50 程序段中,不允许有其他功能指令,但 S 指令除外,因为 G50 指令还有另一种作用,即在恒线速度切削(G96)方式中,可以用 G50 来对最高转速进行限制。而 G54 ～G59 指令是模态指令,并且在 G54～G59 程序段中,允许有其他指令,如 N10 G54 G00 X100.0 Z 200.0。

3.4.4　暂停指令 G04

　　使刀具在指令规定的时间内停止移动的功能为暂停功能,它最主要的功用在于切槽或钻孔时能将切屑及时切断,以利继续切削;或在横向车槽加工凹槽底部时,以此功能来使刀具进给暂停,使凹槽底部能切除未切齐的部分,保证凹槽底部平整。指令格式如下:

```
G04 X ____ 或 G04 P ____;
```

　　其中:X 单位为 s,P 单位为 ms。

　　如要暂停 2.5 s,可以用 G04 指令指定:G04 X2.5 或 G04 P2500。

　　值得注意的是,使用 P 不能有小数点,最末一位数的单位是 ms;G04 是非模态指令,只能在本程序段中才有效。

3.4.5　刀具补偿功能

全功能的数控车床都具有刀尖半径自动补偿 G41 与 G42 功能。刀具补偿又分为刀具位置补偿和刀尖半径补偿。刀具功能指令(T××××)中后两位数字所表示的刀具补偿号从 01 开始,00 表示取消刀补,编程时一般习惯于设定刀具号与刀具补偿号相同。

编程时只需按工件的实际轮廓尺寸编程即可,不必考虑刀具的刀尖圆弧半径的大小。加工时由数控系统将刀尖圆弧半径加以补偿,便可加工出所要求的工件来。

1.刀具位置补偿

在机床坐标系中,CRT 或 LCD 上显示的 X,Z 坐标值是刀架左侧中心相对机床原点的距离;在工件坐标系中 X,Z 坐标值是车刀刀尖(刀位点)相对工件原点的距离,而且机床在运行加工程序时,数控系统控制刀尖的运动轨迹。这就需要进行刀具位置补偿。

刀具位置补偿包括刀具几何尺寸补偿和刀具磨损补偿,前者用于补偿刀具形状或刀具附件位置上的偏差,后者用于补偿刀尖的磨损。

在数控车床上加工一个零件,往往需要使用不同尺寸的若干把刀具,一般将其中的一把刀具作为基准刀具,以该刀具的刀尖位置设定工件坐标系,其他刀具转到加工位置时,其刀尖位置与基准刀具的刀尖存在偏差,利用刀具位置补偿功能可以对此偏差进行补偿。图 3 - 26 所示为 LJ - 10MC 数控车削中心的回转刀架,共有 12 个刀位。设 03 号刀具为基准刀具,05 号刀具是镗孔刀,通过试切或其他测量方法测出 05 号刀具在加工位置与基准刀具的偏差值分别为:$\Delta X = 9.0$ mm,$\Delta Z = 12.5$ mm。在 MDI 操作模式下,通过功能键进入刀具补偿设置画面,将 ΔX,ΔZ 值输入到 05 号刀的刀补存储器中,如图 3 - 27 所示。当程序执行了刀具补偿功能后,05 号刀具刀尖的实际位置与基准刀具的刀尖位置重合。

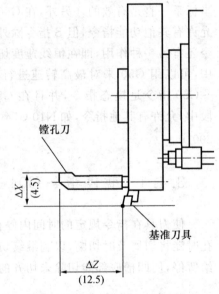

图 3 - 26　刀具位置补偿

两点说明:

① 刀具位置补偿一般是在换刀指令后,刀尖由换刀点快速趋近工件的程序段中执行。

② 取消刀具位置补偿是在加工完该刀具的工序内容之后,在返回换刀点的程序段中执行。

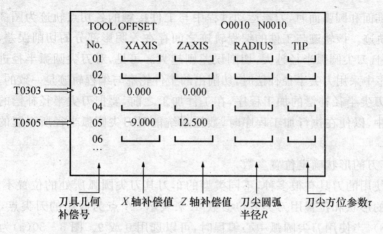

图 3-27　刀具补偿设置画面

2. 刀尖半径补偿

数控车床编程时可以将车刀刀尖看做一个点,按照工件的实际轮廓编制加工程序。任何一把刀具,不论制造或刃磨得如何锋利,在其刀尖部分都存在一个刀尖圆弧,它的半径值是个难于准确测量的值。而且,为保证刀尖有足够的强度和提高刀具寿命,车刀的刀尖均为半径不大的圆弧。如图 3-28 所示。一般粗加工所使用车刀的圆弧半径 R 为 0.8 mm;精加工所使用车刀的圆弧半径 R 为 0.4 mm 和 0.2 mm。如图 3-29 所示,编程时以假想刀尖点 A 来编程,数控系统控制 A 点的运动轨迹。而切削时,实际起作用的切削刃是刀尖圆弧的各切点。切削工件右端面时,车刀圆弧的切点 B 与假想刀尖点 A 的 Z 坐标值相同;车削外圆柱面时,车刀圆弧的切点 C 与 A 点的 X 坐标值相同,因此切削出的工件轮廓没有形状误差和尺寸误差。

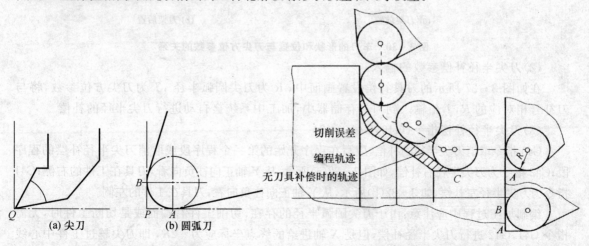

图 3-28　圆头刀假想刀尖　　　　　图 3-29　刀具圆弧半径对工件加工精度的影响

当切削圆锥面和圆弧面时,刀具运动过程中与工件接触的各切点轨迹为图3-29中所示无刀具补偿时的轨迹。该轨迹与工件的编程轨迹之间存在着阴影部分的切削误差,直接影响工件的加工精度,而且刀尖圆弧半径越大,切削误差则越大。可见,对刀尖圆弧半径进行补偿是十分必要的。当程序中采用刀尖半径补偿时,切削出的工件轮廓与编程轨迹是一致的。

对于采用刀尖半径补偿的加工程序,在工件加工之前,要把刀尖半径补偿的有关数据输入到刀补存储器中,以便在执行加工程序时,数控系统能对刀尖圆弧半径所引起的误差自动进行补偿。

(1)根据车刀的形状确定位置参数

数控车削使用的刀具有很多种,不同类型的车刀其刀尖圆弧所处的位置不同,如图3-30所示。将车刀的形状和位置用刀尖方位参数 T 来表示, A 点为假想的刀尖点,刀尖方位参数共有9个(0~8),当使用刀尖圆弧中心编程时,可以选用0或9。图3-30(a)为刀架前置的数控车床假想刀尖的位置;图3-30(b)为刀架后置的数控车床假想刀尖的位置;图3-31所示为数控车床常用刀具的刀尖方位参数。

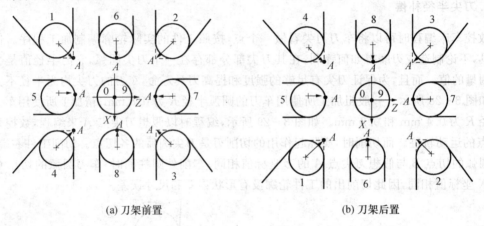

(a) 刀架前置   (b) 刀架后置

图3-30 车刀的形状和位置与刀尖方位参数的关系

(2)刀尖半径补偿参数的输入

在如图3-27所示的刀具补偿设置画面中, R 为刀尖圆弧半径 , T 为刀尖方位参数,将与刀补号相对应的 R,T 值输入到刀补存储器中,加工中系统会自动进行刀尖半径的补偿。

(3)刀尖半径补偿指令(G40,G41,G42)

G40指令取消刀尖半径的补偿,应写在程序开始的第一个程序段或取消刀尖半径补偿的程序段;G42指令为刀尖半径右补偿,如图3-32(a)所示,从 Y 轴正向往负向看,刀具在工件的右侧;G41指令为刀尖半径左补偿,如3-32(b)所示,从 Y 轴正向往负向看,刀具在工件的左侧。

编制加工过程中应注意:由于刀尖圆弧半径的存在,切削工件右端面或是切断工件时,无需指令G41,G42进行刀尖半径补偿,但是 X 轴进给的终点坐标应为 $-2R$,即刀尖越过工件中心线的距离恰好是刀尖圆弧半径,这样才能保证被加工面的质量。

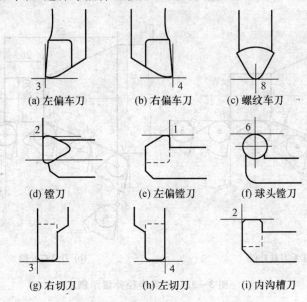

(a) 左偏车刀　　　　(b) 右偏车刀　　　　(c) 螺纹车刀

(d) 镗刀　　　　(e) 左偏镗刀　　　　(f) 球头镗刀

(g) 右切刀　　　　(h) 左切刀　　　　(i) 内沟槽刀

图 3 - 31　常用刀具的刀尖方位参数

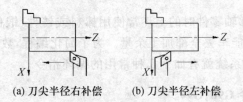

(a) 刀尖半径右补偿　　　　(b) 刀尖半径左补偿

图 3 - 32　刀尖半径补偿方向

　　例如,车削图 3 - 33 所示零件,采用刀具半径补偿指令。

　　如图 3 - 33(a)所示,未采用刀具半径补偿指令时,刀具以假想刀尖轨迹运动,圆锥面产生误差 δ。如图 3 - 33(b)所示,采用刀具半径补偿指令后,系统自动计算刀心轨迹,使刀具按刀尖圆弧中心轨迹运动,无表面形状误差。

　　图 3 - 33 中, $A_0 \rightarrow A_1$ 为产生刀补过程, $A_4 \rightarrow A_5$ 为取消刀补过程,相对于图3 - 33(a)而言,图3 - 33(b)中的刀具多走了一个补偿值。其加工程序为:

　　⋮

N040 G00 X20.0 Z2.0;	快进至 A_0 点
N050 G42 G01 X20.0 Z0;	刀具左补偿 $A_0 \rightarrow A_1$
N060 Z20.0;	车 $\Phi 20$ 外圆 $A_1 \rightarrow A_2$
N070 X70.0 Z - 55.0;	车锥面 $A_2 \rightarrow A_4$

N080 G40 G00 X80.0 Z−55.0 ; 退刀并取消补偿 $A_4 \rightarrow A_5$

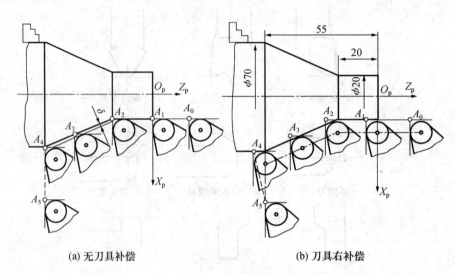

(a) 无刀具补偿　　　　　　　　　　　(b) 刀具右补偿

图 3−33　刀具半径补偿示例

3.4.6　循环加工编程

数控车床上加工阶梯轴零件时的毛坯常使用棒料或铸件、锻件,所以加工余量大,一般需要多次重复循环加工,才能车去全部加工余量。为了简化编程,数控车床常具备一些循环加工功能。FANUC 0T/18T 系统就有如下几种常用的循环指令。

1. 简单固定循环指令 G90,G94

(1)外圆、内孔切削循环指令 G90

该指令可实现车削内、外圆柱面和内、外圆锥面的自动固定循环。程序格式为:

圆柱面切削循环　　G90 X(U)＿＿＿ Z(W)＿＿＿ F＿＿＿ ;

圆锥面切削循环　　G90 X(U)＿＿＿ Z(W)＿＿＿ R＿＿＿ F＿＿＿ ;

圆柱面切削循环过程如图 3−34 所示。其中虚线表示按快进速度 R 运动,实线表示按工作进给速度 F 点运动。X,Z 为内、外圆柱面和内、外圆锥面切削终点坐标;U,W 为圆柱面切削终点相对循环起点的增量值。加工顺序按 1—2—3—4 进行。

圆锥面切削过程如图 3−35 所示。图 3−35 中的 R 为锥体切削起点的半径与切削终点的半径差,若零件锥面起点半径大于终点半径,则 R 的数值取正,反之取负。加工内、外圆锥面时,R 的正、负取值如图 3−36 所示。

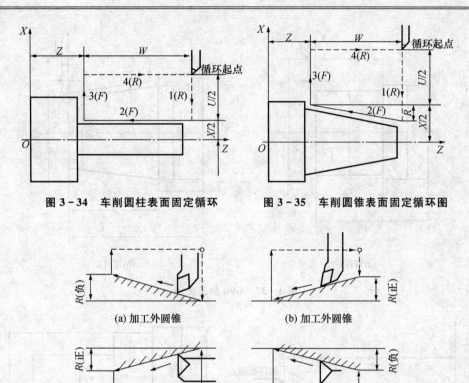

图 3 - 34　车削圆柱表面固定循环　　图 3 - 35　车削圆锥表面固定循环图

(a) 加工外圆锥　　　　　(b) 加工外圆锥

(c) 加工内圆锥　　　　　(d) 加工内圆锥

图 3 - 36　半径差 R 的方向

例如,加工图 3 - 37(a)所示零件,其相关程序为:

G90　X36.0　Z-30.0　F0.6;

加工图 3 - 37b 所示的零件,其相关程序为:

G90　X40.0　Z-40.0　R-5.0　F0.4;

(2)端面切削循环指令 G94

该指令可实现端面加工固定循环,其程序格式为:

G94　X(U)____　Z(W)____　F____;

端面切削循环过程,如图 3 - 38 所示。图 3 - 38 中虚线表示按快进速度 R 运动,实线表示按工作进给速度 F 运动。G94 程序中的地址含义与 G90 的相同,加工顺序按 1—2—3—4 进行。

例如,用 G90,G94 指令加工图 3 - 39 所示零件。

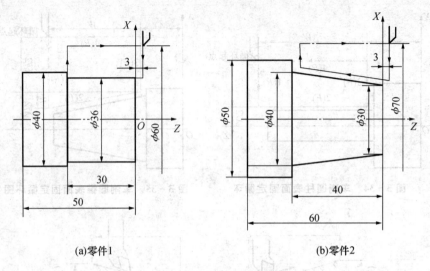

(a)零件1　　　　　　　　　　　　(b)零件2

图 3 - 37　G90 加工实例

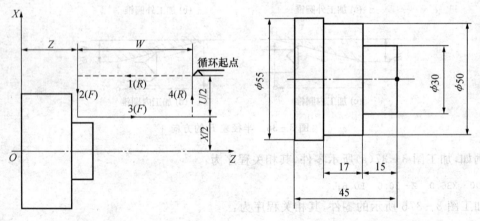

图 3 - 38　车削端面固定循环　　　　　**图 3 - 39　G90,G94 指令编程**

用 G94 编程：

O0001

N001 G50 X100.0 Z100.0;

N002 G50 S1800;

N003 G00 G96 S150 T0202;

N004 M03;

N005 M08;

N006 X57.0 Z2.0;

N007 G94 X30.0 Z - 2.0 F0.25;

N008 Z-4.0;

N009 Z-6.0;

N010 Z-8.0;

N011 Z-10.0;

N012 Z-12.0;

N013 Z-14.0;

N014 Z-15.0;

N015 X50.0 Z-17.0;

N016 Z-19.0;

N017 Z-21.0;

N018 Z-23.0;

N019 Z-25.0;

N020 Z-27.0;

N021 Z-29.0;

N022 Z-31.0;

N023 Z-32.0;

N024 G00 X100.0 Z100.0;

N025 M30;

用 G90 编程：

O0002

N001 G50 X100.0 Z100.0;

N002 G50 S1800;

N003 G00 G96 S150 T0202;

N004 M03;

N005 M08;

N006 X57.0 Z2.0;

N007 G90 X50.0 Z-32.0 F0.25;

N008 X45.0 Z-15.0;

N009 X40.0;

N010 X35.0;

N011X30.0;

N012 G00 X100.0 Z100.0;

N013 M30;

　　由以上程序可见,用 G90 编程其程序段数较少。因此,当 X 方向进刀距离较短时,宜采用 G90 编程;当 Z 方向进刀距离较短时,宜采用 G94 编程。

3.4.7 复合循环指令 G71,G72,G73,G70

简单循环指令只能完成一次切削,实际加工中,仍不能有效地简化程序,如粗加工时切削余量太大,切削表面形状复杂时,可以采用复合循环指令。复合循环指令可将多次重复动作用一个程序段来表示。

1. 外圆粗车复合循环指令 G71

G71 为外圆粗车复合循环,使用在工件轴向尺寸较大的场合,内、外径皆可使用,其刀具循环路线如图 3 - 40 所示。其程序格式为:

G71 U(Δd)R(e);
G71 P(ns) Q(nf) U(Δu)W(Δw)F(f);

程序段中,Δd 为每一次循环径向背吃刀量,半径值,没有正负号;e 为每次切削径向退刀量,半径值,无正负号;ns 为指定精加工路线的第一个程序段的顺序号;nf 为指定精加工路线的最后一个程序段的顺序号;Δu 为 X 方向上的精加工余量(直径值);Δw 为 Z 方向上的精加工余量;f 为刀具切削进给量。

2. 端面车削复合循环 G72

G72 为端面切削复合循环,使用在工件径向尺寸较大的场合,其功能与 G71 基本相同,不同之处是刀具路线按纵向循环,其切削路线如图 3 - 41 所示。其程序格式为:

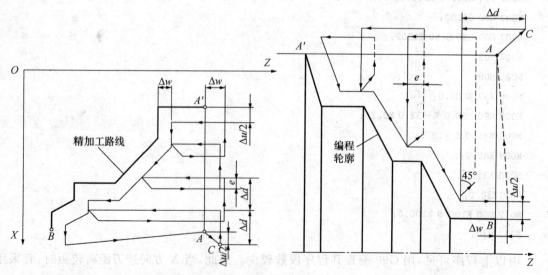

图 3 - 40 外圆粗车复合循环 G71   图 3 - 41 端面粗车复合循环 G72

G72 W(△d)R(e);

G72 P(ns) Q(nf) U(△u)W(△w)F(f);

程序段中,△d 为每一次循环轴向背吃刀量,没有正负号;e 为每次轴向切削退刀量,半径值,无正负号;ns 为指定精加工路线的第一个程序段的顺序号;nf 为指定精加工路线的最后一个程序段的顺序号;△u 为 X 方向上的精加工余量(直径值);△w 为 Z 方向上的精加工余量;f 为刀具切削进给量。

3. 固定形状粗加工复合循环指令 G73

G73 指令与 G71,G72 指令功能相同,只是刀具路线是按工件精加工轮廓进行循环的。用本切削循环功能,可有效的切削用粗加工、锻造或铸造等方法已初步成形的零件,可提高工效,如图 3 - 42 所示。其程序格式:

G73 U(△i)W(△k)R(d);

G73 P(ns)Q(nf)U(△u)W(△w)F(f)S(s)T(t);

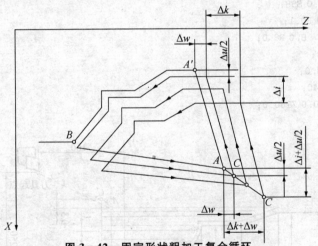

图 3 - 42　固定形状粗加工复合循环

程序段中,△i 为 X 轴上的总退刀量;△k 为 Z 轴上的总退刀量;d 为重复的次数;ns 为指定精加工路线的第一个程序段顺序号;nf 为指定精加工路线的最后一个程序段的顺序号;△u 为 X 轴上的精加工余量(直径值);△w 为 Z 轴上的精加工余量。

4. 精加工复合循环指令 G70

用 G71,G72,G73 粗车完毕后,可用精加工循环指令,使刀具进行 $A \rightarrow A' \rightarrow B$ 的精加工(图 3 - 40、图 3 - 41 和图 3 - 42)。其程序格式为:

G70　P(n)s　Q(nf);

程序段中，ns 为指定精加工路线的第一个程序段号；nf 为指定精加工路线的最后一个程序段号。

例如，编制图 3-43 所示零件的粗加工程序，采用 G71，G70 指令。粗车切深为 2 mm，退刀量 1 mm，精车余量在 X 方向为 0.6 mm（直径值），Z 方向为 0.3 mm。其加工程序为

```
O0003
N010 G50 X250.0 Z160.0;
N020 T0100;
N030 G50 S2000;
N040 G96 S55 T0101;
N050 M04;
N060 M08;
N070 G00 X45.0 Z5.0;
N080 G71 U2.0R1.0;
N090 G71 P100 Q140 U0.6
W0.3 F0.2;
N100 G00 G42 X22.0 S58;
N110 G01 W-17.0 F0.1;
N120 G02 X38.0 W-8.0 R8.0;
N130 G01 W-10.0;
N140 X44.0 W-10.0;
N150 G70 P100 Q140;
N160 G00 G40 X250.0 Z160.0;
N170 M30;
```

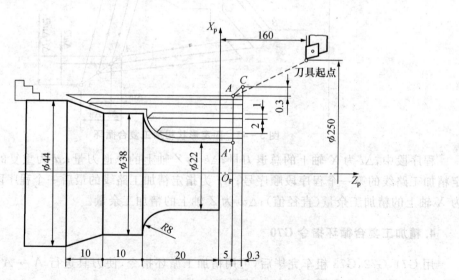

图 3-43 外圆粗车 G71、精车 G70 循环实例

又例如，用 G73，G70 指令，编制图 3-44 零件粗、精车程序。其加工程序为

O0004
N001 G50 X250.0 Z160.0；
N005 T0100；
N010 G50 S2000；
N015 G96 S150 T0101 M04；
N020 M08；
N025 G00 X64.0 Z10.0；
N030 G73 U10.0 W10.0 R5；
N035 G73 P040 Q060 U0.6 W0.3 F0.2；
N040 G00 G42 X22.0 Z2.0；
N045 G01 W－14.0 F0.1 S58；
N050 G02 X38.0 W－8.0 R8.0；
N055 G01 W－10.0；
N060 G01 X44.0 W－10.0；
N065 G70 P040 Q060；
N070 G00 G40 X250.0 Z160.0；
N075 M30；

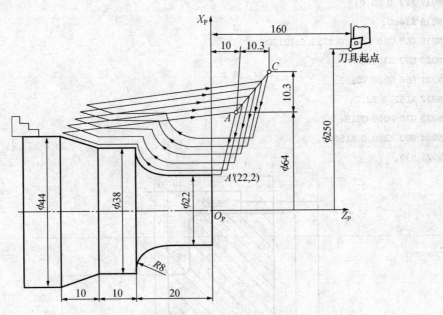

图 3－44　固定循环复合切削循环实例

再例如，用 G72，G70 指令，编制图 3－45 零件粗、精车程序。其加工程序为

O0005

N001 G50 X200.0 Z150.0 T0101;

N002 M04 S1500;

N003 G96 S150

N004 M08;

N005 X152.0 Z2.0;

N006 G72 W2.0R1.0;

N007 G72 P009 Q019 U0.2 W0.1 F0.22;

N008 G00 G41 Z - 42.0;

N009 G01 X140.0 F0.15;

N010 Z - 20.0;

N011 X132.0 Z - 16.0;

N012 X88.0;

N013 G03 X82.0 Z - 13.0 R3.0;

N014 G01 Z - 8.0;

N015 G02 X78.0 Z - 6.0 R2.0;

N016 G01 X38.0;

N017 X22.0 Z0.0;

N018 X14.0;

N019 G00 G40 X200.0 Z150.0 T0100;

N020 G50 S2000;

N021 G96 S200 T0202;

N022 X152.0 Z2.0;

N023 G70 P009 Q019;

N024 G00 X200.0 Z150.0;

N025 M30;

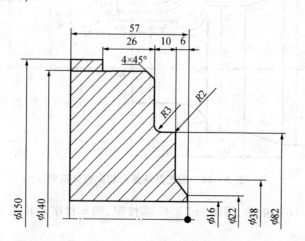

图 3 - 45　用 G72,G70 复合循环指令编程实例

3.4.8　螺纹车削加工编程

螺纹加工的类型包括：内外圆柱螺纹和圆锥螺纹、单线螺纹和多线螺纹、恒螺距与变螺距螺纹。数控系统提供的螺纹加工指令包括：单一螺纹切削指令和螺纹固定循环指令。数控系统不同，螺纹加工指令也有差异，实际应用中按所使用机床的要求编程。

1. 单一螺纹切削指令 G32

程序格式：G32 X(U)＿＿＿Z(W)＿＿＿F＿＿＿；
其中：X(U)＿＿＿Z(W)＿＿＿为螺纹终点坐标，F＿＿＿为螺纹导程。

G32 指令可以加工圆柱螺纹和圆锥螺纹。它和 G01 的根本区别，是它能使刀具在直线移动的同时主轴旋转按一定的关系保持同步，即主轴转一转，刀具移动一个导程；而 G01 指令不能保证刀具和主轴旋转之间的同步关系。因此，用 G01 指令加工螺纹时会产生螺距混乱的现象。

用 G32 加工螺纹时，由于伺服系统本身具有滞后特性，会在起始段和停止段发生螺纹的螺距不规则现象，故应考虑刀具的引入长度 Δ_1 和超越长度 Δ_2，如图 3 - 46 所示。

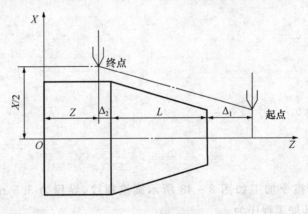

图 3 - 46　螺纹加工

注意： ① 切削螺纹时，一定要保证主轴转速不变，故不能用 G96 指令。

② 每次的切入量及切削次数一定要计算好，否则难以保证精度，或发生崩刀现象。

螺纹加工中的走刀次数和背吃刀量会直接影响螺纹的加工质量，车削加工螺纹时的走刀次数和背吃刀量可参考表 3 - 5 所列。

例如，加工图 3 - 47 所示的圆柱螺纹，螺距为 2 mm，车削螺纹前的零件直径 $\phi 48$，分 5 次车削，背吃刀量分别为 0.9 mm，0.6 mm，0.6 mm，0.4 mm 和 0.1 mm，采用绝对值编程。其加工程序为

```
O005
N010 G00 G97 S1000 T0101;
N020 M04;
N030 M08;
N040 G00 X58.0 Z71.0;
N050 X47.1;
N060 G32 Z12.0 F2.0;
N070 G00 X58.0;
N080 Z71.0;
N090 X46.5;
N100 G32 Z12.0 F2.0;
N110 G00 X58.0;
N120 Z71.0;
N130 X45.9;
N140 G32 Z12.0 F2.0;
N150 G00 X58.0;
N160 Z71.0;
N170 X45.5;
N180 G32 Z12.0 F2.0
N190 G00 X58.0;
N200 Z71.0;
N210 X45.4;
N220 G32 Z12.0 F2.0;
N230 G00 X58.0;
N240 Z71.0;
N250 M30;
```

又例如，用 G32 指令加工如图 3-48 所示圆锥螺纹，导程为 3.5 mm。设切入量 $\delta_1 = 2$ mm，$\delta_2 = 1$ mm。其加工程序为

```
O006
N01 G00 X12.0;
N02 G32 X41.0 W-43.0 F3.5;
N03 G00 X56.0;
N04 W43.0;
N05 X10.0;
N06 G32 X39.0 W-43.0;
N07 X56.0;
N08 W43.0;
```

表 3-5　常用螺纹切削的进给次数与吃刀量

米制螺纹							
螺距/mm	1.0	1.5	2.0	2.5	3	3.5	4
牙深（半径值）	0.649	0.974	1.299	1.624	1.949	2.273	2.598
切削次数及背吃刀量（直径值）	1 次　0.7	0.8	0.9	1.0	1.2	1.5	1.5
	2 次　0.4	0.6	0.6	0.7	0.7	0.7	0.8
	3 次　0.2	0.4	0.6	0.6	0.6	0.6	0.6
	4 次	0.16	0.4	0.4	0.4	0.6	0.6
	5 次		0.1	0.4	0.4	0.4	0.4
	6 次			0.15	0.4	0.4	0.4
	7 次				0.2	0.2	0.4
	8 次					0.15	0.3
	9 次						0.2

英制螺纹							
牙/in	24	18	16	14	12	10	8
牙深（半径值）	0.678	0.904	1.016	1.162	1.355	1.626	2.033
切削次数及背吃刀量（直径值）	1 次　0.8	0.8	0.8	0.8	0.8	1.0	12
	2 次　0.4	0.6	0.6	0.6	0.6	0.7	0.7
	3 次　0.16	0.3	0.5	0.5	0.6	0.6	0.6
	4 次	0.11	0.14	0.3	0.4	0.4	0.5
	5 次			0.13	0.4	0.4	0.5
	6 次				0.21	0.16	0.4
	7 次						0.17

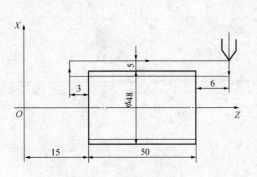

图 3-47　圆柱螺纹加工

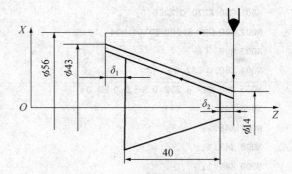

图 3-48　用 G32 指令加工圆锥螺纹

2. 螺纹自动循环切削指令 G92

该指令可以切削圆柱螺纹与圆锥螺纹,其循环路线及取值与前述的简单固定循环 G90 基本相同,只是 F 后的进给量改为导程。其程序格式为:

切削直螺纹 G92X(U)____ Z(W)____ F ____ ;

切削锥螺纹 G92X(U)____ Z(W)____ R ___ F ____ ;

其中:$X(U)$,$Z(W)$ 为螺纹终点坐标;R 为螺纹锥度,其值为锥螺纹大、小半径差,其值的正负判断方法与 G90 相同,F 是螺纹导程。

例如,用 G92 指令加工如图 3 - 49 的普通圆柱螺纹,螺纹小径为 27.4 mm,螺距为 2 mm。其加工程序为

```
O007
N001 G50 X270.0 Z260.0;
N002 G00 G97 S1000 T0101 M04;
N003 M08;
N004 X35.0 Z104.0;
N005 G92 X29.1 Z53.0 F2.0;
N006 X28.5;
N007 X27.9;
N008 X27.5;
N009 X27.4;
N010 G00 X270.0 Z 260.0;
N011 M30;
```

又例如,用 G92 指令加工如图 3 - 50 所示的圆锥螺纹,螺距 2.0mm。其加工程序为

```
O008
N001 G50 X270.0 Z260.0;
N002 G00 G97 S1000 T0101 M04;
N003 M08;
N004 X80.0 Z62.0;
N005 G92 X49.6 Z12.0 R - 5.0 F2.0;
N006 X48.7;
N007 X48.1;
N008 X47.5;
N009 X47.1;
N010 X47.0;
N011 G00 X270.0 Z260.0;
```

N012 M30;

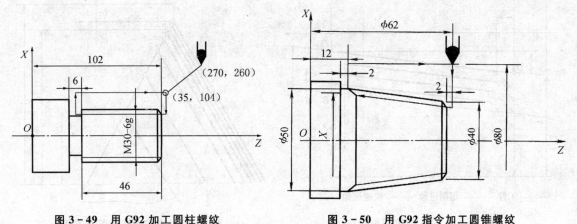

图 3-49　用 G92 加工圆柱螺纹　　　　　　　图 3-50　用 G92 指令加工圆锥螺纹

3. 螺纹复合循环切削指令 G76

当螺纹切削次数很多时,采用 G32 编程很烦琐,而采用螺纹切削循环指令 G76,只用一条指令就可以进行多次切削,如图 3-51 所示。其程序格式为

```
G76   P(m)(r)(a)Q(Δdmin)  R(d);
G76   X(U)_____Z(W)_____R(i)P(k)Q(Δd)F(f);
```

其中:m 为精加工重复次数(1～99);r 为螺纹退尾量,由 00～99 的二位数值设定,分别表示(0.0～9.9)倍螺纹导程的斜向退刀量;a 为刀尖角度,可选择 80°,60°,55°,30°,29°,0°共 6 种,用二位数指定;$Δd$ 为第一次的背吃刀量(半径值),如图 3-52 所示,背吃刀量为递减式,第 n 次的背吃刀量为($Δd\sqrt{n}-Δd\sqrt{n-1}$),小于 $Δd_{min}$ 时,则背吃刀量为 $Δd_{min}$;$Δd_{min}$ 为最小背吃刀量(半径值);d 为精车余量(半径值);i 为螺纹部份的半径差,如果 $i=0$,则为圆柱螺纹切削;k 为螺纹牙高(X 方向半径值),对于外螺纹,牙高为 0.649 6 P,P 为螺距),通常为正;f 为螺纹导程;$X(U),Z(W)$ 为终点的绝对值坐标(或相对循环起点 A 的增量坐标)。

例如,写出车削图 3-53 所示螺纹的 G76 程序段。取精加工次数为 1 次;斜向退刀量为 4 mm,即一个螺纹导程;刀尖 60°;最小切深取 0.1 mm;精加工余量 0.1 mm;螺纹半径差为 0;螺纹高度按螺距计算为 2.4 mm;第一次切深取值为 0.7 mm;导程即螺距为 4 mm;螺纹小径为 33.8 mm,D 点坐标(33.8,-60)。其程序段为

```
G76  P010460  Q0.1  R0.1;
G76 X33.8 Z-60.0 R0 P2.598 Q0.7 F4.0;
```

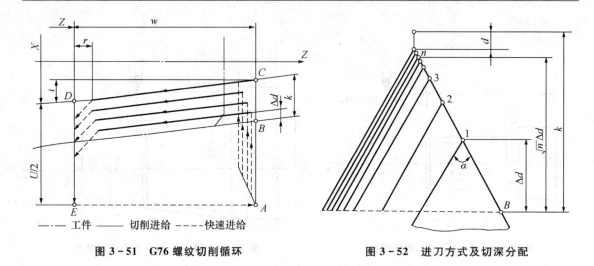

图 3 - 51　G76 螺纹切削循环　　　　　图 3 - 52　进刀方式及切深分配

3.4.9　子程序

　　在编制加工程序时,有时会遇到一组程序段在一个程序中多次出现,或者在几个程序中都要使用它。这个典型的加工程序可以做成固定程序,并单独加以命名。这组程序段就称为子程序。使用子程序可以减少不必要的重复编程,从而达到简化编程的目的。不但主程序可以调用子程序,一个子程序也可以调用下一级的子程序,其作用相当于一个固定循环。

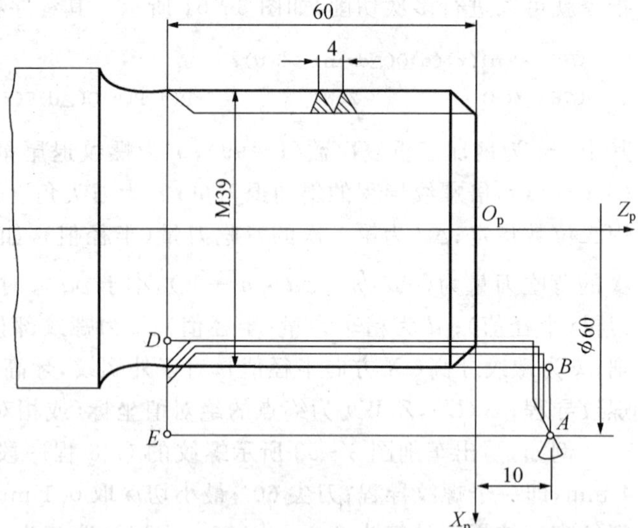

　　子程序的调用格式:

　　M98 P□□□　□□□□

□□□为子程序连续调用的次数,当该项被省略时,子程序仅被调用一次;

□□□□为子程序号。

图 3 - 53　G76 指令应用

　　M99 表示子程序结束,并返回到主程序。子程序调用下一级子程序,称为子程序嵌套。子程序可以嵌套多少层由具体的数控系统决定,在 FANUC 0T/18T 系统中,只能有两层嵌套。

　　例如,加工如图 3 - 54 所示零件,已知毛坯直径 $\phi 32$,长度为 50 mm,一号刀为外圆车刀,二号刀为切断刀,其宽度为 2 mm。其加工程序为

主程序

O0010

N010 G50X150.0 Z100.0;

N020 G50　S1800;

N030 G00 G96 S150 T0101;

N040 M04;

N050 M08;

N060 X35.0 Z0;

N070 G98 G01 X0 F100;（车右端面）

N080 G00 Z2.0;

N090 X30.0;

N100 G01 Z - 40.0 F100;（车外圆）

N110 G00 X150.0 Z100.0 T0202;

N120 X32.0 Z0;

N130 M98 P0031008;（切三槽）

N140 G00 W - 100;

N150 G01 X0 F60;（切断）

N160 G04 X2.0;（暂停 2 s）

N170 G00 X150.0 Z100.0;

N180 M30;

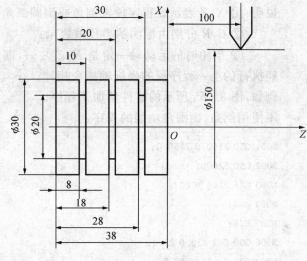

图 3 - 54　子程序应用

子程序

O1008

N300 G00 W - 10.0;

N310 G98 G01 U - 12.0 F60;

N320 G04 X1.0;（暂停 1S）

N330 G00 U12.0;

N340 M99;

3.4.10　自动倒角、倒圆角功能

两条轨迹相交成 $90°$，在相交点上需要倒角或倒圆弧角时，在用 G01 进行切削时，可自动完成倒角或倒圆弧角的工作。其程序格式为

G01 X＿＿＿ C＿＿＿ F＿＿＿;

G01 Z＿＿＿ C＿＿＿ F＿＿＿;

G01 X＿＿＿ R＿＿＿ F＿＿＿;

G01 Z ＿＿＿ R ＿＿＿ F；

说明：① X,Z 表示该程序段未倒角或倒圆弧角之前的终点坐标。

② C,R 分别由标明的半径值表示。

③ 倒角时的运动轴一定是 X,Z 之一，而下一个程序段中的坐标轴指令，一定与已经执行的上一程序段的坐标轴指令相异。

例如，图 3-55 所示的零件精加工程序。

不使用倒角、倒圆角功能的程序：

N001 G50 X160.0 Z150.0；

N002 G50 S2000；

N003 G96 S160 T0202；

N004 M04；

N005 M08；

N006 G00 G42 X30.0 Z3.0；

N007 G01 Z－15.0 F0.2；

N008 G02 X40.0 Z－20.0 R5.0；

N009 G01 X60.0；

N010 X70.0 Z－25.0；

N011 Z－40.0；

N012 X80.0 Z－45.0；

N013 X110.0；

N014 G03 X120.0 Z－50.0 R5.0；

N015 G01 Z－65.0；

N016 X142.0；

N017 G00 G40 X160.0 Z150.0；

N018 M30；

使用倒角、倒圆角功能的程序：

N001 G50 X160.0 Z150.0；

N002 G50 S2000；

N003 G96 S160 T0202；

N004 M04；

N005 M08；

N006 G00 G42 X30.0 Z3.0；

N007 G01 Z－20.0 R5.0 F0.2；

N008 X70.0 C5.0；

N009 Z－45.0 C5.0；

N010 X120.0 R5.0;

N011 Z－65.0;

N012 X142.0;

N013 G00 G40 X160.0 Z150.0;

N014 M30;

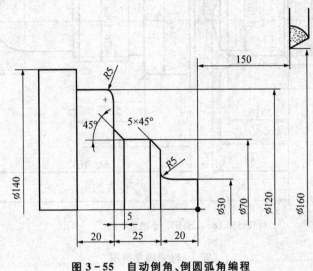

图 3-55　自动倒角、倒圆弧角编程

3.5　数控车削加工编程综合实例

加工如图 3-56 所示阶梯轴,机床为 CK6132,数控系统为 FANUC-0iT 系统。

1. 工艺过程的制定

由零件图 3-56 可知,该零件属于典型的轴类零件,尺寸精度最高 IT7 级,表面的粗糙度 $R_a 1.6\ \mu m$。材料为 45 钢,硬度 $180\sim220\ HB$,生产批量为小批量生产,零件最大直径为 $\phi46$,长度 96 mm,因此毛坯采用 $\phi50\times100$ mm 的棒料。由于两端都要加工,该零件分两次装夹,两道工序完成。因为零件的左端壁厚只有 3 mm,夹紧时容易产生变形,因此先加工右端,再加工左端,图 3-57 是加工右端的工序简图,图 3-58 是加工左端的工序简图。

在加工右端的工序中,采用三爪自动定心卡盘装夹。先采用 93° 的右偏刀(T01)粗加工外轮廓,主轴转速 800 r/min,进给量 0.3 mm/r;再采用 93° 的右偏刀(T01)精加工外轮廓,主轴转速 1 200 r/min,进给量 0.1 mm/r;采用 5 mm 宽的槽刀(T02)车削槽,主轴转速 500 r/min,进给量 0.1 mm/r;最后采用螺纹车刀(T03)车削螺纹,主轴转速 400 r/min,进给量 1 mm/r。

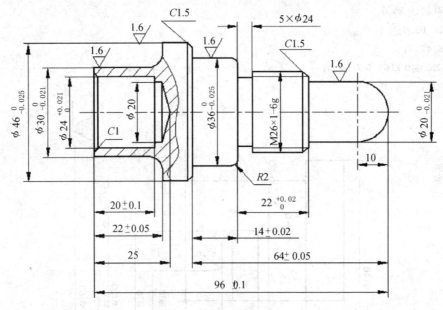

材料45钢,180~220HB，小批量生产

图 3 - 56　轴零件图

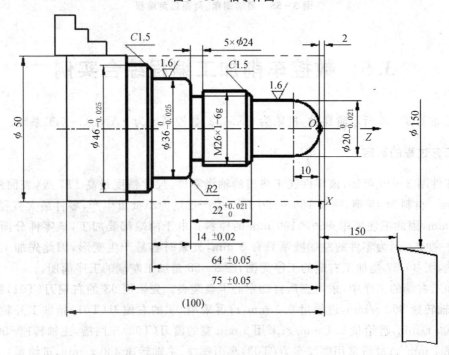

图 3 - 57　车右端工序图

　　在加工左端的工序中,先采用 93°的右偏刀(T01)粗加工外圆、端面,主轴转速 800 r/min,
进给量 0.3 mm/r;再采用 93°的右偏刀(T01)精加工外圆、端面,主轴转速 1 200 r/min,进给量
0.1 mm/r;采用 ϕ16、ϕ20 的钻头手动钻 ϕ20 孔;采用镗孔刀(T04)镗孔,粗镗主轴转速 600
r/min,进给量 0.2 mm/r;精镗主轴转速 800 r/min,进给量 0.1 mm/r。

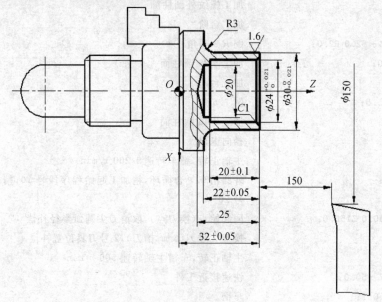

图 3-58　车左端工序图

2.数控加工程序

(1)车削右端的数控加工程序

O0001;	程序名
G50 X150.0 Z150.0;	建立工件坐标系
M03 S800;	主轴正转,转速 800 r/min
G99;	每转进给
T0101;	1 号刀具 1 号位置补偿
G00 X55.0 Z5.0;	快进到外圆粗车复合循环起点
G71 U1.5 R1.0;	外圆粗车复合循环,每次背吃刀量 1.5 mm,退刀 1 mm
G71 P10 Q20 U0.4 W0.2 F0.3;	外圆粗车复合循环,粗加工起始程序段号 10,粗加工终止程序段号 20,X 方向精加工双边余量 0.4,Z 方向精加工余量 0.2 mm,粗车进给量 0.3 mm/r
N10 G00 G42 X0;	径向接近工件,建立刀尖圆弧半径补偿右偏
G01 Z0 F0.1;	直线插补,精加工进给量 0.1 mm/r

G03 X20 Z－10.0 R10.0;	加工 R 10 球面
G01 Z－28.0;	加工 ϕ 20 圆柱面
X22.9;	加工台阶面
X25.9 Z－29.5;	倒 1.5 角
Z－50.0;	加工螺纹外圆柱面
X32.0;	加工台阶
G03 X36.0 Z－52.0 R2.0;	倒 R 2 圆角
G01 Z－64.0;	加工 ϕ 36 圆柱面
X41.0;	加工台阶
X46.0 Z－65.5;	倒 1.5 角
Z－75.0;	加工 ϕ 46 圆柱面
N20 X53.0;	径向退出
M03 S1200	主轴正转,精车转速 1 200 r/min
G70 P10 Q20;	外圆精车复合循环,精加工起始程序段号 10,精加工终止程序段号 20
G00 G40 X150.0 Z150.0;	回起始点(换刀点),取消刀尖圆弧半径补偿
T0202;	换上 2 号刀(5 mm 槽刀),2 号刀具位置补偿
M03 S500;	主轴正转,车槽主轴转速 500 r/min
G00 X38.0 Z－50.0;	快速接近工件
G01 X24.0 F0.1;	车槽
G04 X1.0;	槽底进给暂停 1 s
X38.0;	径向退出
G00 X150.0 Z150.0;	回起始点(换刀点)
T0303;	换上 3 号刀(螺纹刀),3 号刀具位置补偿
M03 S400;	主轴正转,车螺纹转速 400 r/min
G00 X30 Z－23;	快速走到螺纹复合循环起始点
G76 P010060 Q0.1 R0.1;	螺纹复合循环,精车次数 1,斜向退刀距离 0 mm,最小背吃刀量 0.1 mm,精加工余量 0.1 mm
G76 X24.7 Z－47.5 P0.65 Q0.4 F1;	螺纹复合循环,小径 ϕ 24.7 mm,牙高 0.65 mm,第一次背吃刀量 0.4 mm,导程 1 mm
G00 X150 .0Z150.0;	快速回起始点
M30;	程序结束,光标返回程序开头位置

(2)车削左端的数控加工程序

O002;	程序名
G50 X150.0 Z182.0;	建立工件坐标系
M03 S800;	主轴正转,转速 800 r/min

G99;	每转进给
T0101;	1 号刀具 1 号位置补偿
G00 X55.0 Z36.0;	快进到外圆粗车复合循环起点
G71 U1.5 R1.0;	外圆粗车复合循环,每次背吃刀量 1.5 mm,退刀 1 mm
G71 P10 Q20 U0.4 W0.2 F0.3;	外圆粗车复合循环,粗加工起始程序段号 10,粗加工终止程序段号 20,X 方向精加工双边余量 0.4,Z 方向精加工余量 0.2 mm,粗车进给量 0.3 mm/r
N10 G00 G42 X0;	径向接近工件,建立刀尖圆弧半径补偿右偏
G01 Z32.0 F0.1;	轴向进给,接近工件端面,进给量 0.1 mm/r
X30.0;	车削端面
Z13.0;	车削 ϕ30 外圆柱面
G02 X36.0 Z10.0 R3.0;	车削 R 3 圆角
N20 G01 X48.0	车削台阶面
M03 S1200;	主轴正转,1 200 r/min
G70 P10 Q20;	外圆精车复合循环,精加工起始程序段号 10,精加工终止程序段号 20
G00 G40 X150.0 Z182.0;	快速回起始点(换刀点),取消刀点圆弧半径补偿
T0404;	换上 4 号刀(镗孔刀),4 号刀具位置补偿
M03 S600;	主轴正转,镗孔转速 600 r/min
G00 X22.0 Z34.0;	快速接近工件
G01 X12.0 F0.2;	镗 ϕ22 孔,进给量 0.2 mm/r
X18.0;	粗镗台阶面
G00 Z33.0;	轴向退刀
X26.0;	进入倒角起始点
G01 X24.0 Z31.0 F0.1;	倒 C 1 角,进给量 0.1 mm/r
Z10.0;	精镗 ϕ24 孔
X18.0;	精镗台阶面
G00 Z182.0;	轴向回起始点
X150;	径向回起始点
M30;	程序结束,光标返回程序开头位置

思考题与习题

1. 数控车床的主要加工对象是什么?

2. 什么是零件的结构工艺性?

3. 数控车床的编程特点是什么?

4. 数控车床的坐标系是怎样规定的？ 如何设定工件坐标系？

5. 圆弧加工程序编制有几种方式？ 数控车削加工圆弧时应注意哪些问题？

6. 数控车床是怎样实现循环加工的？ 写出粗车循环的几种程序段格式并说明其含义。

7. 数控车床如何调用子程序？

8. 数控车床是如何进行刀尖圆弧半径补偿的？

9. 试比较 G32,G92,G76 指令加工螺纹的编程特点。

10. 试写出图 3-59 所示零件的精加工程序。

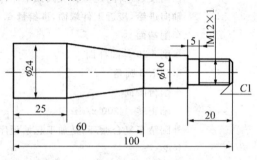

图 3-59　习题 10 零件示意图

11. 试编写图 3-60 所示零件的数控车床加工程序,设棒料直径为 φ35。

12. 试编写图 3-61 所示零件的精加工程序。毛坯直径 φ32,长度为 77 mm,用外圆车刀和切断刀加工,切断刀宽度为 2 mm。

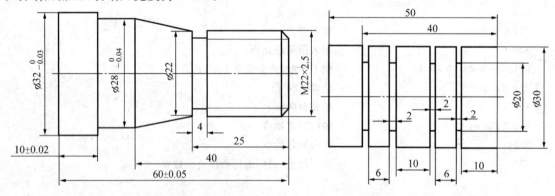

图 3-60　习题 11 零件示意图　　　　**图 3-61　习题 12 零件示意图**

13. 试用 G71,G70 指令编写图 3-62 所示零件的粗车及精车加工程序。毛坯为棒料,直径为 φ120。加工时,01 号刀粗车端面和外圆;02 号刀精车外圆;03 号刀切槽,宽度为 6 mm;04 号刀车螺纹。

14. 试用 G32,G92,G76 指令,分别编制图 3-63 螺纹加工程序。

15. 试编制图 3-64 零件的数控加工程序。毛坯为 φ70 棒料,右端面和中心孔,左端点划线外圆及端面都已加工,采用一夹一顶方式装夹,数控加工余下的表面。

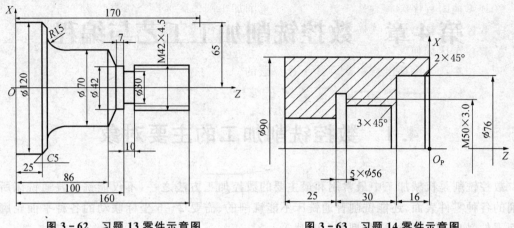

图 3-62　习题 13 零件示意图　　　　　　　图 3-63　习题 14 零件示意图

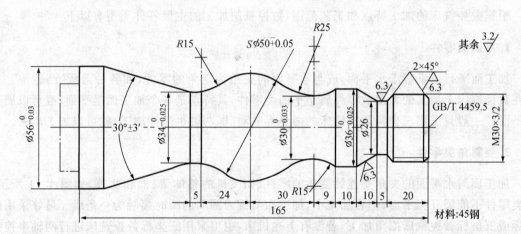

图 3-64　习题 15 零件示意图

第4章　数控铣削加工工艺与编程

4.1　数控铣削加工的主要对象

数控铣削是机械加工中最常用和最主要的数控加工方法之一,不仅能铣削普通铣床所能铣削的各种零件表面,还能铣削普通铣床不能铣削的、需要 2~5 坐标联动的各种平面轮廓和曲面零件,如凸轮、壳类、模具型腔和叶片等。

根据数控铣床的加工特点和工艺范围,数控铣削加工的主要零件类型有以下 4 种。

1. 平面类零件

加工面平行或垂直于水平面,或与水平面的夹角为定角的零件,如各种盖板、凸轮等。目前在数控铣床上加工的大多数零件属于平面类零件,其特点是各个加工面是平面,或可以展开成平面。一般只需用三坐标数控铣床的两坐标联动(即两轴半坐标加工)就可以加工出来。

2. 变斜角类零件

加工面与水平面的夹角呈连续变化的零件,如飞机的整体梁、框和肋等,如图 4-1 所示。这类零件不能展开为平面,但在加工中,加工面与铣刀圆周的瞬时接触为一条线。最好采用四坐标或五坐标数控铣床摆角加工,若没有上述机床,也可采用三坐标数控铣床进行两轴半控制的行切法近似加工。

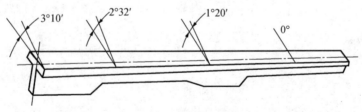

图 4-1　变斜角零件

3. 曲面类零件

加工面为空间曲面的零件,如模具、叶片和螺旋桨等,如图 4-2 所示。这类零件不能展开为平面。加工时,铣刀与加工面始终为点接触,一般采用球头铣刀在三坐标数控铣床上加工。当曲面较复杂、通道较狭窄、加工时会伤及相邻表面及需要刀具摆动时,要采用四坐标或五坐标联动数控铣床加工。

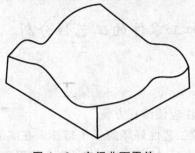

图 4 - 2　空间曲面零件

4. 孔类零件

可在数控铣床上进行孔及孔系的加工,如钻、扩、镗孔等。对于数量较多、需要频繁换刀的孔加工,不宜在数控铣床上进行,可在加工中心或数控钻床上加工。

4.2　数控铣削加工工艺的制定

4.2.1　数控铣削加工内容的选择

一般情况下,并不是零件的全部工艺过程都适合在数控铣床上加工,往往只是其中的一部分适合数控加工。要充分发挥数控铣床的优势,就要对零件的加工要求、企业的生产条件等进行具体的分析,选择最适合、最需要的加工内容进行加工。通常数控铣削加工的主要内容包括:

① 由直线、圆弧、非圆曲线及列表曲线构成的内外轮廓;

② 空间曲线或曲面;

③ 形状虽然简单,但尺寸繁多,检测困难的部位;

④ 用普通机床加工时难以观察、控制及检测的内腔、箱体内部等;

⑤ 有严格位置尺寸要求的孔或平面;

⑥ 能够在一次装夹中顺带加工出来的简单表面或形状;

⑦ 采用数控铣削加工能有效提高生产率,减轻劳动强度的一般加工内容。

此外,立式数控铣床适于加工箱体、箱盖、平面凸轮、样板、形状复杂的平面或立体零件,以及模具的内、外型腔等;卧式数控铣床适于加工复杂的箱体类零件、泵体、阀体和壳体等。在具体确定数控铣削的加工内容时,还应结合企业设备条件、产品特点及现场生产组织管理方式等具体情况进行综合分析,以优质、高效、低成本完成零件的加工为原则。

4.2.2 数控铣削加工零件的工艺性分析

1. 零件结构工艺性分析

(1)零件图纸上的尺寸标注应使编程方便

编程方便与否是衡量数控工艺性好坏的一个指标。在实际生产中,零件图纸上尺寸标注方法对工艺性影响较大,图纸上尺寸数据的给出要符合编程方便的原则。

(2)分析零件的变形情况,保证获得要求的加工精度

零件在数控铣削加工时的变形,不仅影响加工质量,而且当变形较大时,将使加工不能继续进行。对于面积较大的薄板,当其厚度小于3 mm时,应考虑采取一些必要的工艺措施进行预防。可改进装夹方式、采用合适的加工顺序和刀具等,或对钢件进行调质处理,对铸铝件进行退火处理,对不能用热处理方法解决的可考虑采用粗、精加工分开及对称去余量等措施来减小或消除变形的影响。

(3)尽量统一零件轮廓内圆弧的有关尺寸

① 内槽圆角和内轮廓圆弧不宜过小。详细内容见第1章1.3.2小节,如图1-37所示。

② 槽底面圆角半径不宜过大。详细内容见第1章1.3.3小节,如图1-38所示。

③ 零件的外形、内腔最好采用统一的几何类型或尺寸,这样可以减少换刀次数。一般来说,即使不能寻求完全统一,也要力求将数值相近的圆弧半径分组靠拢,达到局部统一,以尽量减少铣刀规格与换刀次数,并避免因频繁换刀而增加了零件加工面上的接刀,降低表面质量。

(4)尽量采用统一的定位基准

有的零件需要在铣完一面后再重新安装铣削另一面,往往会因为零件的重新安装而接不好刀。这时,最好采用统一基准定位,因此零件上应有合适的孔作为定位基准孔。如果零件上没有基准孔,也可以专门设置工艺孔作为定位基准(如在毛坯上增加工艺凸台或在后续工序要铣去的余量上设基准孔)。

2. 零件毛坯工艺性分析

零件在进行数控铣削加工时,由于加工过程的自动化,使余量的大小、如何装夹等问题在设计毛坯时就要仔细考虑好。否则,如果毛坯不适合数控铣削,加工将很难进行下去。

(1)毛坯应有充分、稳定的加工余量

根据零件材料及其性能的要求选择毛坯类型后,还要根据零件的形状、结构特点和各工序

的加工余量,确定毛坯的形状及尺寸。一般板料和型材毛坯留 2～3 mm 的余量,铸件、锻件毛坯要留 5～6 mm 的余量。如有可能,尽量使各个表面上的余量均匀。

（2）毛坯的装夹适应性

主要考虑毛坯在加工时定位和夹紧的可靠性与方便性,以便在一次安装中加工出较多表面。对不便于装夹的零件,可考虑在毛坯上另外增加工艺凸台或工艺孔等来定位装夹。

4.2.3　数控铣削加工工艺路线的确定

1. 加工方法的选择

（1）平面加工方法

数控铣床上加工平面时主要采用面铣刀和立铣刀。经过粗铣的平面,尺寸精度通常可达 IT11～IT13,表面粗糙度值可达 $R_a 25～6.3~\mu m$,经过精铣的平面,尺寸精度可达 IT8～IT10,表面粗糙度值可达 $R_a 3.2～1.6~\mu m$。

（2）平面轮廓加工方法

平面轮廓通常采用三坐标数控铣床进行两轴半进给加工。采用粗铣—精铣的方案,若余量较大,可进行分层铣削,但要特别注意刀具的切入、切出及顺铣和逆铣的选择。

（3）固定斜角平面加工方法

根据尺寸的大小选择不同的加工方法。当零件尺寸较小时,采用斜垫板垫平后加工,或采用角度铣刀加工;当零件尺寸较大、斜面角度较小时,常采用三轴联动的行切法进行加工。

（4）变斜角面加工方法

曲率变化不大的变斜角面,常采用四轴联动的数控铣床和立铣刀进行加工;曲率变化较大的变斜角面,常采用五坐标联动的数控铣床进行加工。

（5）曲面加工方法

空间曲面的加工可根据曲面的形状、刀具的形状、精度的要求等采用不同的铣削加工方法。曲率变化不大、精度要求不高的曲面,在进行粗加工时,可采用两轴半坐标行切法加工;曲率变化较大、精度要求较高的曲面,在进行精加工时,常采用三轴联动行切法加工;对于叶片、螺旋桨等复杂曲面零件,因刀具易与相邻表面发生干涉,常采用五轴联动加工。

2. 工序的划分

在数控铣床上加工的零件,一般按工序集中原则划分工序,划分方法详细内容见第 1 章 1.3.2 小节。

3. 加工顺序的安排

在选定加工方法、划分工序后,进给路线拟定的主要内容就是合理安排这些加工方法和加工工序的顺序。零件的加工工序通常包括切削加工工序、热处理工序和辅助工序(包括表面处理、清洗和检验等),这些工序的顺序直接影响到零件的加工质量、生产效率和加工成本。因此,在设计进给路线时,应合理安排好切削加工、热处理和辅助工序的顺序,并解决好工序间的衔接问题。详细内容见第1章1.3.2小节。

4. 进给路线的确定

进给路线是数控加工过程中刀具相对于被加工零件的运动轨迹和方向。零件的加工精度和表面质量与进给路线密切相关。

(1)确定进给路线的一般原则

① 保证被加工零件的加工精度和表面粗糙度;

② 数值方便计算,减少编程工作量;

③ 缩短进给路线,减少空行程时间,提高效率;

④ 尽量减少程序段数,使用子程序。

(2)确定进给路线的特殊情况

① 避免引入反向间隙误差。数控铣床在反向运动时会出现反向间隙,如果在进给路线中将反向间隙带入,就会影响刀具的定位精度,增加零件的定位误差。加工位置精度要求较高的孔系时,孔的加工路线的安排就显得比较重要。若安排不当就有可能把坐标轴的反向间隙带入,直接影响孔的位置精度。

② 切入切出路径。用立铣刀的侧刃铣削平面零件的外轮廓时,为减少接刀痕迹,保证零件表面质量,切入、切出部分应考虑外延。如图1-44所示,铣削外表面轮廓时,铣刀的切入和切出点应沿零件轮廓曲线的延长线切向切入和切出零件表面,而不应沿法线直接切入零件,以避免加工表面产生划痕,保证零件轮廓光滑。

当铣削内表面轮廓时,也应该尽量遵循从切向切入的方法,但若切入、无法外延时,铣刀只有沿法线方向切入和切出,这时,切入切出点应选在零件轮廓两几何要素的交点上,而且进给过程中要避免停顿。

③ 采用顺铣加工方式。铣削加工中究竟采用哪种铣削方法,应视图样的加工要求、零件材料的性质与特点以及具体机床、刀具等条件综合考虑。通常,数控机床传动采用滚珠丝杠,其运动间隙很小,并且顺铣优点多于逆铣,所以应尽可能采用顺铣。采用顺铣方式,零件的表面质量和加工精度较高,可以减少机床的"颤振"。在精铣内外轮廓时,为了改善表面粗糙度,应采用顺铣的进给路线加工方案。对于铝镁合金、钛合金和耐热合金等材料来说,建议也采用顺铣加工,这对于降低表面粗糙度值和提高刀具耐用度都有利。但如果零件毛坯为黑色金属

锻件或铸件，表皮硬而且余量一般较大，这时采用逆铣较为有利。

④ 立体轮廓的加工。加工一个曲面时可能采取如图 4 - 3 所示的沿参数曲面的纵向行切、横向行切和环切的 3 种进给路线。图 4 - 3(a)方案的优点是便于在加工后检验型面的准确度。对于直母线类表面，采用图 4 - 3(b)的方案显然更有利，每次沿直线走刀，刀位点计算简单，程序段少，而且加工过程符合直纹面的形成规律，可以准确保证母线的直线度。因此，实际生产中最好将以上两种方案结合起来。图 4 - 3(c)所示的环切方案一般应用在内槽加工中，在型面加工中由于编程麻烦，一般不用。但在加工螺旋桨桨叶一类零件时，由于零件刚度小，采用从里到外的环切，有利于减少零件在加工过程中的变形。

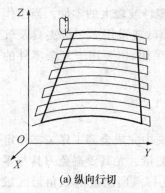
(a) 纵向行切

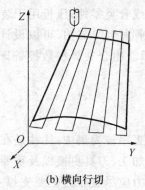
(b) 横向行切

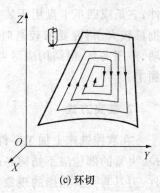
(c) 环切

图 4 - 3　立体轮廓的加工

⑤ 内槽加工。加工平底内槽一律使用平底铣刀，刀具边缘部分的圆角半径应符合内槽的图纸要求。内槽的切削分两步，第一步切内腔，第二步切轮廓。切削内腔时，环切和行切在生产中都有应用。两种走刀路线都要保证切净内腔中的全部面积，不留死角，不伤轮廓，同时尽量减少重复走刀的搭接量。从走刀路线的长短比较，行切法要略优环切法。但在加工小面积内槽时，环切的程序量要比行切小。切轮廓通常又分为粗加工和精加工两步。粗加工时从内槽轮廓线向里平移铣刀半径 R 并且留出精加工余量 Y。由此得出的多边形是计算粗加工走刀路线的依据，如图 4 - 4 所示。

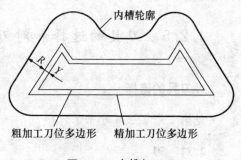

图 4 - 4　内槽加工

4.2.4　夹具的选择和装夹方式的确定

1. 数控铣床夹具选择

在选用夹具时应综合考虑产品的生产批量、生产效率、质量保证及经济性等问题。在小批量时应尽量采用标准化通用夹具。通用夹具有较大的灵活性和经济性,适用范围广。常用夹具有台虎钳、三爪或四爪卡盘和压板。一般情况下,台虎钳用于装夹比较规则的中小型块状零件;三爪或四爪卡盘用于装夹轴类或套类零件;压板用于装夹板类零件或较大的零件。当工作批量较大、精度要求较高时,为了平衡生产节拍,可以设计专用夹具,或采用多工位夹具及气动、液压夹具,但结构应尽可能简单。组合夹具在数控铣床上也常采用,主要用于复杂零件的加工。

2. 装夹方式

在数控铣床上加工零件,由于工序较为集中,往往是在一次装夹中完成全部工序。零件定位、夹紧的部位应不妨碍各部位的加工、刀具更换以及重要部位的测量。尤其要避免刀具与零件、刀具与夹具相撞的现象。夹紧力应尽量靠近主要支撑点或在支撑点所组成的三角形区域内。应力求靠近切削部位,并在刚性较好的地方。尽量不要在被加工孔径的上方,以减少零件变形。零件的装夹、定位要考虑到重复安装的一致性,以减少对刀时间,提高同一批零件加工的一致性。

4.2.5　刀具的选择和对刀

1. 刀具的选择

见第 1 章 1.2.4 小节。

2. 对　刀

对于数控铣床来说,在加工开始时,就要确定刀具与零件的相对位置,它是通过对刀点来实现的。"对刀点"是指通过对刀确定刀具与零件相对位置的基准点,是数控加工中刀具相对于零件的起点。程序也是从这一点开始执行。对刀点也称为"程序起点"或"起刀点"。选择对刀点的原则是:尽量方便数学处理和简化程序编制;便于装夹和找正,便于确定零件的加工原点的位置;加工过程中便于检查;引起的加工误差小。

对刀点可设在零件上、夹具上或机床上,但必须与零件的定位基准有已知的准确关系。为提高加工精度,对刀点应尽量选在零件的设计基准或工艺基准上。对于以孔定位的零件,可以取孔的中心作为对刀点。

确定对刀点在机床坐标系中位置的操作过程称为对刀。对刀的准确程度将直接影响零件加工的位置精度,因此,对刀是数控机床操作中一项重要且关键的工作。对刀操作时一定要仔细、认真,生产中常使用百分表、中心规及寻边器等工具来对刀。寻边器如图 4-5 所示。

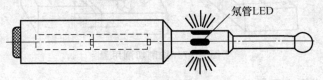

图 4-5　寻边器

对刀方法如图 4-6 所示。

无论采用哪种工具对刀,都是使数控铣床主轴中心与对刀点重合,利用机床的坐标显示确定对刀点在机床坐标系中的位置,从而确定零件坐标系在机床坐标系中的位置。简单地说,对刀就是告诉机床零件装夹在机床工作台的什么地方。

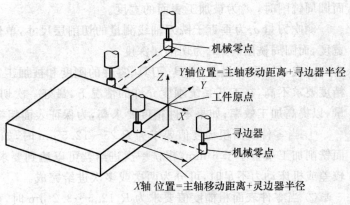

图 4-6　对刀方法

加工过程中需要换刀,"换刀点"是刀具换刀时的位置。为了防止换刀时刀具碰伤零件,换刀点往往设在距离零件较远的地方。

4.2.6　铣削用量的选择

如图 4-7 所示,铣削切削用量包括切削速度、背吃刀量或侧吃刀量和进给速度。切削用量的大小对切削力、刀具磨损、加工质量和加工成本等均有显著影响。合理选择切削用量的原则是:粗加工时,一般以提高生产率为主,但也应考虑经济性和加工成本;半精加工和精加工时,应在保证加工质量的前提下,兼顾切削效率、经济性和加工成本,具体数值应根据机床说明书、切削用量手册,并结合经验而定。从保证刀具耐用度的角度出发,应先选择背吃刀量或侧吃刀量,其次确定进给速度,最后确定切削速度。

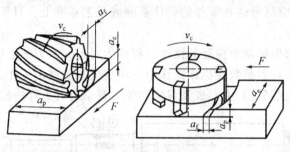

图 4 - 7　铣削切削用量

1. 背吃刀量 a_p 或侧吃刀量 a_e

背吃刀量为平行于铣刀轴线测量的切削层尺寸,单位为 mm。端铣时,a_p 为切削层深度,而圆周铣削时,a_p 为被加工表面的宽度。

侧吃刀量 a_e 为垂直于铣刀轴线测量的切削层尺寸,单位为 mm。端铣时,a_e 为被加工表面宽度,而圆周铣削时,a_e 为切削层深度。

a_p 或 a_e 主要由机床、夹具、刀具、零件的刚度和被加工零件的精度要求来决定。如果零件精度要求不高,在工艺系统刚度允许的情况下,最好一次切净加工余量,即 a_p 或 a_e 等于加工余量,以提高加工效率;如果零件精度要求高,为保证表面粗糙度和精度,采用多次走刀加工。

① 当零件表面粗糙度值要求为 $R_a 25 \sim 12.5~\mu m$ 时,如果圆周铣削加工余量小于 5 mm,端面铣削加工余量小于 6 mm,粗铣一次进给就可以达到要求。但是在余量较大,工艺系统刚性较差或机床动力不足时,可分为两次或多次进给完成。

② 当零件表面粗糙度值要求为 $R_a 12.5 \sim 3.2~\mu m$ 时,分为粗铣和半精铣两步进行。粗铣时 a_p 或 a_e 选取同前。粗铣后留 0.5～1.0 mm 余量,在半精铣时切除。

③ 当零件表面粗糙度值要求为 $R_a 3.2 \sim 0.8~\mu m$ 时,应分为粗铣、半精铣和精铣三步进行。半精铣时 a_p 或 a_e 取 1.5～2 mm。精铣时,圆周铣削 a_e 取 0.3～0.5 mm,面铣刀 a_p 取 0.5～1 mm。

2. 进给速度

进给速度 v_f 是指单位时间内零件与铣刀沿进给方向的相对位移,单位是 mm/min。它与铣刀转速 n、铣刀齿数 z 以及每齿进给量 f_z(mm/z)的关系为:$v_f = f_z zn$。

f_z 的选取主要依据零件材料的力学性能、刀具材料、零件表面粗糙度等因素。零件材料的强度和硬度越高,f_z 越小;反之则越大。硬质合金铣刀的 f_z 高于同类高速钢铣刀。零件表面粗糙度要求越高,f_z 越小。零件刚性差或刀具强度低时,应取较小值。f_z 的确定可参考表4-1选取。

表 4-1　铣刀每齿进给量参考值

零件材料	$f_z(\mathrm{mm \cdot z^{-1}})$			
	粗　　铣		精　　铣	
	高速钢铣刀	硬质合金铣刀	高速钢铣刀	硬质合金铣刀
钢	0.10～0.15	0.10～0.25	0.02～0.05	0.10～0.15
铸　铁	0.12～0.20	0.15～0.30		

3. 切削速度 v_c

铣削的切削速度 v_c 与刀具寿命 T、每齿进给量 f_z、背吃刀量 a_p、侧吃刀量 a_e 以及铣刀齿数 z 成反比,而与铣刀直径 d 成正比。其原因是当 f_z,a_p,a_e 和 z 增大时,刀刃负荷增加,而且同时工作的齿数也增多,使切削热增加,刀具磨损加快,从而限制了切削速度的提高。为提高刀具寿命,允许使用较低的切削速度。但是加大铣刀直径则可改善散热条件,可以提高切削速度。

铣削加工的切削速度 v_c 可参考表 4-2 选取,也可参考有关切削用量手册中的经验公式通过计算选取。

表 4-2　铣削加工的切削速度参考值

零件材料	硬度(HBS)	$v_c(\mathrm{m \cdot min^{-1}})$	
		高速钢铣刀	硬质合金铣刀
钢	<225	18～42	66～150
	225～325	12～36	54～120
	325～425	6～21	36～75
铸　铁	<190	21～36	66～150
	190～260	9～18	45～90
	260～320	4.5～10	21～30

4.3　数控铣床编程基本方法

4.3.1　数控铣床的编程特点

数控铣床主要采用铣削的方式切除零件表面的加工余量,获得零件所需的尺寸、形状和表面粗糙度。在数控铣床上加工零件时,通常刀具旋转而工件相对于刀具作 X,Y,Z 轴移动。主要用于零件内、外轮廓及平面、曲面的铣削、钻孔和曲线沟槽等。其特点如下：

① 加工多维复杂的曲线、曲面，须根据曲面的类型特点来确定刀具的类型及进给路线。

② 在设置工件坐标系时要正确选择程序原点的位置。在确定程序原点的位置时，不仅要便于对刀测量，而且要便于编程计算，必要时可以采用多程序原点编程。

③ 用立铣刀加工零件内、外轮廓表面时，为减少编程计算及控制零件加工符合尺寸公差要求，常使用刀具半径补偿功能。

④ 轮廓加工时，应使刀具沿零件轮廓的切向切入与切向切出，及选择顺铣还是逆铣加工。

⑤ 为避免刀具在下刀时与零件或夹具发生干涉或碰撞，要处理好安全高度与进给高度的 Z 轴位置。

⑥ 为简化编程，数控系统提供了各种孔加工的固定循环功能、子程序及宏子程序编程功能、镜像和缩放等编程功能，在编程时应充分利用，以提高编程效率。

4.3.2　数控铣床的坐标系

1. 机床坐标系

见第 2 章 2.2 节。

2. 机床零点与机床坐标系的建立

见第 2 章 2.2 节。

3. 工件坐标系与加工坐标系

见第 2 章 2.2 节。

4.3.3　常用辅助功能

辅助功能 M 代码主要用于控制数控铣床各种辅助动作及开关状态，如主轴正、反转，切削液的开、停和程序结束等。FANUC 系统常用 M 代码功能见表 4 - 3。

（1）程序停止指令 M00

当 CNC 执行 M00 指令时，机床的主轴停转、进给停止、冷却液关闭、程序停止。若欲继续执行后续程序，只需重按操作面板上的"循环启动"键即可。主要用于零件在加工过程中需要停机检查、测量零件或工件调头等。

表 4-3 FANUC 系统常用 M 代码功能

M 代码	意 义	M 代码	意 义
M00	程序停止	M11	松开
M01	程序选择停止	M20	空气开
M02	程序结束	M21	X 轴镜像
M03	主轴正转	M22	Y 轴镜像
M04	主轴反转	M23	镜像取消
M05	主轴停止	M30	程序结束并返回程序开头
M06	自动换刀	M32	尾顶尖进给
M08	冷却液开	M33	尾顶尖后退
M09	冷却液关	M98	调用子程序
M10	夹紧	M99	子程序结束

（2）程序选择停止指令 M01

与 M00 相似。所不同的是，必须在操作面板上预先按下"任选停止"按钮，当执行完 M01 程序段后，程序停止；如不按下"任选停止"按钮，M01 无效。主要用于加工零件的抽样检查、清理切屑等。

（3）程序结束指令 M02

用在主程序的最后一个程序段，表示程序结束。当 CNC 执行到 M02 指令时，机床的主轴、进给及冷却液全部停止。使用 M02 的程序结束后，若要重新执行该程序就必须重新调用该程序。

（4）主轴控制指令 M03，M04 和 M05

M03 为主轴正转，M04 为主轴反转，M05 为主轴停止。顺时针方向旋转为正转，逆时针方向旋转为反转。

（5）自动换刀指令 M06

用于具有刀库的数控铣床或加工中心的换刀。常与刀具功能 T 指令一起使用，如 M06 T0202。

（6）冷却液开关指令 M08，M09

M08 为冷却液开；M09 为冷却液关。其中 M09 为默认功能。

（7）程序结束并返回到程序开头指令 M30

与 M02 功能基本相同，只是 M30 指令还兼有控制返回到零件程序开头的作用。若要重新执行该程序，只需再次按操作面板上的"循环启动"键即可。

在一个程序段中只能指令一个 M 代码，若在一个程序段中同时两个或两个以上的 M 代码，则最后一个 M 代码有效。

4.3.4　进给功能 F、主轴转速功能 S 和刀具功能 T

见第 2 章 2.3.2 小节。

4.3.5　常用 G 指令功能

准备功能 G 指令主要用于建立坐标平面、坐标系选择、刀具与零件相对运动轨迹(插补功能)以及刀具补偿等多种加工操作方式。FANUC-0i 系统常用 G 代码功能如表 4-4 所列。

表 4-4　FANUC-0i 系统常用 G 代码功能表

代　码	功　　能	组　号	代　码	功　　能	组　号
▼ G00	点定位 *	01	G59	工件坐标系 6 选择 *	14
▼ G01	直线插补 *	01	G65	宏程序调用	00
G02	顺时针圆弧插补 *	01	G66	宏程序模态调用 *	12
G03	逆时针圆弧插补 *	01	▼ G67	宏程序模态调用取消 *	12
G04	暂停	00	G68	旋转变换 *	16
▼ G17	XY 平面选择 *	02	▼ G69	旋转取消 *	16
▼ G18	ZX 平面选择 *	02	G73	深孔钻削循环 *	09
▼ G19	YZ 平面选择 *	02	G74	攻螺纹(左旋)循环 *	09
G20	英制输入 *	06	G76	精镗循环 *	09
G21	米制输入 *	06	▼ G80	固定循环取消 *	09
G28	返回参考点	00	G81	定心钻循环 *	09
G29	从参考点返回	00	G82	带停顿的钻削循环 *	09
▼ G40	取消刀具半径补偿 *	07	G83	深孔钻(排屑)循环 *	09
G41	刀具半径左补偿 *	07	G84	攻螺纹(右旋)循环 *	09
G42	刀具半径右补偿 *	07	G85	镗孔循环 *	09
G43	刀具长度正向补偿 *	08	G86	镗孔循环 *	09
G44	刀具长度负向补偿 *	08	G87	反镗循环 *	09
▼ G49	取消刀具长度补偿 *	08	G88	镗孔循环 *	09
▼ G50	比例缩放取消 *	11	G89	镗孔循环 *	09
G51	比例缩放建立 *	11	▼ G90	绝对值编程 *	03
▼ G50.1	可编程镜像取消 *	22	G91	增量值编程 *	03
G51.1	可编程镜像建立 *	22	G92	工件坐标系设定 *	00

续表 4 - 4

代码	功 能	组号	代码	功 能	组号
G52	局部坐标系设定	00	▼ G94	每分钟进给 *	05
G53	直接机床坐标系编程	00	▼ G95	每转进给 *	05
▼ G54	工件坐标系 1 选择 *	14	▼ G98	固定循环返回到起始点 *	10
G55	工件坐标系 2 选择 *	14	G99	固定循环返回到 R 点 *	10
G56	工件坐标系 3 选择 *	14			
G57	工件坐标系 4 选择 *	14			
G58	工件坐标系 5 选择 *	14			

注:带 * 号的为模态指令,不带 * 号的为非模态指令;模态 G 代码的状态在表 4-4 中用 ▼ 表示。

1. 尺寸单位选择指令 G20,G21,G22

格式:G20

　　　　G21

　　　　G22

其中:G20 为英制输入,G21 为米制输入,G22 为脉冲当量输入,默认时采用公制。3 种制式下线性轴和旋转轴的尺寸单位见表 4-5。

G20,G21,G22 必须在程序开头坐标系设定前有单独的程序段指令,一经指定不允许在程序中途切换。

表 4-5　尺寸输入制式及单位

指　令	线 性 轴	旋 转 轴
G20(英制)	英寸	度
G21(米制)	毫米	度
G22(脉冲当量)	脉冲当量	脉冲当量

2. 坐标系设定指令

(1)工件坐标系设定指令 G92

格式:G92　X＿＿＿　Y＿＿＿　Z＿＿＿

式中 X,Y,Z 为起刀点相对于零件原点的距离。G92 指令一般放在程序的第一段,并不驱使机床刀具或工作台运动。数控系统通过 G92 指令来确定刀具起点(对刀点)相对于坐标原点(编程起点)的相对位置建立起工件坐标系。一旦建立,后续的绝对值指令坐标位置都是此工件坐标系中的坐标值。如要建立图 4-8 所示工件的坐标系,使用 G92 设定坐标系的程序为 G92 X20 Y10 Z10。

通过 G92 建立的工件坐标系与刀具的当前位置有关,用于多品种小批量生产情况。在成批量生产中,为避免刀具位置误差影响加工坐标系位置精度,通常不采用 G92 建立工件坐标系,而是使用一些稳定的坐标系,如 G54~G59 工件坐标系。

(2)工件坐标系选择指令 G54~G59

格式:G54

G55

G56

G57

G58

G59

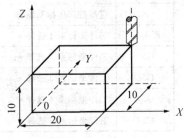

图 4-8　设定工件坐标系

G54~G59 是系统预定的 6 个工件坐标系,可根据需要任意选用。这 6 个预定工件坐标系的原点在机床坐标系中的值(零件零点偏置值)可用 MDI 方式输入,系统自动记忆。工件坐标系一旦选定,后续程序段中绝对值编程时的指令值均为相对于此工件坐标系原点的值。采用 G54~G59 选择工件坐标系方式如图 4-9 所示。

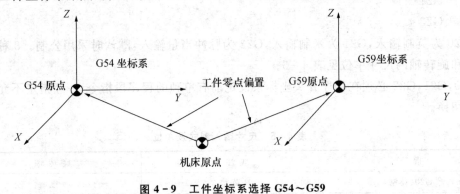

图 4-9　工件坐标系选择 G54~G59

在图 4-10 所示坐标系中,要求刀具从当前点移动到 A 点,再从 A 点移动到 B 点。程序如下:

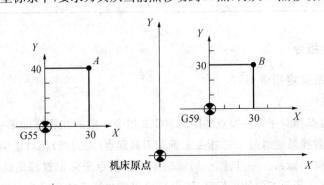

图 4-10　G54~G59 应用

```
O0005                              程序名
N10   G55 G90 G00 X30 Y40         在 G55 坐标中快速定位至 X30 Y40 点
N20   G59                          在 G59 坐标中
N30   G00 X30 Y30                  快速定位至 G59 坐标中的 X30 Y30 点
N40   M30                          程序结束
```

注意：在使用 G54～G59 前，应先用 MDI 方式输入各坐标系的坐标原点在机床坐标系中的坐标值。用于多品种大批量生产情况。

G92，G54～G59 均为模态指令，机床通电后，系统默认 G54。

（3）局部坐标系设定指令 G52

格式：G52　X＿＿＿　Y＿＿＿　Z＿＿＿

式中 X,Y,Z 是局部坐标系原点在当前零件坐标系中的坐标值。G52 指令可在零件坐标系（G92，G54～G59）中设定局部坐标系。设定局部坐标系后，零件坐标系和机床坐标系保持不变。局部坐标系建立后，采用 G90 编程的移动指令就是在该局部坐标系中的坐标值。G52 指令为非模态指令，只在本程序段中有效。

在缩放及旋转功能下不能使用 G52 指令，但在 G52 下能进行缩放及坐标系旋转。

3. 刀具半径补偿指令 G40，G41，G42

当使用半径为 R 的圆柱铣刀加工零件轮廓时，刀具中心的运动轨迹并不与零件的轮廓重合，而是偏离零件轮廓一个刀具半径 R 的距离。若数控装置不具备刀具半径补偿功能，编程人员只能按刀具中心轨迹编程，其数值计算相当复杂。尤其是刀具磨损、重磨、更换新刀而导致刀具直径变化时，必须重新计算刀具中心轨迹，对原有程序进行修改后才能继续加工。数控机床配备刀具半径补偿功能，编程人员在编程时就可以直接按零件轮廓编程，而将计算刀具中心轨迹的任务交由数控系统去处理。现代数控系统都配备了刀具半径补偿功能，可以根据零件轮廓及刀具补偿值自动计算出刀具中心的运动轨迹。

格式：

$$
\begin{Bmatrix} G17 \\ G18 \\ G19 \end{Bmatrix}
\begin{Bmatrix} G00 \\ G01 \end{Bmatrix}
\begin{Bmatrix} G41 \\ G42 \end{Bmatrix}
\quad X\_\_\_\_ \ Y\_\_\_\_ \ D(或 H)\_\_\_\_
$$

$$
\begin{Bmatrix} G00 \\ G01 \end{Bmatrix}
\quad G40 \quad X\_\_\_\_ \quad Y\_\_\_\_
$$

式中：G41 为刀具半径左补偿，沿编程轨迹前进方向看，刀具中心轨迹始终在编程轨迹的左边，如图 4-11(a)所示；G42 为刀具半径右补偿，沿编程轨迹前进方向看，刀具中心 轨迹始终在编程轨迹的右边，如图 4-11(b)所示；X,Y 为建立补偿直线段的终点坐标(G41，G42)或撤销补偿直线段的终点坐标(G40);D(或 H)为刀具半径的存储器地址,后面一般用两位数字表示代号,代号与刀具半径值对应,刀具的半径值需预先用手工输入;G40 为刀具半径补偿撤销;G40,G41,G42 为模态指令,可相互注销。

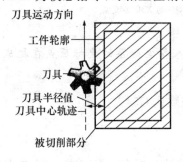

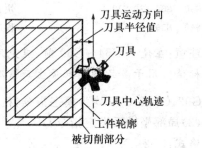

(a) 刀具半径左补偿　　　　　　　　　　　(b) 刀具半径右补偿

图 4-11　刀具半径补偿

刀具半径补偿功能的应用特点:可以直接按零件实际轮廓形状和尺寸进行编程,而加工中使刀具中心自动偏离零件轮廓一个刀具半径,这样可加工出符合要求的轮廓表面;通过改变刀具半径补偿量的方法来弥补铣刀制造的尺寸精度误差,扩大刀具直径选用范围和刀具返修刃磨的允许误差;用同一个加工程序,对零件轮廓进行粗、精加工,如图 4-12 所示。当按零件轮廓编程以后,在粗加工零件时可以把偏置量设为 $r+\Delta$,其中 r 为铣刀半径,Δ 为精加工所留余量,加工完后再把偏置量设为 r,然后再进行精加工;改变刀具半径补偿值的正负号,可以用同一加工程序加工某些需要相互配合的零件,如相互配合的凹凸模等。

注意:刀具半径补偿平面的切换,必须在补偿取消方式下进行;刀具半径补偿的建立与取消只能用 G00 或 G01 指令,不能用 G02 或 G03。

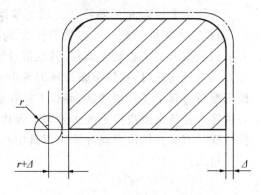

图 4-12　刀具半径补偿应用

【例 4-1】编制图 4-13 所示零件的加工程序。

程序如表 4-6 所列。

表 4-6　刀具半径补偿编程

不考虑刀具半径补偿程序	考虑刀具半径补偿程序
G90 M03 S800 T0101	G90 M03 S800 T0101
G00 X0 Y0	G00 X0 Y0

续表 4 - 6

不考虑刀具半径补偿程序	考虑刀具半径补偿程序
G01 X30 Y20 F100	G01 G42 D01 X30 Y20 F100
X100	X100
Y80	Y80
X30	X30
Y20	Y20
G00 X0 Y0	G00 G40 X0 Y0
M30	M30

4. 刀具长度补偿指令 G43,G44,G49

刀具长度补偿一般用于刀具轴向(Z 方向)的补偿,它使刀具在 Z 方向上的实际位移量比程序给定值增加或减少一个偏置量,这样当刀具在长度方向的尺寸发生变化时,可以在不改变程序的情况下,通过改变偏置量,使刀具到达程序中给定的 Z 轴深度位置。

如图 4 - 14 所示的钻孔,图 4 - 14(a)表示用标准长度的钻头钻孔,钻头快速下降 L_1 后切削进给下降 L_2,钻出要求的孔深;图 4 - 14(b)表示钻头经刃磨后长度方向上尺寸减少了 ΔL,如仍按原程序运行而未对刀具的磨损进行补偿,则钻孔深度也将减少 ΔL。要改变这一状况,靠改变原程序是非常麻烦的,而使用刀具长度补偿功能则可以通过修改刀具长度补偿值的方法加以解决。图 4 - 14(c)表示修改长度补偿值后,使钻头快速下降的深度为 $L_1+\Delta L$,钻孔时就可以使刀具加工到图样上给定的钻孔深度了。

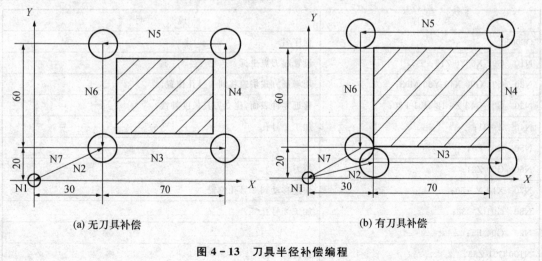

(a) 无刀具补偿　　　　　　　　　　　　　　(b) 有刀具补偿

图 4 - 13　刀具半径补偿编程

格式：

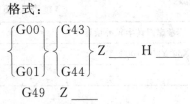

$$\begin{Bmatrix} G00 \\ G01 \end{Bmatrix} \begin{Bmatrix} G43 \\ G44 \end{Bmatrix} Z \underline{\quad} H \underline{\quad}$$

G49　Z＿＿＿

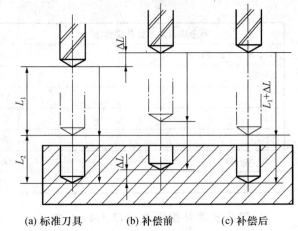

(a) 标准刀具　　　(b) 补偿前　　　(c) 补偿后

图 4-14　刀具长度补偿

式中：G43 为刀具长度正补偿，刀具沿正方向偏移；G44 为刀具长度负补偿，刀具沿负方向偏移；Z 为终点坐标值；H 为刀具长度偏移量的存储器地址；G49（或 H00）为撤销刀具长度补偿。

执行程序前在 MDI 方式下输入刀具长度补偿值。编程时不考虑刀具的长短，只按假设的标准刀具长度编程，实际所用刀具长度与标准刀具长度不同时则用长度补偿功能进行补偿。使用 G43，G44 时，不管用 G90 还是 G91 编程，Z 轴的移动值都要与 H 指令的存储器地址中的偏移量进行运算。G43 时两者相加，G44 时两者相减。然后把运算结果作为 Z 轴的终点坐标值进行刀具偏移。G43，G44，G49 为模态指令，可相互注销。

【**例 4-2**】　编制如图 4-15 所示零件的加工程序。其中 H01＝4 mm。

解：预先用 MDI 方式将"刀具表"设置为 01 号刀补，程序见表 4-7。

表 4-7　刀具长度补偿编程

程　　序	说　　明
O0001	程序名
N10　G92 X0 Y0 Z15；	设置起刀点坐标
N20　G91 G00 X40 Y80 M03；	用增量方式快速移到 1 号孔位置
N30　G01 G43 Z-12 H01 F80；	移近零件表面，建立刀具长度补偿
N40　Z-21；	加工 1 号孔
N50　G04 P5；	
N60　G00 Z21；	抬刀
N70　X10 Y-50；	快速移动到 2 号孔位置
N80　G01 Z-33；	加工 2 号孔
N90　G04 P5；	
N100 G01 Z33；	抬刀
N110 X30 Y30；	快速移动到 3 号孔位置

程　序	说　明
N120 Z-25;	加工 3 号孔
N130 G04 P5;	
N140 G00 Z40;	抬刀
N150 X-80 Y-60;	快速返回起刀点
N160 M05;	
N170 M30;	

5. 回参考点控制指令

（1）自动返回参考点指令 G28

格式：G28　X____　Y____　Z____

式中：X,Y,Z 是回参考点时经过的中间点（非参考点）坐标。

G28 指令首先使所有的坐标轴都快速定位到中间点，然后再从中间点返回到参考点。一般用于刀具自动更换或者消除机械误差，在执行该指令之前，应取消刀具补偿。在 G28 的程序段中不仅产生坐标轴移动指令，而且记忆了中间点坐标值，以供 G29 使用。

电源接通后，在没有手动返回参考点的状态下指定 G28 时；从中间点自动返回参考点与手动返回参考点相同。这时从中间点到参考点的方向，就是机床参数"回参考点方向"设定的方向。G28 指令仅在其被规定的程序段中有效。

（2）自动从参考点返回指令 G29

格式：G29　X____　Y____　Z____

式中：X,Y,Z 是返回的定位终点坐标。

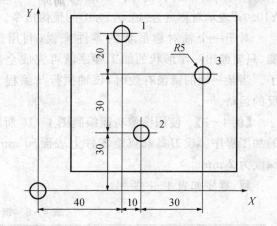

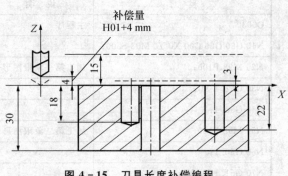

图 4-15　刀具长度补偿编程

G29 可使所有编程轴以快速进给经过由 G28 指令定义的中间点，然后再到达指定点。通常该指令紧跟在 G28 指令之后。G29 指令仅在其被规定的程序段中有效。

6.简化编程指令

(1)镜像功能指令 G51.1,G50.1

格式:

G51.1　X____　Y____

M98　　P____

G50.1　X____　Y____

式中:G51.1 为建立镜像;M98 为调用子程序(见子程序);G50.1 为取消镜像;X,Y 为镜像轴。

当 G51.1 指令后仅有一个坐标字时,该镜像是以某一坐标轴为镜像轴。如指令"G51.1 X10.0;",表示 Y 轴镜像,对称轴在 $X = 10.0$ 的位置。

当 G51.1 指令后有两个坐标字时,该镜像是以某一点作为对称点进行镜像。如指令"G51.1　X10.0 Y10.0;"表示对称点为(10.0,10.0)的镜像指令。

对于一个轴对称形状的零件来说,利用这一功能,只要编出一半形状的加工程序就可完成全部加工了。当某一轴的镜像有效时,该轴执行与编程方向相反的运动。

【例4-3】 使用镜像功能编制图4-16所示轮廓的加工程序。设刀具起点距零件上表面50 mm,切削深度为2 mm。

解:程序如表4-8所列。

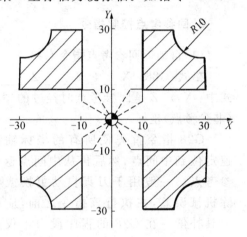

图 4-16　镜像功能编程

表 4-8　镜像功能编程

程　序	说　明	程　序	说　明
O0030	主程序	O100	子程序名
N10 G90 G55 G00 X0 Y0 M03 S500;		N10 G41 G00 X10 Y4 D01;	
N20 M98 P100;	加工第一象限图形	N20 Z-2;	
N30 G51.1 X0;		N30 G01 Y30;	
N40 G50.1;		N40 X20;	
N50 M98 P100;	加工第二象限图形	N50 G03 X30 Y20 I10 J0;	
N60 G50.1;		N60 G01 Y10;	
N70 G51.1 X0 Y0;		N70 X5;	
N80 M98 P100;	加工第三象限图形	N80 G40 G00 X0 Y0;	
N90 G50.1;		N90 Z50;	

续表 4 - 8

程　序	说　明	程　序	说　明
N100 G51.1 Y0;		N100 M99;	
N110 M98 P100;			
N120 G50.1;	加工第四象限图形		
N130 M05;			
N140 M30;			

（2）缩放功能指令 G50,G51

格式：

G51　X ＿＿＿ Y ＿＿＿ Z ＿＿＿ P ＿＿＿

M98　P ＿＿＿

G50

式中：G51 为建立缩放；G50 为取消缩放；X,Y,Z 为缩放中心的坐标，默认为工件原点；P 为缩放倍数，小于 1 时为缩小，大于 1 时为放大。

　　G51 既可指定平面缩放也可指定空间缩放。使用 G51 指令可用一个程序加工出形状相同、尺寸不同的零件。在 G51 后运动指令的坐标值以 X,Y,Z 为缩放中心，按 P 规定的缩放比例进行计算。在有刀具补偿的情况下，先进行缩放，然后再进行刀具半径补偿和刀具长度补偿。G51,G50 为模态指令，可相互注销，G50 为默认值。

　　【例 4-4】　用缩放功能编制图 4-17 所示轮廓的加工程序。

　　解：程序见表 4-9 所列。

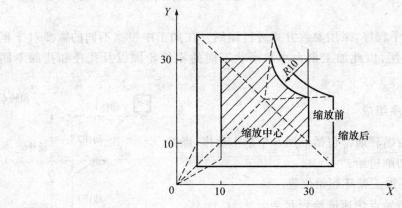

图 4 - 17　缩放功能编程

表 4-9 缩放功能编程

程　序	说　明	程　序	说　明
O0020	主程序	O200	子程序
N10 G92 X0 Y0 Z50		N10 G41 G00 X10 Y4 D01	
N20 G90 G00 Z5 M03 S800		N20 G01 Y30	
N30 G01 Z-10 F80		N30 X20	
N40 M98 P200		N40 G03 X30 Y20 I10 J0	
N50 G01 Z-20		N50 G01 Y10	
N60 G51 X15 Y15 P2	缩放中心(15,15),放大2倍	N60 X5	
N70 M98 P200		N70 G40 G00 X0 Y0	
N80 G50		N80 M99	
N90 G00 Z50			
N100 M05			
N110 M30			

4.3.6　固定循环指令

数控加工中,某些加工动作已经典型化,例如钻孔、镗孔的动作顺序是孔位平面定位、快速引进、工作进给、快速退回等,这一系列动作已经预先编好程序,存储在内存中,可用包含 G 代码的一个程序调用,从而简化了编程工作,这种包含了典型动作循环的 G 代码称为循环指令。

固定循环功能是一种子程序,采用参数方式进行编制。在加工中根据不同的需要对子程序中设定的参数赋值并调用,以此加工出大小和形状不同的零件轮廓以及孔径和孔深不同的孔。

1. 固定循环的动作顺序组成

如图 4-18 所示,固定循环通常包括下列 6 个基本动作,虚线表示快速进给,实线表示切削进给。

① 刀具快速定位到孔加工循环起始位置。

② 刀具沿 Z 方向自初始点快速进给到 R 点。

③ 孔加工。以切削进给的方式执行孔加工的动作,如钻孔、镗孔和攻螺纹等。

④ 在孔底做需要的动作,如暂停、主轴准停和刀具偏移等。

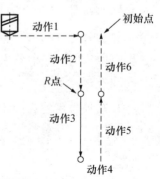

图 4-18　固定循环动作

⑤ 刀具快速返回到 R 点。

⑥ 刀具快速返回到初始点。

在固定循环动作中涉及 3 个平面：

(1)初始平面

初始平面是为安全下刀而规定的一个平面。初始平面到零件表面的距离可以在安全高度的范围内任意设定。当使用同一把刀具加工若干孔时，只有孔间存在障碍需要跳跃或全部孔加工结束时才使用 G98 返回到初始平面上的初始点。

(2) R 点平面

R 点平面又称 R 参考平面。这个平面是刀具下刀时从快进转为工进的高度平面，确定其距零件表面的距离主要考虑工件表面尺寸的变化，一般可取 2～5 mm。使用 G99 时刀具将返回到该平面上的 R 点。

(3)孔底平面

Z 表示孔底平面的位置。加工通孔时刀具伸出零件孔底平面一段距离，钻削盲孔时应考虑钻头钻尖对孔深的影响。

2. 固定循环编程格式

$$\begin{Bmatrix} G90 \\ G91 \end{Bmatrix} \begin{Bmatrix} G98 \\ G99 \end{Bmatrix} G\_\_\_\_ X\_\_\_\_ Y\_\_\_\_ Z\_\_\_\_ R\_\_\_\_ Q\_\_\_\_ P\_\_\_\_ F\_\_\_\_ K\_\_\_\_$$

式中：G98 为返回初始平面，为默认方式；G99 为返回 R 点平面；G 为固定循环代码 G73,G74, G76 和 G81～G89(孔加工方式)之一；X,Y 为孔的位置坐标；R 为 R 点的绝对坐标(G90)或 R 点相对初始点的增量坐标(G91)，R 点所在平面是刀具下刀时自快速进给转为切削进给的高度平面，一般可取离工件表面 2～5 mm；Z 为孔底的绝对坐标(G90)或孔底相对 R 点的增量坐标(G91)；Q 为每次进给深度(G73/G83)或刀具的偏移量(G76/G87)；P 为刀具在孔底的暂停时间，用整数表示，单位 ms；F 为切削进给速度；K 为固定循环的重复次数，若不指定 K 则只进行一次循环，若 $K=0$ 则(孔加工数据存入)机床不进行孔加工。

当孔加工方式建立后，一直有效，而不需要在执行相同孔加工的每一个程序段中指定，直到被新的孔加工方式所更换或被撤销。

固定循环由 G80 或 a 组 G 代码撤销。

3. 几种常用的孔加工固定循环

G73,G74,G76 与 G80～G89 为孔加工方式指令，对应的固定循环功能见表 4－10。

表 4 - 10　固定循环功能

G 指令	加工动作（Z 向）	在孔底部的动作	回退动作（Z 向）	用　途
G73	间歇进给		快速进给	高速深孔加工循环
G74	切削进给（主轴反转）	主轴正转	切削进给	攻左旋螺纹固定循环
G76	切削进给	主轴定向停止	快速进给	精镗固定循环
G80				固定循环取消
G81	切削进给		快速进给	钻削固定循环
G82	切削进给	暂停	快速进给	钻削固定循环、沉孔
G83	间歇进给		快速进给	深孔钻固定循环
G84	切削进给（主轴正转）	主轴反转	切削进给	攻右旋螺纹固定循环
G85	切削进给		切削进给	镗削固定循环
G86	切削进给	主轴停止	切削进给	镗削固定循环
G87	切削进给	主轴停止	手动或快速	反镗削固定循环
G88	切削进给	暂停、主轴停止	手动或快速	镗循环
G89	切削进给	暂停	切削进给	镗循环

（1）钻孔循环指令 G81 与锪孔循环指令 G82

格式：

$$\left.\begin{array}{l}G90\\G91\end{array}\right\}\left\{\begin{array}{l}G98\\G99\end{array}\right\}\begin{array}{l}G81\ X\_\_\_\ Y\_\_\_\ Z\_\_\_\ R\_\_\_\ F\_\_\_\\G82\ X\_\_\_\ Y\_\_\_\ Z\_\_\_\ R\_\_\_\ P\_\_\_\ F\_\_\_\end{array}$$

加工动作如图 4 - 19 所示。G81 用于一般的钻孔或钻中心孔，G82 与 G81 相比，唯一不同是在孔底增加了暂停（延时），适于锪孔或镗阶梯孔，以得到平整的孔底表面。暂停时间由 P 指定，单位为 ms，不使用小数点。

【例 4 - 5】　加工如图 4 - 20 所示的 4 个孔。孔深为 10 mm。

解：程序见表 4 - 11。

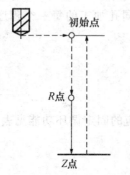

图 4 - 19　钻孔循环与锪孔循环

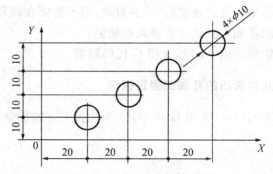

图 4 - 20　钻孔循环编程

表 4 - 11　钻孔循环编程

O0030
N10 G90 G92 X0 Y0 Z150;
N20 M03 S500;
N30 G00 Z20;
N40 G91 G99 G81 X20 Y10 Z - 13 R - 17 L4 F80;
N50 G80;
N60 G90 G00 X0 Y0 Z150;
N70 M05;
N80 M02;

(2)高速深孔加工循环指令 G73

格式:

$$\begin{Bmatrix} G90 \\ G91 \end{Bmatrix} \begin{Bmatrix} G98 \\ G99 \end{Bmatrix} \quad G73 \quad X\_\_\_ \quad Y\_\_\_ \quad Z\_\_\_ \quad R\_\_\_ \quad Q\_\_\_ \quad F\_\_\_$$

G73 用于 Z 轴的间歇进给,使深孔加工时容易排屑,减少退刀量,可以进行高效率的加工。加工动作如图 4 - 21 所示。Q 为每次钻孔深度,退刀距离 d 由系统参数设定。

(3)深孔钻循环指令 G83

格式:

$$\begin{Bmatrix} G90 \\ G91 \end{Bmatrix} \begin{Bmatrix} G98 \\ G99 \end{Bmatrix} \quad G83 \quad X\_\_\_ \quad Y\_\_\_ \quad Z\_\_\_ \quad R\_\_\_ \quad Q\_\_\_ \quad F\_\_\_$$

加工动作如图 4 - 22 所示。G83 与 G73 略有不同,每次刀具间歇进给后回退至 R 点平面,排屑更畅通。d 表示刀具间断进给时,每次下降由快进转为切削进给的那一点与前一次切削进给下降的点之间的距离,由数控系统内部设定。G83 适宜加工深孔。

(4)攻左旋螺纹循环指令 G74 与攻右旋螺纹循环指令 G84

格式:

$$\begin{Bmatrix} G90 \\ G91 \end{Bmatrix} \begin{Bmatrix} G98 \\ G99 \end{Bmatrix} \begin{Bmatrix} G74 \\ G84 \end{Bmatrix} \quad X\_\_\_ \quad Y\_\_\_ \quad Z\_\_\_ \quad R\_\_\_ \quad F\_\_\_$$

加工动作如图 4 - 23 和图 4 - 24 所示。使用 G74 指令,主轴左旋攻螺纹,至孔底后正转返回到 R 点平面,主轴恢复反转;使用 G84

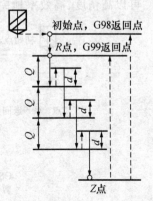

图 4 - 21　高速深孔加工循环

指令,主轴右旋攻螺纹,至孔底后反转返回到 R 点平面,主轴恢复正转。F 根据主轴转速与螺纹导程计算,在攻螺纹时进给倍率、进给保持均不起作用。R 选在距零件表面 7 mm 以上的位置,以保证足够的升速距离。

（5）精镗循环指令 G76

格式:

$$\begin{Bmatrix} G90 \\ G91 \end{Bmatrix} \begin{Bmatrix} G98 \\ G99 \end{Bmatrix} \quad G76 \quad X\_\_\_ \quad Y\_\_\_ \quad Z\_\_\_ \quad R\_\_\_ \quad Q\_\_\_ \quad P\_\_\_ \quad F\_\_\_$$

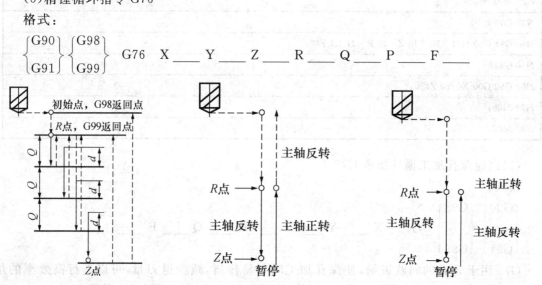

图 4-22　深孔钻循环　　　　　图 4-23　攻左旋螺纹循环　　　　图 4-24　攻右旋螺纹循环

加工动作如图 4-25 所示,图中 OSS 表示主轴准停,Q 表示刀具偏移量(规定为正值,若使用了负值则负号被忽略)。机床执行 G76 时,刀具从初始点移至 R 点,并开始进行精镗切削,直至孔底主轴停止,向刀尖反方向移动(偏移一个 Q 值),然后快速退刀,刀具复位,Q 值总是为正值,若使用负值,负号将被忽略,刀头的偏移量在 G76 指令中设定。采用这种镗孔方式可以高精度、高效率地完成孔加工而不损伤零件表面。

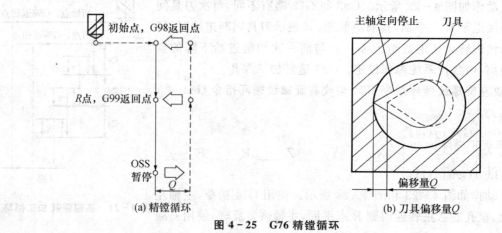

(a) 精镗循环　　　　　　　　　　　　(b) 刀具偏移量Q

图 4-25　G76 精镗循环

（6）固定循环取消指令 G80

格式：G80

该指令能取消固定循环，同时 R 点和 Z 点也被取消。

使用固定循环时应注意：在固定循环指令前应使用 M03 或 M04 指令使主轴旋转；在固定循环程序段中，X,Y,Z,R 应至少指定一个才能进行孔加工；在使用控制主轴回转的固定循环（G74，G84，G86）中，如果连续加工一些孔间距比较小，或初始平面到 R 点平面的距离比较短的孔时，会出现在进入孔的切削动作前，主轴还没有达到正常转速的情况。遇到这种情况时，应在各孔的加工动作之间插入 G04 指令，以获得足够时间等待主轴转速达到正常值；当用 G00～G03 指令注销固定循环时，若 G00～G03 指令和固定循环出现在同一程序段，则按后出现的指令运行；在固定循环程序段中，如果指定了 M，则在最初定位时送出 M 信号，等待 M 信号完成后，才能进行孔加工循环。

4.3.7　子程序

在数控加工程序的编制过程中，有些加工的内容完全相同或相似，为了简化程序可以把这些重复的程序段单独列出，并按一定的格式编写成子程序，存储在 CNC 系统中。主程序在执行过程中如果需要某一子程序，则可通过调用指令来调用该子程序，子程序执行完后又返回到主程序，继续执行后面的程序段。一般一个子程序还可以调用另一个子程序，嵌套深度为 2 级。子程序嵌套情况如图 4－26 所示。

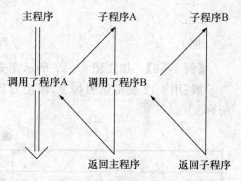

图 4－26　子程序嵌套

1. 子程序的格式

格式：O××××

　　　…

　　　M99；

式中：O×××× 为子程序号。由 4 位数字组成，输入时数字前的 0 可以省略。M99 为子程序结束并返回到调用子程序的主程序中。

2. 调用子程序 M98

格式：M98 P＿＿＿ L＿＿＿；

式中：P 为被调用的子程序号；L 为重复调用子程序的次数，如果省略则调用 1 次，最多可重复调用 999 次。

例如,M98 P0010L10 表示调用程序名为 0010 的子程序 10 次;M98 P0010 表示调用程序名为 0010 的子程序 1 次。

主子程序调用的方法:

O×××	主程序
N10 ……;	
……	
……	
N100 M98 P1001 L2;	主程序主体
N110 ……;	
……	
……	
N200 M30;	主程序结束
O1001	子程序
……	
……	子程序主体
……	
M99;	子程序结束,返回主程序

【例 4-6】 加工图 4-27 所示完全相同的 3 个型腔。

解:用 φ12 键槽铣刀加工,使用刀具半径左补偿,背吃刀量为 3 mm。加工程序如表 4-12 所列。

表 4-12 调用子程序

程 序	说 明
O 1000	程序名
N10 G55 G90 G00 X−10 Y70 Z50	
N20 M03 S800	
N30 M98 P31001	调用 O 1001 子程序 3 次
N40 G90 G00 X10	快速返回到工件坐标系中的起刀点
N50 M30	
O 1001	第一级子程序
N10 G91 X60	刀具以增量快速向右移动 60 mm,分别在型腔①,②,③的中间定位
N20 Z−48	刀具以增量快速向下移动 48 mm,距上表面 2 mm
N30 G01 Z−2 F60	刀具以 60 mm/min 直线插补到上表面
N40 M98 P41002	调用 O 1002 子程序 4 次

程　　序	说　　明
N50 G00 Z77	刀具增量快速上升 77 mm
N60 M99	第一级子程序结束
O 1002	第二级子程序
N10 Z - 3	刀具以 60 mm/min 直线插补向下切削加工
N20 G41 X10 H002	引入刀具补偿，X 轴正向移动 10 mm
N30 X10	X 轴正向移动 10 mm
N40 Y30	Y 轴正向移动 30 mm
N50 G03 X10 Y10 R10	走右上角圆弧
N60 G01 X - 20	X 轴负向移动 20 mm
N70 G03 X - 10 Y - 10 R10	走左上角圆弧
N80 G01 Y - 60	Y 轴负向移动 60 mm
N90 G03 X10 Y - 10 R10	走左下角圆弧
N100 G01 X20	X 轴正向移动 20 mm
N110 G03 X10 Y10 R10	走右下角圆弧
N120 G01 Y40	Y 轴正向移动 40 mm
N130 X - 10	X 轴负向移动 10 mm
N140 G40 X - 10 Y - 10	取消刀具补偿
N150 M99	第二级子程序结束

4.3.8　宏程序

在编程工作中，经常把能完成某一功能的一系列指令像子程序一样存入存储器，用一个总指令作为代表，使用时只需写出这个总指令就能执行其功能。所存入的一系列指令称为用户宏主体，这个总指令称为用户宏指令。操作者只需会使用用户宏指令即可，而不必理会用户宏主体。宏功能主体既可由机床生产厂提供，也可由机床用户自己编制自动循环。当需要时，与子程序一样调用。

用户宏功能的特点是在用户宏主体中能

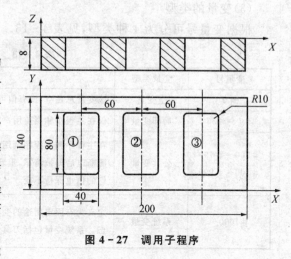

图 4 - 27　调用子程序

够使用变量;变量之间能够进行运算;可以用变量代替具体数值,在加工同一类零件时,只需将实际数值赋给变量,而不需要对每一个零件都编写程序,更具通用性;有利于编制各种复杂的零件加工程序,减少乃至免除手工编程时进行烦琐的数值计算,精简程序量。

1. 宏变量

在常规的主程序和子程序内,总是将一个具体的数值赋给一个地址。为了使程序更具通用性、更加灵活,在宏程序中设置了变量,即将变量赋给一个地址。

(1)变量的表示

变量可以用"#"号和紧跟其后的变量序号来表示:$\#i$($i=1,2,3,\cdots$),如#7,#100;也可用表达式表示变量:#[表达式],如#[#70]。

(2)变量的引用

将跟随在一个地址后的数值用一个变量来代替,即引入了变量。

例如:对于F[#105],若#105=100时,则为F100;

对于Z[#110],若#110=-50时,则为Z-50;

对于G[#130],若#130=3时,则为G03。

作为地址符的O,N,/等不能引用变量。如O#25,N#2都是错误的;用程序定义变量值时,可以省略小数点。没有小数点变量的数值单位为各地址字的最小设定单位。因此,传递没有小数点的变量,将会因机床的系统设置不同而发生变化。在宏程序调用中使用小数点可以提高程序的兼容性;被引用的变量值按各地址的最小设定单位进行四舍五入。如对于最小设定单位为0.001的CNC,当#1为12.345 6,若执行G00　X#1,相当于G00　X12.346;若要改变变量值的符号引用时,要在"#"符号前加上"-"号,如G00　X-#1。

(3)变量的类型

根据变量号可分为4种类型,见表4-13。

表4-13　变量类型

变量号	变量类型	功　　　能
#0	空变量	该变量总是空,没有值可以赋给
#1~#33	局部变量	仅在主程序和当前用户宏程序内有效,如运算的结果
#100~#199 #500~#999	公共变量	在主程序和主程序调用的各用户宏程序内公用的变量。变量#100~#199在电源断电后即被清零,重新开机时被设置为"0";变量#500~#999即使断电后,它们的值也保持不变
#1000~	系统变量	定义为有固定用途的变量,用于读和写CNC的各种数据。它的值决定系统的状态。系统变量包括刀具偏置变量、接口的输入/输出信号变量、位置信号变量等

2. 宏程序的调用

宏程序调用的方法有非模态代码调用(G65)、模态代码调用(G66,G67),用 G 代码调用宏程序和用 M 代码调用宏程序等。

(1)非模态代码调角(G65)

格式:G65 P____ L____〈自变量〉

式中:P 为调用的程序号;L 为重复的次数,次数为 1 时 L 可省略,范围 1~9999;自变量为给用户宏程序赋值的数据。

宏程序调用(G65)不同于子程序调用(G98):G65 可以指定自变量,M98 没有该功能;当 M98 程序段包含另一个 NC 指令时,在指令执行之后调用子程序,而 G65 无条件地调用宏程序;当 M98 程序段包含另一个 NC 指令时,在单程序段方式中,机床停止,而 G65 机床不停止;用 G65 可改变局部变量的级别;用 M98,不改变局部变量的级别。

(2)模态代码调用(G66)

格式:G66 P____ L____〈自变量〉

一旦发出 G66 则指定模态代码调用,即在指定轴移动的程序段后调用宏程序。与非模态代码调用(G65)相同,自变量指定给用户宏程序赋值的数据;指定 G67 代码后,其后面的程序段不再执行模态宏程序调用;调用可以嵌套 4 级,包括 G65 和 G66,但不包括 M98;在模态代码调用期间,指定另一个 G66 代码,可以嵌套模态代码调用。

注意:在 G66 程序段中,不能调用宏程序;G66 必须在自变量之前指定;局部变量(自变量)只能在 G66 程序段中指定;每次执行模态代码调用时,不再设定局部变量。

3. 算术和逻辑运算

宏程序运算指令类似于数学运算,包括算术运算指令、逻辑运算指令和函数运算指令。

(1)运算式的种类和使用

加减乘除见表 4-14。

数值处理见表 4-15。

三角函数见表 4-16。

其他函数见表 4-17。

逻辑运算见表 4-18。

表 4-14 加减乘除

运算种类	运算符	表达式
加法	+	$\#i = \#j + \#k$
减法	—	$\#i = \#j - \#k$
乘法	×	$\#i = \#j \times \#k$
除法	/	$\#i = \#j / \#k$

表 4-15　数值处理

运算种类	函数名	表达式
上取整	FIX	#i=FIX[#j]
下取整	FUP	#i FUP[#j]
四舍五入	ROUND	#i=ROUND[#j]
绝对值	ABS	#i=ABS[#j]

表 4-16　三角函数

运算种类	表达式	运算种类	表达式
正弦	#i=SIN[#j]	反余弦	#i=#ACOS[#j]
反正弦	#i=ASIN[#j]	正切	#i=TAN[#j]
余弦	#i=COS[#j]	反正切	#i=ATAN[#j]

表 4-17　其他函数

运算种类	函数名	表达式
平方根	SQRT	#i=SQRT[#j]
自然对数	LN	#i=LN[#j]
指数函数	EXP	#i=EXP[#j]

表 4-18　逻辑运算

功　能	函数名	表达式
逻辑或	0R	#i=#j0R#k
逻辑与	AND	#i=#jAND#k
逻辑异或	XOR	#i=#jXOR#k
十进制→二进制	BIN	#i=BIN[#j]
二进制→十进制	BCD	#i=BCD[#j]

（2）运算的优先级

宏程序数学运算的优先次序为：函数（SIN，COS，ATAN 等）→乘、除类运算（×，÷，AND 等）→加、减类运算（＋，一，OR，XOR 等）。

如 #1=#2+#3×SIN[#4] 的运算顺序为：函数 SIN[#4]→×#3→+#2。

（3）括号的嵌套

若要变更运算的优先顺序时，可使用括号。包括函数的括号在内，括号最多可用到 5 重，超过 5 重时则出现报警。如 #1=SIN[[[#2+#3]×#4+#5]×#6]。

（4）角度单位

在 FANUC 数控系统中,角度以度(°)为单位,如 10°30′表示成 10.5°。

4. 控制语句

(1)无条件转移(GOTO 语句)

格式:GOTO　n

式中:n 为顺序号;n 也可用表达式表示。执行此程序则无条件地转移到被指定的顺序号上,如 GOTO　100 或 GOTO　♯10。GOTO　N100 是错误的。

(2)条件转移语句(IF 语句)

格式:IF　［条件表达式］　GOTO　n

若条件表达式的条件得以满足,则执行程序中程序号为 n 的相应操作,程序段号 n 可由变量或表达式替代;若条件表达式的条件未满足,则顺序执行下一段程序。

如 IF　［♯1 GT 10］　GOTO　1 表示如果 ♯1 比 10 大就转移到顺序号 1,如果不大于 10(包括等于 10)就进入下一个程序段。

条件表达式必须包括运算符。运算符在两个变量之间或一个常量与一个变量之间,然后再用［ ］全部括起来。表达式可以替代变量。

运算符由 2 个英文字母构成,如 EQ(＝),NE(≠),GT(＞),GE(≥),LT(＜),LE(≤),用来判断大、小或相等。不能使用不等号。

(3)循环(WHILE 语句)

格式:WHILE　［条件表达式］　DO　m(m＝1,2,3)

　　　　　⋮

　　　END　m

若条件表达式的条件得以满足,则重复执行程序段 DO　m ~END　m 的之间的相应操作;若条件表达式的条件未满足,则执行 END　m 后的程序段。

WHILE　DO　m 和 END　m 必须成对使用。WHILE 语句中最多有 3 层嵌套。

```
WHILE　［条件表达式］　DO　1
  WHILE　［条件表达式］　DO　2
    WHILE　［条件表达式］　DO　3
    ⋮
    END　3
  END　2
END　1
```

若循环范围不重,识别号使用几次都可以。

$$\begin{cases} \text{WHILE} \quad [条件表达式] \quad \text{DO} \quad 1 \\ \quad \vdots \\ \text{END} \quad 1 \end{cases}$$

$\vdots$

$$\begin{cases} \text{WHILE} \quad [条件表达式] \quad \text{DO} \quad 1 \\ \quad \vdots \\ \text{END} \quad 1 \end{cases}$$

$\vdots$

5.编程举例

【例 4 - 7】　加工如图 4 - 28 所示椭圆槽，采用 $\phi 8$ 的键槽铣刀，分层铣削，每层切深为 1.5 mm，坐标原点 XY 设在椭圆中心，Z 向原点设在上表面。

解：程序见表 4 - 19。

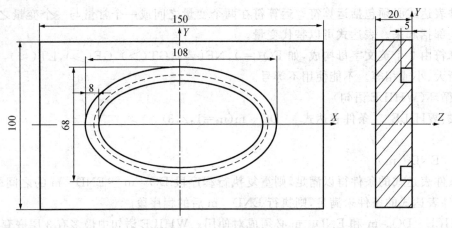

图 4 - 28　椭圆槽加工

表 4 - 19　椭圆槽加工程序

程　序	说　明
$\vdots$	
N10 ♯10＝5；	铣削深度为 5 mm
N15 ♯11＝－1.5；	每次铣削深度增量为 1.5 mm
N20 ♯12＝0；	圆弧插补移动角度初始值为 0
N25 ♯13＝0.5；	圆弧插补角位移增量为 0.5°
N30 G00 G90 G55 G17；	设置数控系统的初始值

程　序	说　明
N35 G43 H1 Z150;	刀具长度正向补偿量移到安全高度
N40 M03 S1500;	定义主轴转向、转速
N45 X50 Y0;	刀具移到椭圆长轴的右端
N50 Z10;	刀具下降到预定的工进位置
N55 ♯10 = ♯11;	第一次铣削深度为 1.5 mm
N60 WHILE［♯10 GE － 5］DO 1;	判断铣削深度,未达到 5 mm 进入循环
N65 G01 Z［♯10］F100;	刀具下降到指定铣削深度
N70 WHILE［♯12 LE 360］DO 2;	椭圆插补角度位置小于等于 360°,进入循环
N75 ♯14 = 50×COS［♯12］;	计算椭圆插补 X 轴的位置
N80 ♯15 = 30×SIN［♯12］;	计算椭圆插补 Y 轴的位置
N85 G01 X［♯14］Y［♯15］F150;	进行椭圆插补
N90 ♯12 = ♯12 ＋ ♯13;	椭圆插补位置角度
N95 END2;	结束 WHILE－D02 内循环
N100 ♯12 = 0;	再次定义椭圆插补移动角度初始值
N105 ♯10 = ♯10 ＋ ♯11;	定义铣削深度增量
N110 IF［♯10 EQ － 6］THEN ♯10 = － 5;	判断铣削深度,若等于 6 mm 则为 5 mm
N115 END1;	结束 WHILE－D01 外循环
N120 G00 Z150;	刀具升至安全高度
N125 M05;	主轴停转
N130 M30;	程序结束

4.4　数控铣削加工编程综合实例

【例 4 - 8】　如图 4 - 29 所示连杆,精铣其外形轮廓。

解:以连杆大端中心为坐标原点。选择 ϕ16 的立铣刀进行轮廓加工,设置安全高度为 20 mm。各基点坐标为 1(－82,0);2(0,0);3(－94,0);4(－83.17,11.94);5(－1.95,19.91); 6(20,0);7(－1.95,－19.91);8(－83.17,－11.94)。

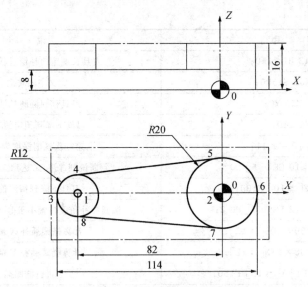

图 4 - 29　连杆轮廓加工

其程序见表 4 - 20。

表 4 - 20　连杆轮廓加工

程　序	说　明
O 0010	程序名
N10 G55 G90 X0 Y0;	设置程序原点
N15 Z20;	进刀至安全高度
N20 X36 Y0 S800 M03;	将刀具移出工件右端面一个刀具直径,起动主轴
N25 G01 Z8 F50;	进刀至 8 mm 高度处,铣第一个圆
N30 G42 D1 G02 X20 I - 8 J0 F150;	刀具半径右补偿,圆弧引入切向进刀点 6
N35 G03 X - 20 Y0 I - 20 J0;	圆弧插补铣半圆
N40 X20 Y0 I20 J0;	圆弧插补铣半圆
N45 G40 G02 X36 I8 J0;	圆弧引出切向退刀
N50 G00 Z20;	抬刀至安全高度
N55 X - 110 Y0;	将刀具移出工件左端面一个刀具直径
N60 G01 Z8 F50;	进刀至 8 mm 高度处,铣第二个圆
N65 G42 D1 G02 X - 94 Y0 I8 J0 F150;	刀具半径右补偿,圆弧引入切向进刀点 3
N70 G03 X - 70 I12 J0;	圆弧插补铣半圆
N75 X - 94 I - 12 J0;	圆弧插补铣半圆

程　　序	说　　明
N80 G40 G02 X−110 I−8 J0;	圆弧引出切向退刀
N85 G00 Z20;	抬刀至安全高度
N90 X36 Y0;	将刀具移出工件右端面一个刀具直径
N95 G01 Z−1 F30;	进刀至工件底面下的−1 mm 处,铣整个轮廓
N100 G42 D1 G02 X20 I−8 J0 F150;	刀具半径右补偿,圆弧引入切向进刀点 6
N105 G03 X−1.95 Y19.91 I−10 J0;	圆弧插补至点 5
N110 G01 X−83.17 Y11.94;	圆弧插补至点 4
N115 G03 Y−11.94 I1.17 J−11.94;	圆弧插补至点 8
N120 G01 X−1.95 Y−19.91;	圆弧插补至点 7
N125 G03 X20 Y0 I1.95 J19.91;	圆弧插补至点 6
N130 G40 G02 X36 I8 J0;	圆弧引出切向退刀
N135 G00 Z20;	抬刀至安全高度
N140 M30;	

【例 4 - 9】　加工如图 4 - 30 所示零件,毛坯为 80 mm×80 mm×30 mm 的铝合金。要求采用粗、精加工各表面。

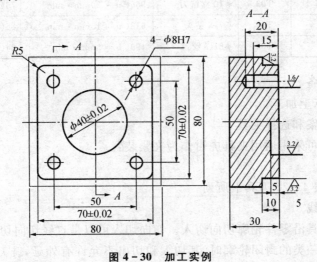

图 4 - 30　加工实例

1.零件图样工艺分析

由图4-30可知,该零件主要加工表面有外框、内圆槽及沉孔等,关键在于内槽加工,加工该表面时要特别注意刀具进给,避免过切。因该零件既有外型又有内腔,所以加工时应先粗后精,充分考虑到内腔加工后尺寸的变形,以保证尺寸精度。

2.制定加工工艺

(1)选择加工方法

平面:粗铣—精铣。

孔:中心孔—底孔—铰孔(机铰)。

(2)拟定加工路线

加工工序如表4-21工序卡所列。

表4-21 数控加工工序卡

工步号	工步内容	刀具号	刀具规格	主轴转速/(r·min⁻¹)	进给速度/(mm·min⁻¹)
1	钻中心孔	T01	ϕ3 中心钻	849($v=8\text{mm}\cdot\text{min}^{-1}$)	85($f=0.05\text{mm}\cdot\text{min}^{-1}$)
2	粗铣外形凸台	T02	ϕ16 立铣刀	597($v=30\text{mm}\cdot\text{min}^{-1}$)	119($f=0.1\text{mm}\cdot\text{min}^{-1}$)
3	粗铣内圆槽	T02	ϕ16 立铣刀	597($v=30\text{mm}\cdot\text{min}^{-1}$)	119($f=0.1\text{mm}\cdot\text{min}^{-1}$)
4	精铣外形凸台	T03	ϕ10 立铣刀	955($v=30\text{mm}\cdot\text{min}^{-1}$)	76($f=0.02\text{mm}\cdot\text{min}^{-1}$)
5	精铣内圆槽	T03	ϕ10 立铣刀	955($v=30\text{mm}\cdot\text{min}^{-1}$)	76($f=0.02\text{mm}\cdot\text{min}^{-1}$)
6	钻孔	T04	ϕ7.8 钻头	612($v=15\text{mm}\cdot\text{min}^{-1}$)	85($f=0.05\text{mm}\cdot\text{min}^{-1}$)
7	铰孔	T05	ϕ8H7 铰刀	199($v=5\text{mm}\cdot\text{min}^{-1}$)	24($f=0.02\text{mm}\cdot\text{min}^{-1}$)

(3)选择加工设备

选择在数控铣床上加工。

(4)确定装夹方案和选择夹具

当工件不大时,可采用通用夹具虎钳作为夹紧装置。

(5)刀具选择

刀具的选择如表4-22刀具卡所列。

(6)确定进给路线

铣外轮廓时,刀具沿零件轮廓切向切入。切向切入可以是直线切向切入,也可以是圆弧切向切入;在铣削凹槽一类的封闭轮廓时,其切入和切出不允许有外延,铣刀要沿零件轮廓的法线切入和切出。

表 4 - 22 数控加工刀具卡

工步号	刀具号	刀具名称及规格	刀柄型号	长度补偿	半径补偿	备 注
1	T01	ϕ3 中心钻	ST40－Z12－45	H01＝实测值		
2,3	T02	ϕ16 立铣刀	BT30－XP12－50	H02	D02＝8.2	D07＝8.3
4,5	T03	ϕ10 立铣刀	BT30－XP12－50	H03	D03＝5	
6	T04	ϕ7.8 钻头	BT40－Z12－45	H04		
7	T05	ϕ8H7 铰刀	ST40－ER32－60	H05		

（7）选择切削用量

工艺处理中必须正确确定切削用量，即背吃刀量。主轴转速及进给速度，切削用量的具体数值，应根据数控机床使用说明书的规定，被加工工件材料的类型（如铸铁、钢材、铝材等），加工工序（如车铣、钻等精加工、半精加工、精加工等）以及其他工艺要求，并结合实际经验来确定。

3. 参考程序

O 1001		主程序名
N10	T01;	ϕ3 中心钻
N20	G90 G54 G00 X0 Y0 S849 M03;	
N30	G43 Z50 H01;	
N40	G81 X0 Y0 R5 Z－3 F85;	钻中心孔循环
N50	X25 Y25;	
N60	X－25;	
N70	Y－25;	
N80	X25;	
N90	G80;	
N100	T02;	ϕ16 立铣刀
N110	M03 S600;	
N120	G43 H02 Z50;	
N130	G00 Y－65 M08;	
N140	Z2;	
N150	G01 Z－9.8 F40;	外形凸台粗加工
N160	D02 M98 P10 F120;	
N170	G0 Z10;	
N180	X0 Y0;	
N190	Z2;	
N200	G01 Z－4.8;	

N210	D07 M98 P20 F120;	内圆槽粗加工
N220	G0 Z50 M09;	
N230	T03;	φ10 立铣刀
N240	M03 S955;	
N250	G43 Z100 H03;	
N260	G00 Y－65 M08;	
N270	Z2;	
N280	G01 Z－10 F64 M08;	
N290	D03 M98 P10 F76;	外形凸台精加工
N300	G00 Z50;	
N310	X0 Y0;	
N320	Z2;	
N330	G01 Z－5 F64;	
N340	D03 M98 P20 F76;	内圆槽精加工
N350	G00 Z100 M09;	
N360	T04;	φ7.8 钻头
N370	G43 Z50 H04;	
N380	M03 S612;	
N390	M08;	
N400	G83 X25 Y25 R5 Z－22 Q3 F61;	钻孔
N410	X－25;	
N420	Y－25;	
N430	X25;	
N440	G80 M09;	
N450	T05;	φ8H7 铰刀
N460	M03 S199;	
N470	G43 Z100 H05;	
N480	M08;	
N490	G81 X25 Y25 R5 Z－15 F24;	铰孔
N500	X－25;	
N510	Y－25;	
N520	X25;	
N530	G80 M09;	
N540	G00 Z100;	
N550	M05;	
N560	M02;	
O 10		外方框子程序

```
N10    G41 G01 X30 F100;
N20    G03 X0 Y－35 R30;
N30    G01 X－30;
N40    G02 X－35 Y－30 R5;
N50    G01 Y30;
N60    G02 X－30 Y35 R5;
N70    G01 X30;
N80    G02 X35 Y30 R5;
N90    G01 Y－30;
N100   G02 X30 Y－35 R5;
N110   G01 X0;
N120   G03 X－30 Y－65 R30;
N130   G40 G01 X0;
N140   M99;
O 20
N10    G41 G01 X－5 Y15 F100;
N20    G03 X－20 Y0 R15;
N30    G03 X－20 Y0 I20 J0;
N40    G03 X－5 Y－15 R15;
N50    G40 G01 X0 Y0;
N60    M99;
```

内圆槽子程序

思考题与习题

1. 数控铣削加工主要零件类型有哪些?

2. 数控铣削加工零件的工艺性分析包括哪些内容?

3. 确定数控铣削进给路线时,应考虑哪几个方面内容?

4. 坐标系设定指令 G92 与工件坐标系选择指令 G54～G59 有何区别?

5. 何谓子程序? 何谓宏程序?

6. 采用刀具半径补偿指令编写如图 4－31 和图 4－32 所示零件的加工程序。

7. 五边形毛坯尺寸为 120 mm×120 mm×18 mm,轮廓如图 4－33 所示,编写加工程序。

8. 利用缩放功能编写图 4－34 所示加工程序,缩放系数为 0.5。

9. 试用固定循环编写图 4－35 所示加工程序。

10. 加工如图 4－36 所示 4 个形状、尺寸相同的槽,槽深 2 mm,槽宽 10 mm,试用子程序编写程序。

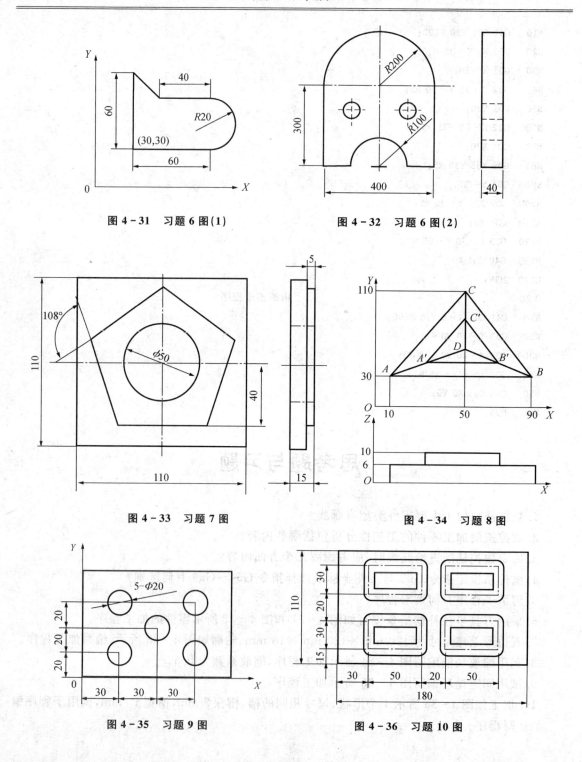

图 4-31 习题 6 图(1)

图 4-32 习题 6 图(2)

图 4-33 习题 7 图

图 4-34 习题 8 图

图 4-35 习题 9 图

图 4-36 习题 10 图

第 5 章 加工中心加工工艺与编程

加工中心(Machining Center)简称 MC,是由机械设备与数控系统组成的、用于加工复杂形状工件的高效率自动化机床,它的发展代表了一个国家设计和制造业的水平,已成为现代机床发展的主流和方向。

加工中心最初是从数控铣床发展而来的。但加工中心又不等同于数控铣床,加工中心与数控铣床的最大区别在于加工中心具有自动交换刀具的功能,通过在刀库安装不同用途的刀具,可在一次装夹中通过自动换刀装置改变主轴上的加工刀具,实现钻、镗、铰、攻螺纹、切槽等多种加工功能。加工中心生产效率比普通机床高 5~10 倍,特别适宜加工形状复杂、精度要求高的单件或中小批量多品种生产,可以完成复杂型面的三维加工。

加工中心与其他机床相比结构较复杂,控制系统功能较全。加工中心至少可以控制三个坐标轴,有的多达十几个。其控制功能最少可以实现两轴联动控制,多的可以实现五轴、六轴联动,从而保证刀具能进行复杂表面的加工。加工中心除具有直线插补和圆弧插补功能外,还具有各种加工固定循环、刀具半径自动补偿、刀具长度自动补偿、在线监测、刀具寿命管理、故障自动诊断、加工过程图形显示、人机对话、离线编程等功能,这些功能提高了加工中心的加工效率,保证了产品的加工精度和质量。

5.1 加工中心的主要加工对象和工艺特点

5.1.1 加工中心的主要加工对象

1. 形状复杂的零件

加工中心适宜加工形状复杂、工序多、精度要求高、需要多种类型的普通机床和众多刀具、夹具并经过多次装夹和调整才能完成加工的零件。

2. 箱体类零件

箱体类零件一般具有孔系,组成孔系的各孔本身有形状精度的要求,同轴孔系和相邻孔系之间及孔系与安装基准之间又有位置精度的要求。通常箱体类零件需要进行钻削、扩削、铰削、攻螺纹、镗削、铣削和锪削等工序的加工,工序多、过程复杂,还需用专用夹具装夹。这类零件在加工中心上加工,一次装夹可完成普通机床 60%～95% 的工序内容,并且精度一致性好、质量稳定。

3. 异型件

在航天航空及运输业中,具有复杂曲面的零件应用很广,如航空发动机的整体叶轮和螺旋桨等。这类复杂曲面采用普通机床加工或精密铸造是无法达到预定的加工精度的,而使用多轴联动的加工中心,配合自动编程技术和专用刀具,可大大提高生产效率并保证曲面的形状精度。复杂曲面加工时,程序编制的工作量很大,一般需要专业软件架构曲面模型或实体模型,再由制造软件生成数控机床的加工程序。

4. 盘、套、板类工件

这类工件包括带有键槽和径向孔,端面分布有孔系、曲面的盘套或轴类工件,如带法兰的轴套、带有键槽或方头的轴类零件等;具有较多孔加工的板类零件,如各种电机盖等。

5. 特殊加工

在加工中心上还可以进行特殊加工。如在主轴上安装调频电火花电源,可对金属表面进行表面淬火。

5.1.2　加工中心的工艺特点

加工中心能使工件一次装夹后,实现多表面、多特征、多工位的连续、高效、高精度加工,工序高度集中。但一台加工中心只有在合适的条件下才能发挥出最佳效益。加工中心可以归纳出如下一些工艺特点:

(1)适合于加工周期性重复投产的零件

有些产品的市场需求具有周期性和季节性,如果采用专门生产线则得不偿失,用普通设备加工效率又太低,质量不稳定,数量也难以保证。而采用加工中心首件试切完后,程序和相关生产信息可保留下来,下次产品再生产时只要很少的准备时间就可开始生产。

(2)适合高效加工单件高精度工件

有些零件需求甚少,但属关键部件,要求精度高且工期短。用传统工艺需用多台机床协调工作,周期长、效率低,在长工序流程中,受人为影响易出废品,从而造成重大经济损失。而采用加工中心进行加工,生产完全由程序自动控制,避免了长工艺流程,减少了硬件投资和人为干扰,具有生产效益高及质量稳定的优点。

(3)适合于加工具有合适批量的工件

加工中心生产的柔性不仅体现在对特殊要求的快速反应上,而且可以快速实现批量生产。加工中心适合于中小批量生产,特别是小批量生产,在应用加工中心时,尽量使批量大于经济批量,以达到良好的经济效果。随着加工中心及辅具的不断发展,经济批量越来越小,对一些复杂零件,5～10 件就可生产,甚至单件生产时也可考虑用加工中心。

(4)适合于加工形状复杂的零件

四轴联动、五轴联动加工中心的应用以及 CAD/CAM 技术的成熟发展,使加工零件的复杂程度大幅提高。DNC 的使用使得同一程序的加工内容足以满足各种加工要求,使复杂零件的自动加工变得非常容易。

(5)其他特点

加工中心还适合于加工多工位和工序集中的工件、难测量工件。但是,装夹困难或完全由找正定位来保证加工精度的工件不适合在加工中心上生产。

5.2 加工中心加工工艺的制定

在加工中心上加工的零件,首先应进行数控加工的工艺性分析,提出加工该零件的工艺过程,确定在加工中心上的加工内容。然后,绘制每道工序的工序图(图 5－1),在工序图上应标明加工部位、精度、表面粗糙度及定位夹紧等要求。对简单零件,可以直接在零件图上注明。完成工序图后,就可编制工艺卡片(表 5－1)和刀具卡片(表 5－2),明确夹具的类型及要求。

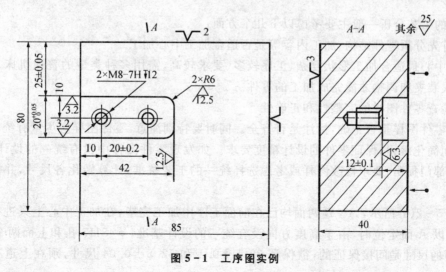

图 5－1 工序图实例

表 5-1　工艺卡片

零件号			零件名称			材 料	
程序编号			产品型号			制　表	日期
工序内容	工步号	加工面	刀具			主轴转速	进给速度	补偿量	备注
			刀具号	种 类	直 径	长 度				

工序内容	工步号	加工面	刀具号	种 类	直 径	长 度	主轴转速	进给速度	补偿量	备注
粗铣 20 槽至 18	1		01	硬质合金立铣刀	$\phi 18$	实测	S550	F80	D2	长度补偿
半精铣 20 槽至 19.5	2		02	高速钢铣刀	$\phi 12$		S500	F80	D3 D23	长度补偿 半径补偿
精铣 20 槽至尺寸	3		03	高速钢铣刀	$\phi 12$		S300	F50	D4 D24	长度补偿 半径补偿
钻螺纹中心孔	4		04	中心钻	$\phi 3$		S900	F120	D5	长度补偿
钻 M8 螺纹底孔	5		05	钻头	$\phi 6.7$		S500	F100	D6	长度补偿
螺纹口倒角	6		06	钻头(90°)	$\phi 13$		S400	F120	D7	长度补偿
攻 2×M8 螺纹	7		07	丝锥	M8		S200	F250	D8	长度补偿

5.2.1　零件的工艺分析

零件的工艺分析一般主要考虑以下几个方面:

(1)首先分析零件结构、加工内容等是否适合加工中心加工

加工中心最适合加工形状复杂、工序较多、要求较高,需用多种类型的普通机床、刀具、夹具,经多次装夹和调整才能完成加工的零件。

(2)检查零件图样的完整性和正确性

检查零件图样是否正确,标注是否齐全。同时要特别注意,零件图样应尽量有统一的设计基准,从而简化编程,保证零件的设计精度要求。如发现零件图样中没有统一的设计基准,则应向设计部门提出,要求修改图样或考虑选择统一的工艺基准,计算转化各尺寸,并标注在工艺附图上。

如图 5-2(a)所示,A,B 两面均已在前面工序中加工完毕,在加工中心上只进行所有孔的加工。以 A 面定位时,由于高度方向没有统一的设计基准,$\phi 48H7$ 孔和上面两个 $\phi 25H7$ 孔与 B 面的尺寸是间接保证的,欲保证 32.5±0.1 和 52.5±0.04 尺寸,须在上道工序中对

105±0.1 尺寸公差进行压缩。若改为图 5－2(b)所示标注尺寸,各孔位置尺寸都以 A 面为基准,基准统一,且工艺基准与设计基准重合,各尺寸都容易保证。

表 5－2　刀具卡片

产品型号				零件号		程序编号	制　表	
工步号	刀具号	刀柄型号	刀具型号	刀具		偏置量(D.H)	备注	
				直径	长度			
1	T01	JT57－MW3	φ18 硬质合金立铣刀	φ18	实测	D2	长度补偿	
2	T02	JT57－MW2	φ12 高速钢立铣刀	φ12		D3 D23	长度补偿 半径补偿	
3	T03	JT57－MW2	φ12 高速钢立铣刀	φ12		D4 D24		
4	T04	JT57－Z	中心钻	φ3		D5	长度补偿 带钻夹头	
5	T05		高速钢麻花钻	φ6.7		D6	长度补偿 带钻夹头	
6	T06		高速钢麻花钻	φ13		D7	长度补偿 带钻夹头	
7	T07	JT57－GT8	丝锥	M8		D8	长度补偿	

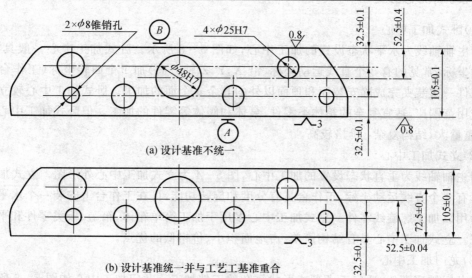

(a) 设计基准不统一

(b) 设计基准统一并与工艺工基准重合

图 5－2　检查零件图样

（3）分析零件的精度和技术要求

零件的精度和技术要求主要指尺寸精度、形状精度、位置精度、表面粗糙度及热处理等。要根据零件在产品中的功能，认真分析各项几何精度和技术要求是否合理；其次要考虑在加工中心上加工能否保证其精度和技术要求，进而具体考虑在哪一种加工中心上加工最为合理。

（4）审查零件的结构工艺性

主要考虑零件的结构刚度是否足够，各加工部位的结构工艺性是否合理等。

5.2.2　加工中心的分类

加工中心的种类较多，根据其加工方式、用途和功能，简单分为以下 2 类：

1. 按换刀形式分类

（1）带刀库机械手的加工中心

加工中心换刀装置由刀库、机械手组成，换刀动作由机械手完成。

（2）机械手的加工中心

这种加工中心的换刀通过刀库和主轴箱配合动作来完成换刀过程。

（3）转塔刀库式加工中心

一般应用于小型加工中心，主要以加工孔为主。

2. 按机床形态分类

（1）卧式加工中心

指主轴轴线为水平状态设置的加工中心，如图 5-3 所示。卧式加工中心一般具有 3～5 个运动坐标，常见的有 3 个直线运动坐标（沿 X,Y,Z 轴方向）加 1 个回转坐标（工作台），它能够使工件一次装夹完成除安装面和顶面以外的其余 4 个面的加工。卧式加工中心较立式加工中心应用范围广，适宜复杂的箱体类零件、泵体和阀体等零件的加工。但卧式加工中心占地面积大，重量大，结构复杂，价格较高。

（2）立式加工中心

指主轴轴线为垂直状态设置的加工中心，图 5-4 为立式加工中心外形图。立式加工中心一般具有 3 个直线运动坐标，工作台具有分度和旋转功能，可在工作台上安装一个水平轴的数控转台用以加工螺旋线零件。立式加工中心多用于加工简单箱体、箱盖、板类零件和平面凸轮的加工。立式加工中心具有结构简单、占地面积小、价格低的优点。

（3）龙门加工中心

与龙门铣床类似，适应于大型或形状复杂的工件加工。龙门加工中心如图 5-5 所示。

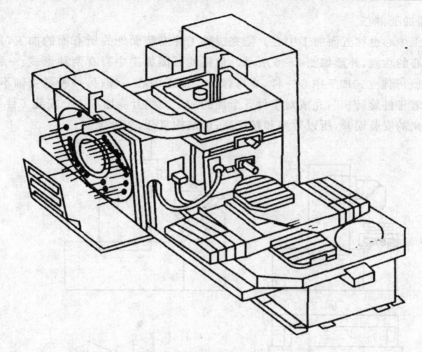

图 5 - 3　卧式加工中心外形

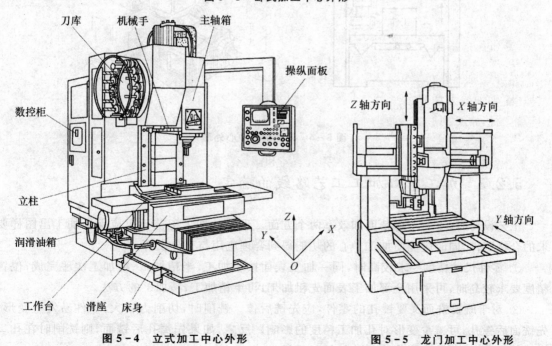

图 5 - 4　立式加工中心外形

图 5 - 5　龙门加工中心外形

（4）万能加工中心

万能加工中心也称五面加工中心。能完成除工件安装面外的所有面的加工，具有立式和卧式加工中心的功能，外形如图 5-6 所示。常见的万能加工中心有两种形式：一种是主轴可以旋转 90°，既可像立式加工中心一样，也可像卧式加工中心一样；另一种是主轴不改变方向，而工作台带着工件旋转 90°，完成对工件 5 个面的加工。在万能加工中心安装工件避免了由于二次装夹带来的安装误差，所以效率和精度高；但结构复杂，造价也高。

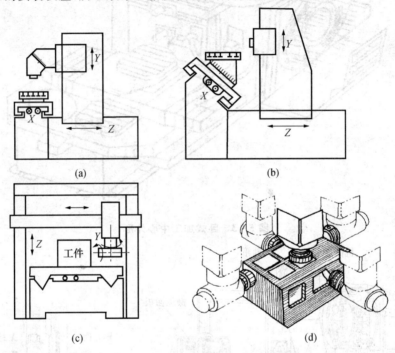

图 5-6　万能加工中心外形

5.2.3　加工中心加工工艺路线的确定

工艺设计时，主要考虑精度和效率两个方面。理想的加工工艺不仅应保证加工出图样要求的合格零件，同时应能使加工中心的功能得到合理应用与充分发挥。

① 零件尺寸精度要求较高时，同一加工表面按粗加工、半精加工、精加工次序完成；位置精度要求较高时，可采用全部加工表面先粗加工、再半精加工、精加工的方法。

② 对于既要铣面又要镗孔的零件，应先铣后镗。铣削时，切削力较大，零件易发生变形，先铣面后镗孔，可减少变形对孔加工精度的影响。反之，如果先镗孔后铣面，则铣削时在孔口产生的飞边、毛刺及变形将降低孔的加工质量。

③ 位置精度要求较高的孔系加工,要特别注意安排孔的加工顺序,安排不当,就有可能将传动副的反向间隙带入,直接影响位置精度。如图 1-37 所示,按图 1-37(b)的路线加工,由于 5,6 孔与 1,2,3,4 孔定位方向相反,Y 向反向间隙会使误差增加,从而影响 5,6 孔与其他孔的位置精度。按图 1-37(c)所示路线,可避免反向间隙的引入。

④ 按所用刀具划分工步,如机床工作台回转时间较换刀时间短,在不影响精度前提下,为了减少换刀次数,可以采用刀具集中工序,也就是用同一把刀具把零件上相应的部位都加工完再换第二把刀。对于精度要求很高的孔系,因存在重复定位误差,不能采取这种方法。

⑤ 在一次装夹中,尽可能完成所有能够加工表面的加工。

通常应根据具体情况,综合考虑各个因素,从而制定出合理、完善的加工工艺。

5.2.4 夹具的选择和装夹方式的确定

1.夹具的选用

在选用夹具结构形式时要综合考虑各种因素,尽量做到经济、合理。根据加工中心的特点和加工需要,常用的夹具有以下几种:

(1)用机用平口钳安装工件

机用平口钳适用于中小尺寸和形状规则的工件安装,是一种通用夹具,一般有非旋转式和旋转式两种。前者刚性较好,后者底座上有一刻度盘,能够把平口钳扳转成任意角度。

(2)直接装夹在工作台面上

对于体积较大的工件,大都将其直接压在工作台面上,用组合压板夹紧。对如图 5-7(a)所示的装夹方式,只能进行非贯通的挖槽或钻孔、部分外形等加工;也可在工件下面垫上厚度适当且加工精度较高的等高垫块后再将其压紧(见图 5-7(b)),这种装夹方法可进行贯通的挖槽或钻孔、部分外形等加工。

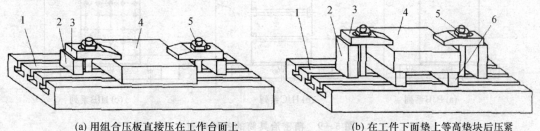

(a) 用组合压板直接压在工作台面上　　　　　　(b) 在工件下面垫上等高垫块后压紧

1—工作台;2—支承块;3—压板;4—工件;5—双头螺柱;6—等高垫块

图 5-7 工件直接装夹在工作台面上的方法

（3）用精密治具板安装工件

对于除底面以外五面要全部加工的情况，上面的装夹方式就无法满足，此时可采用精密治具板的装夹方式。精密治具板具有较高的平面度、平行度与较小的表面粗糙度值，工件或模具可通过尺寸大小选择不同的型号或系列，如图 5-8 所示。

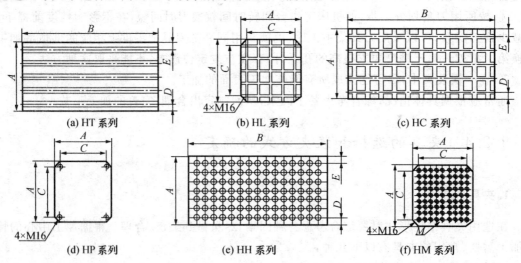

（a) HT 系列   (b) HL 系列   (c) HC 系列

（d) HP 系列   (e) HH 系列   (f) HM 系列

图 5-8　精密治具板的各种系列

（4）用精密治具筒安装工件

在加工表面相互垂直度要求较高的工件时，多采用精密治具筒安装工件。精密治具筒具有较高的平面度、垂直度、平行度与较小的表面粗糙度值，如图 5-9 所示。

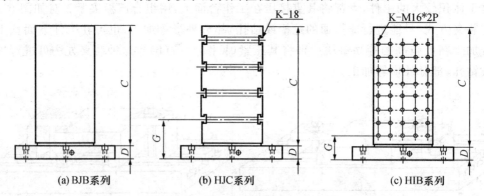

（a) BJB系列   (b) HJC系列   (c) HIB系列

图 5-9　精密治具筒的各种系列

（5）用组合夹具安装工件

组合夹具是由一套结构已经标准化，尺寸已经规格化的通用元件、组合元件所构成，可以按工件的加工需要组成各种功用的夹具。图 1-7 为一槽系组合夹具及其组装过程。

　　由于组合夹具是由各种通用标准元件组合而成的,各元件间相互配合的环节较多,夹具精度、刚性仍比不上专用夹具,尤其是元件连接的接合面刚度,对加工精度影响较大。通常,采用组合夹具时其加工尺寸精度只能达到 IT8～IT9 级,这就使得组合夹具在应用范围上受到一定限制。此外,使用组合夹具首次投资大,总体显得笨重,还有排屑不便等不足。对中、小批量、单件(如新产品试制等)或加工精度要求不十分严格的零件,在加工中心上加工时,应尽可能选择组合夹具。

　　(6)用其他装置安装工件

　　① 用万能分度头安装

　　万能分度头是三轴联动以下加工中心常用的重要附件,能使工件绕分度头主轴轴线回转一定角度,在一次装夹中完成等分或不等分零件的分度工作,如加工四方、六角等。

　　② 用三爪自定心卡盘安装

　　将三爪自定心卡盘利用压板安装在工作台面上,可装夹圆柱形零件。在批量加工圆柱工件端面时,装夹快捷方便,例如铣削端面凸轮、不规则槽等。

　　(7)用专用夹具安装工件

　　为了保证工件的加工质量,提高生产率,减轻劳动强度,根据工件的形状和加工方式可采用专用夹具安装。专用夹具是根据某一零件的结构特点专门设计的夹具,具有结构合理、刚性强、装夹稳定可靠、操作方便、提高安装精度及装夹速度等优点。

2. 定位基准与夹紧方案的确定

　　工件的正确装夹,对充分发挥加工中心的高精度、高效率起着重要作用。在确定定位基准与夹紧方案时应注意下列几点。

　　(1)力求设计、工艺与编程计算的基准统一

　　需要数控加工的零件其定位基准面一般都已预先加工完毕,所以当有些零件需要二次装夹时,要尽可能利用同一基准面来加工另一些待加工面,这样可以减少加工误差。

　　(2)尽量减少装夹次数,尽可能做到在一次定位装夹后就能加工出全部待加工表面,以充分发挥数控机床的效能。

　　(3)避免采用占用人工调整式方案。

5.2.5　刀具的选择

　　加工中心使用的刀具由刃具和刀柄两部分组成。刃具部分和通用刃具一样,如钻头、铣刀、铰刀和丝锥等。为实现自动换刀功能,刀柄要满足机床主轴的自动松开和拉紧定位,并需能准确地安装各种切削刃具,适应机械手的夹持和搬运等。加工中心对刀具有以下几点的基本要求:

1. 刀具的切削性能

加工中心用刀具必须具有能够承受高速切削和强力切削的性能,并且性能稳定。在选刀具材料时,一般应尽可能选用硬质合金涂层刀片,精密镗孔等还可选用性能好、耐磨的立方氮化硼和金钢石刀具。

2. 刀具的精度

加工中心的 ATC 功能要求能快速准确地完成自动换刀,同时加工的零件日益复杂和精密,这就要求刀具必须具备较高的形状精度。例如:加工中心上不能使用钻模板等辅助装置,钻孔精度除受机床结构因素影响外,主要取决于钻头本身,这就要求钻头两切削刃必须有较高的对称度(一般为依靠钻模板加工时钻头对称度的一半)。同时,对刀具装夹装置也应提出一些重要要求,必须保证刀具同心地夹持在刀具装卡装置内。

3. 配备完善的工具系统

配备完善的、先进的工具系统,是用好加工中心的重要一环。近年来发展起来的模块式工具系统,能更好地适应多品种零件的加工要求,且有利于工具的生产、使用和管理,能有效地减少使用厂的工具储备。详细内容见第 1 章 1.2.5 工具系统。

5.3 加工中心编程基础

5.3.1 加工中心的编程特点

加工中心编程具有以下特点:

① 进行仔细的工艺分析,选择合理的走刀路线,减少空走刀行程,周密地安排各工序加工的顺序,提高加工精度和生产率。

② 自动换刀要留出足够的换刀空间。因为有些刀具直径较大或尺寸较长,换刀时要避免发生碰撞,换刀位置宜设在机床原点。

③ 为了提高机床利用率,尽量采用刀具机外预调,并将测量尺寸填写在刀具卡片中,以便于操作者在运行操作前及时修改刀具补偿参数。

④ 为便于检查和调试程序,可将各工序内容分别安排到不同的子程序中,而主程序主要完成换刀和子程序调用。

⑤ 对编好的程序进行校验,安排试运行。

加工中心坐标系统包括机床坐标系和工件坐标系,不同的加工中心其坐标系统略有不同。如前所述,机床坐标系各坐标轴的关系符合右手笛卡儿坐标系准则,如图 2-3 所示。

加工中心加工坐标系的设定方法与数控铣床相同,即可用 G92 和 G54~G59 两种方法设定。

5.3.2　加工中心指令系统简介

加工中心的编程功能指令分为准备功能和辅助功能两大类。由于每个加工中心生产厂家所用数控系统各不相同,每个厂家使用的 G 功能、M 功能标准尚未完全统一,有关指令及其含义不完全相同,编程时必须严格遵守具体机床使用说明书中的规定。

下面以 SINUMERIK 802D 系统为典型介绍系统功能指令。

1. 准备功能代码

准备功能主要用来指令机床或数控系统的工作方式。准备功能代码用地址字 G 和后面的几位整数字来表示的,见表 5-3。

表 5-3　准备功能 G 代码

代　码	含　义	说　明	编　程
G0	快速移动		G0 X_Y_Z_;直角坐标系
			G0 AP=_RP=_;极坐标系
G1 *	直线插补		G1 X_Y_Z_F_;直角坐标系
			G1 AP=_RP=_F_;极坐标系
G2	顺时针圆弧插补	运动指令 (插补方式) 模态有效	G2 X_Y_I_J_F_;圆心和终点
			G2 X_Y_CR=_F_;半径和终点
			G2 AR=_I_J_F_;张角和圆心
			G2 AR=_X_Y_F_;张角和终点
			G2 AP=_RP=_F_;极坐标系
G3	逆时针圆弧插补		G3_;其他同 G2
G33	恒螺距的螺纹切削		S_M_;主轴速度,方向
			G33Z_K_;带有补偿夹具的锥螺纹切削,比如 Z 方向
G331	螺纹插补(攻螺纹)		N10 SPOS=;主轴处于位置调节状态
			N20 G331 Z_K_S_;在 Z 轴方向不带补偿夹具攻螺纹, 左旋螺纹或右旋螺纹通过螺距的符号确定(比如 K+) +:同 M3　-:同 M4

代　码	含　　义	说　明	编　　程
G332	不带补偿夹具切削内螺纹——退刀		G332 Z_K_S_;不带补偿夹具切削螺纹—— Z 方向退刀;螺距符号同 G331
G4	暂停时间		G4 F_或 G4 S_单独程序段
G63	带补偿夹具攻螺纹	特殊运行,程序段方式有效	G63 Z_F_S_M_
G74	回参考点		G74 X1=0 Y1=0 Z1=0;单独程序段
G75	回固定点		G75 X1=0 Y1=0 Z1=0;单独程序段
G25	主轴转速下限或工作区域下限		G25 S_;单独程序段 G25 X_Y_Z_;单独程序段
G26	主轴转速上限或工作区域上限		G26 S_;单独程序段 G26 X_Y_Z_;单独程序段
G110	极点尺寸,相对于上次编程的设定位置	写存储器,程序段方式有效	G110 X_Y_;极点尺寸,直角坐标,比如带 G17 G110 RP=_AP=_;极点尺寸,极坐标;单独程序段
G111	极点尺寸,相对于当前工件坐标系的零点		G111 X_Y_;极点尺寸,直角坐标,比如带 G17 G111 RP=_AP=_;极点尺寸,极坐标;单独程序段
G112	极点尺寸,相对于上次有效的极点		G112 X_Y_;极点尺寸,直角坐标,比如带 G17 G112 RP=_AP=_;极点尺寸,极坐标;单独程序段
G17 *	X/Y 平面	平面选择模态有效	G17_;该平面上的垂直轴为刀具长度补偿轴;切入方向为 Z
G18	Z/X 平面		
G19	Y/Z 平面		
G40 *	刀尖半径补偿方式的取消	刀尖半径补偿模态有效	
G41	刀具半径左补偿		
G42	刀具半径右补偿		
G500 *	取消可设置零点偏置		
G54	第一设置的零点偏移		
G55	第二可设置的零点偏移	可设置零点偏置模态有效	
G56	第三可设置的零点偏移		
G57	第四可设置的零点偏移		
G58	第五可设置的零点偏移		
G59	第六可设置的零点偏移		

代码	含　义	说　明	编　程
G53	按程序段方式取消可设置零点偏置	取消可设置零点偏置段方式有效	
G153	按程序段方式取消可设置零点偏置,包括基本框架		
G60 *	精确定位	定位性能模态有效	
G64	连续路径方式		
G9	准确定位,单程序段有效	程序段方式准停段方式有效	
G601 *	在 G60,G9 方式下精确定位	准停窗口模态有效	
G602	在 G60,G9 方式下粗准确定位		
G70	英制尺寸	英制/米制尺寸模态有效	
G71 *	米制尺寸		
G700	英制尺寸,也用于进给率 F		
G710	米制尺寸,也用于进给率 F		
G90 *	绝对尺寸	绝对尺寸/增量尺寸模态有效	G90　X_Y_Z_(_) Y=AC(_)或 X=AC(_)或 Z=AC(_)
G91	增量尺寸		G91　X_Y_Z_(_) Y=_IC(_)或 X=IC(_)或 Z=IC(_)
G94	进给率 F ,单位 mm/min	进给/主轴模态有效	
G95 *	主轴进给率 F ,单位 mm/r		
G450 *	圆弧过渡(圆角)	刀尖半径补偿时拐角特性模态有效	
G451	等距交点过渡(尖角)		

注:带有 * 记号的 G 代码,在程序启动时生效。

2. 固定循环功能代码

固定循环功能代码见表 5 - 4。

3. 辅助功能代码

辅助功能代码用地址字 M 及二位数字来表示,见表 5 - 5。

表 5－4　SINUMERIK 802D 系统循环指令

循环指令	功　能	循环指令	功　能
CYCLE81	钻孔、钻中心钻孔	HOLES2	钻削圆弧排列的孔
CYCLE82	中心钻孔	CYCLE90	螺纹铣削
CYCLE83	深孔钻孔	LONGHOLE	圆弧槽(径向排列的、槽宽由刀具直径确定)
CYCLE84	刚性攻螺纹	SLOT1	圆弧槽(径向排列的、综合加工、定义槽宽)
CYCLE840	带补偿夹具攻螺纹	SLOT2	铣圆周槽
CYCLE85	铰孔 1(镗孔 1)	POCKET3	矩形槽
CYCLE86	镗孔(镗孔 2)	POCKET4	圆形槽
CYCLE87	带停止镗孔(镗孔 3)	CYCLE71	端面铣削
CYCLE88	带停止钻孔(镗孔 4)	CYCLE72	轮廓铣削
CYCLE89	铰孔 2(镗孔 5)	CYCLE76	矩形凸台铣削
HOLES1	钻削直线排列的孔	CYCLE77	圆形凸台铣削

表 5－5　辅助功能 M 代码

指　令	功　能	指　令	功　能	指　令	功　能
M0	程序暂停	M5	主轴停转	M30	主程序结束,返回开始状态
M1	选择性停止	M6	自动换刀	M17	子程序结束(或用 RET)
M2	主程序结束	M7	外切削液开	M41	主轴低速档
M3	主轴正转	M8	内切削液开	M42	主轴高速档
M4	主轴反转	M9	切削液关		

4. 其他功能 F,S,T,D 代码

(1)进给功能代码 F

表示进给速度(是刀具轨迹速度,它是所有移动坐标轴速度的矢量和),用字母 F 及其后面的若干位数字来表示。地址 F 的单位由 G 功能确定:

G94 直线进给率(分进给),单位为 mm/min(或 in/min)。

G95 旋转进给率(转进给),单位为 mm/r(或 in/r)(只有主轴旋转才有意义)。

例如,在 G94 有效时,米制 F100 表示进给速度为 100mm/min。F 在 G1,G2,G3,CIP,CT 插补方式中生效,并且一直有效,直到被一个新的地址 F 取代为止。

(2)主轴功能代码 S

表示主轴转速,用字母 S 及其后面的若干位数字来表示,单位为 r/min。加工中心主轴转速一般均为无级变速。S 后值可以任意给,但必须给整数。

(3)刀具功能代码 T

刀具功能用字母 T 及其后面的两位数字来表示,如容量为 24 把刀的刀库,它的刀具号为
T1～T24。如 T21 表示第 21 号刀具。

(4)刀具补偿功能代码 D

表示刀具补偿号。它由字母 D 及其后面的数字来表示。该数字为存放刀具补偿量的寄
存器地址字。西门子系统中一把刀具最多给出 9 个刀沿号。所以最多为 D9,补偿号为一位数
字。例:D1 则为取 1 号刀沿的数据分别作为长度补偿值和半径补偿值。

5. 程序结构及传输格式

(1)程序名称

每个程序均有一个程序名。SINUMERIK 802D 系统对程序名规定如下:

① 开始的两个符号必须是字母;

② 其后的符号可以是字母、数字或下划线;

③ 最多为 16 个字母;

④ 不得使用分隔符。

例如:CZYl234,CY_88。

(2)程序结构

数控程序由各个程序段组成。每个程序段执行一个加工步骤。例:G1　X20.158　Y10.5
F80。一个程序段中含有执行一个工序所需的全部数据。

程序段中有很多指令时建议按此顺序:N_G_X_Y_Z_F_S_T_D_M_H_。程序段号以 5 和
10 为间隔选用(程序段号在输入程序时不会自动生成),以便以后插入程序段号时不会改变程
序段号的顺序。程序段号也可省略,程序被运行时按顺序执行。

(3)程序的传输格式

一般数控系统为了方便用户使用和节省程序输入时间都提供了 RS－232 传输接口,利用
它可以实现 CNC 系统和用户 PC 进行数据的双向传输。但传输要有它特定的格式才行。SI-
EMENS 系统规定传输格式为:

%_N_CZQYl_MPF(SPF)

; $ PATH = /_N_MPF_DIR

其中:CZQYl 即为程序的名称。根据所需要传输的程序名,CNC 系统接受到后就生成一个程
序名为 CZQYl. MPF 的主程序。如果将上例中的第一行改为括号内容,那么 CNC 系统接受
到后就生成一个程序名为 CZQY1. SPF 的子程序。

6. 常用字符集

在编程中可以使用以下字符,它们按一定的规则进行编译。

字母：A～Z。大写字母和小写字母没有区别。

数字：0～9。

许多数控加工中心所配置的都是 FAMUC 0i－MB 数控系统。该系统的主要特点是：轴控制功能强，其基本可控制轴数为 X,Y,Z 三轴，扩展后同时可控制数为四轴；可靠性高，编程容易，适用于高精度、高效率加工；操作、维护方便。

5.4 SINUMERIK 系统固定循环功能

5.4.1 主要参数

SINUMERIK 系统开发了许多循环指令，它们是适用于加工技术的子程序，通过循环指令的调用，可以进行一些特殊的机加工。这些循环是用参数定义加工的任务。循环是指用于特定加工过程的工艺了程序，比如用于钻削、坯料切削或螺纹切削等。循环在用于各种具体加工过程时只要改变参数就可以。

1. 循环的种类

SINUMERIK 802D 系统循环指令包括钻孔循环、钻孔样式循环和铣削循环（见表 5－6）。辅助循环子程序包括 CYCLESM. SPF，STEIGUNG. SPF，MELDUNG. SPF，这些子程序必须始终装入系统中，否则这些循环无法使用。

2. 编程循环

在程序编制中使用循环语句，循环执行时当前程序块中显示调用。调用循环时，有关循环的定义参数可以通过参数列表传输。注意：循环调用必须编程在单独的程序块中。

标准循环参数赋值的基本说明：

（1）顺序和类型

参数定义时顺序必须遵守，一个循环的每个定义的参数都具有特定的数据类型。

（2）R 参数（只允许数字值）和恒量

R 参数必须在调用程序中最先赋值。

（3）使用不完整的参数列表和忽略参数

用"）"终止参数列表，用"…,,…"来占有空间，表示省略的部分。

5.4.2　钻削循环

1. 概　述

钻孔循环用于钻孔、镗孔和攻螺纹等规定的动作顺序。这些循环以具有定义的名称和参数表的子程序的形式来调用。

钻孔循环需定义两种类型的参数：几何参数和加工参数。几何参数包括参考平面和返回平面，以及安全间隙或相对的最后钻孔深度。

(1)固定循环中各平面的定义

1)参考平面

指工件上表面。

2)安全平面

指这一平面为固定循环加工时 Z 向由快进转变为进给的位置，不管刀具在 Z 轴方向的起始位置如何，固定循环执行时的第一个动作总是将刀具沿 Z 向快速移动到这一平面上，因此，安全平面必须高于参考表面。安全平面与参考表面之间的距离为安全间隙 SDIS，安全间隙 SDIS 一般取 2~5 mm。

3)加工底平面

这一平面的选择决定了最后钻孔的深度，因此加工底面在 Z 向的坐标即可作为加工底平面。在立式加工中心是由于规定刀具离开工件为 Z 正向，因此，加工底平面必须低于安全平面或参考平面。

4)加工返回平面

这一平面规定了在固定循环中 Z 轴加工至底面后，返回到哪一位置，而在这一位置上工作台 XY 平面应可以做定位运动，因此，加工返回平面必须等于或高于安全平面。

图 5-10 为各个平面在工件坐标系中的位置。

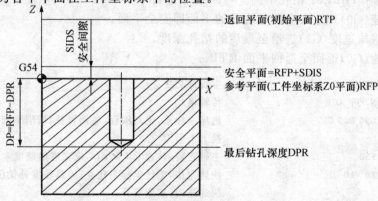

图 5-10　固定循环中各个平面在工件坐标系中的定义

(2)钻孔循环调用和返回条件

钻孔循环是独立于实际轴名称而编程的。所以调用时要注意几个方面：

① 循环调用之前，在前面程序必须使之到达孔的位置。

② 在钻孔循环中没有定义进给率、主轴转速和主轴旋转方向的值，则必须在零件程序中给定。

③ 循环指令之前，有效的 G 功能和当前数据记录在循环之后仍然有效。

(3)钻孔循环的运动顺序

① Z 轴快速接近安全平面。

② Z 轴以进给速度加工至底平面。

③ 在孔底的动作。

④ Z 轴快速返回到初始平面(返回平面)。

此运动顺序所有钻孔循环都遵守。但具体的循环指令定义的步骤有所不同。

2. 钻孔，中心钻孔——CYCLE81

(1)编程格式

编程格式为：CYCLE81(RTP,RFP,SDIS,DP,DPR)

(2)参数的意义

参数的意义见表 5-6。

表 5-6　CYCLE81 参数

RTP	后退平面(返回平面)(绝对)	DP	最后钻孔深度(绝对)
RFP	参考平面(绝对)	DPR	相对于参考平面的最后钻孔深度(无符号输入)
SDIS	安全间隙(无符号输入)		

CYCLE81 钻孔的运动顺序见图 5-11。

(3)编程举例

图 5-12 为 CYCLE81 钻孔举例。程序编写为 XH81.MPF。

① Z 轴快速(G0)到达安全间隙之前的平面即安全平面。

② Z 轴以进给速度(G1)进给至最后的钻孔深度。

③ Z 轴快速(G0)返回至返回平面 RTP。

% _N_XH81_MPF	主程序名
; $ PATH = /_N_MPF_DIR	传输格式
N10 G53 G00 G94 G40 G17	机床坐标系,绝对编程,取消刀补,切削平面指定
N20 T1 M6	换刀 1 号刀
N30 M3 S600 F50	主轴正转,转速 600 r/min,定义进给速度
N40 G0 G54 X20 Y10 D1	快速定位,工件坐标系建立;刀具长度补偿值加入
N50 Z50 M8	快速进刀,切削液开
N60　CYCLE81(30,,3,-15,)	调用钻孔指令钻孔,退回平面在 Z30 处,参考平面 Z0,安全间

N70 X20 Y20	隙 3,相对于参考平面的最后钻孔深度 15 移到下一个钻孔位置
N80 CYCLE81(30,,3,,15)	调用钻孔指令钻孔,退回平面在 Z30 处,参考平面 Z0,安全间 隙 3,相对于参考平面的最后钻孔深度 15
N90 G0 G90 Z200 M5	快速抬刀,主轴转停
N100 M9	切削液关
N110 M30	程序结束

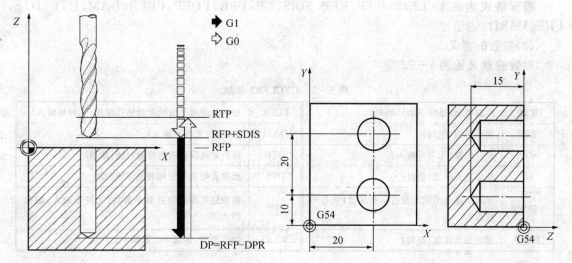

图 5-11 CYCLE 81 钻孔的运动顺序   图 5-12 为 CYCLE 81 钻孔举例

说明:

① RTP 项不可省略。

② 如果 RFP 省略,系统认为参考平面取在 Z0 处。

③ 如果 SDIS 省略,则 Z 轴以 G0 快速移动到 RFP 确定的平面,然后以 G1 钻孔。

④ DP 与 DPR 二者只能省略其一。如果同时输入 DP 和 DPR,最后钻孔深度则来自 DPR;如果该值不同于由 DP 编程的绝对值深度,在信息栏会出现"深度:符合相对深度值"。

⑤ 省略时用逗号","隔开,逗号与逗号之间可以加空格也可以连续两个逗号;省略最后一个时,可不加逗号。

以下的程序段等效:

CYCLE81(30,0,3,-15,15)——G0 移动到 Z3;钻孔深度为 Z-15。

CYCLE81(30,,3,-15,)——参考平面为 Z0 省略;DPR 省略。

CYCLE81(30,3,,-15,)——参考平面为 Z3;无安全间隙(SDIS 省略);DPR 省略。

CYCLE81(30,,3,,15)——参考平面为 Z0 省略;DP 省略,由参考平面往下计算孔深 0-15=-15。

CYCLE81(30,1,2,-20,16)或 CYCLF81(30,1,2,,16)或 CYCLE81(30,1,2,-3,16)——参考平

面为 Z1;安全间隙为 2;-20 及-3 不起作用;由参考平面往下计算孔深 1-16=-15。

CYCLE81(30,-2,5,-15,13)或 CYCLE81(30,-2,5,-15,)或 CYCLE81(30,-2,5,,13)——参考平面为 Z-2;安全间隙为 5;由参考平面往下计算孔深-2-13=-15。

3. 深孔钻孔——CYCLE83

(1)编程格式

编程格式为:CYCLE83(RTP,RFP,SDIS,DP,DPR,FDEP,FDPR,DAM,DTB,DTS,FRF,VARI)。

(2)参数的意义

参数的意义见表 5-7。

表 5-7 CYCLE83 参数

RTP	后退平面(返回平面)(绝对)	FDPR	相对于参考平面的起始钻孔深度(无符号输入)
RFP	参考平面(绝对)	DAM	递减量(无符号输入)
SDIS	安全间隙(无符号输入)	DTB	最后钻孔深度时的停顿时间(断屑)
DP	最后钻孔深度(绝对)	DTS	起始点处和用于排屑的停顿时间
DPR	相对于参考平面的最后钻孔深度(无符号输入)	FPF	起始钻孔深度的进给率系数(无符号输入)值范围:0.001~1
FDEP	起始钻孔深度(绝对)	VARI	加工类型:断屑=0,排屑=1

图 5-13 为 CYCLE83 深孔钻削排屑和断屑的运动顺序。

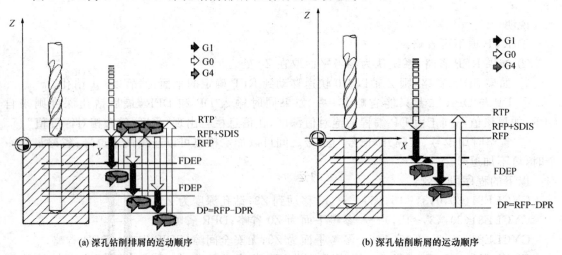

(a) 深孔钻削排屑的运动顺序　　　　　　　(b) 深孔钻削断屑的运动顺序

图 5-13　CYCLE83 深孔钻削排屑(左)和断屑(右)的运动顺序

钻削排屑的运动顺序：

① Z 轴快速（G0）到达安全间隙之前的平面即安全平面。

② 使用 G1 移动到起始钻孔深度，进给来自程序调用中的进给率，它取决于参数 FRF（进给率系数）。

③ 在最后钻孔深度处的停顿时间（参数 DTB）。

④ 使用 G0 快速返回安全间隙之前的平面即安全平面，用于排屑。

⑤ 起始点的停顿时间（参数 DTS）。

⑥ 使用 G0 快速回到上次到达的钻孔深度，并保持预留量距离。

⑦ Z 轴以进给速度（G1）进给至下一个钻孔深度（持续动作顺序直至到达最后的钻孔深度）。

⑧ Z 轴快速（G0）返回至返回平面 RTP。

钻削断屑的运动顺序为：

① Z 轴快速（G0）到达安全间隙之前的平面即安全平面。

② 使用 G1 移动到起始钻孔深度，进给来自程序调用中的进给率，它取决于参数 FRF（进给率系数）。

③ 在最后钻孔深度处的停顿时间（参数 DTB）。

④ 使用 G1 从当前钻孔后退深度后退 1 mm，采用调用程序中的进给率（用于断屑）。

⑤ 使用 G1 按所编程的进给率执行下一个钻孔切削（该过程一直进行下去，直至到达最后的钻孔深度）。

⑥ Z 轴快速（G0）返回至返回平面 RTP。

4. 刚性攻螺纹——CYCLE84

（1）编程格式

编程格式为：CYCLE84（RTP，RFP，SDIS，DP，DPR，DTB，SDAC，MPIT，PIT，POSS，SST，SST1）

（2）参数的意义

参数的意义见表 5-8。

图 5-14 为 CYCLE84 刚性攻螺纹的运动顺序：

① Z 轴快速（G0）到达安全间隙之前的平面即安全平面。

② 定位主轴停止（值在参数 POSS 中）以及将主轴转换为进给轴模式。

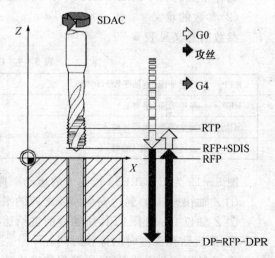

图 5-14 CYCLE84 镗孔的运动顺序

表 5 - 8　CYCLE85 参数

RTP	后退平面(返回平面)(绝对)	SDAC	循环结束后的旋转方向 值:3,4 或 5(用于 M3,M4 或 M5)
RFP	参考平面(绝对)	MPIT	螺距由螺纹尺寸决定(有符号) 数值范围 3(用于 M3)48(用于 M48);符号决定了在螺纹中的旋转方向
SDIS	安全间隙(无符号输入)	PIT	螺距由数值决定(有符号) 数值范围 0.001…2000.000 mm;符号决定了在螺纹中的旋转方向
DP	最后钻孔深度(绝对)	POSS	循环中定位主轴的位置(以度为单位)
DPR	相对于参考平面的最后钻孔深度(无符号输入)	SST	攻螺纹速度
DTB	最后钻孔深度时的停顿时间(断屑)	SST1	退回速度

③ 攻螺纹至最终的钻孔深度,速度为 SST。

④ 螺纹深度处的停顿时间(参数 DTB)。

⑤ 退回至安全间隙之前的平面即安全平面,速度为 SST1 且方向相反。

⑥ Z 轴快速(G0)返回至返回平面;通过在循环调用前重新编程有效的主轴速度以及 SDAC 下编程的旋转方向,从而改变主轴模式。

5. 铰孔 1(镗孔 1)——CYCLE85

(1)编程格式

编程格式为:CYCLE85(RTP,RFP,SDIS,DP,DPR,DTB,FFR,RFF)

(2)参数的意义

参数的意义见表 5 - 9。

表 5 - 9　CYCLE85 参数

RTP	后退平面(返回平面)(绝对)	DPR	相对于参考平面的最后钻孔深度(无符号输入)
RFP	参考平面(绝对)	DTB	最后钻孔深度时的停顿时间(断屑)
SDIS	安全间隙(无符号输入)	FFR	进给率
DP	最后钻孔深度(绝对)	RFF	退回进给率

图 5 - 15 为 CYCLE85 铰孔 1 的运动顺序:

① Z 轴快速(G0)到达安全间隙之前的平面即安全平面。

② Z 轴以 G1 插补 FFR 所编程的进给速度进给至最终的钻孔深度。

③ 最后钻孔深度时的停顿时间。

④ Z 轴以 G1 插补 RFF 所编程的进给速度退回至安全间隙之前的平面即安全平面。

⑤ Z 轴快速(G0)返回至返回平面 RTP。

6. 镗孔(镗孔 2)——CYCLF86

(1)编程格式

编程格式为：CYCLE86(RTP,RFP,SDIS,DP,DPR,DTB,SDIR,RPA,RPO,RPAP,POSS)

(2)参数的意义

参数的意义见表 5 - 10。

图 5 - 16 为 CYCLE86 镗孔的运动顺序：

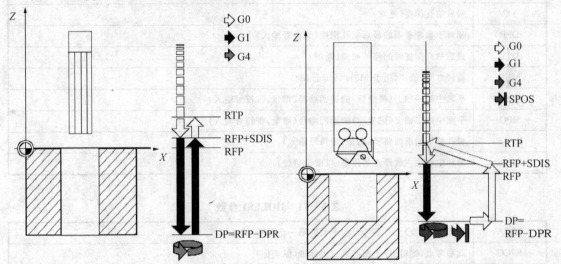

图 5 - 15　CYCLE85 铰孔 1 的运动顺序　　　　图 5 - 16　CYCLE86 镗孔的运动顺序

① Z 轴快速(G0)到达安全间隙之前的平面即安全平面。

② Z 轴以 G1 插补及所编程进给速度进给至最终的钻孔深度。

③ 最后钻孔深度时的停顿时间。

④ 主轴定位停止在 POSS 编程的位置。

⑤ 使用 G0 在 3 个轴方向上返回。

⑥ Z 轴以 G0 速度退回至安全间隙之前的平面即安全平面。

⑦ Z 轴快速(G0)返回至返回平面 RTP。

5.4.3　钻孔样式循环

排孔——HOLES1

(1)编程格式

编程格式为：HOLESl(SPCA,SPCO,STA1,FDIS,DBH,NUM)

(2)参数的意义

参数的意义见表 5-11。

表 5-10　CYCLE86 参数

RTP	后退平面(返回平面)(绝对)
RFP	参考平面(绝对)
SDIS	安全间隙(无符号输入)
DP	最后钻孔深度(绝对)
DPR	相对于参考平面的最后钻孔深度(无符号输入)
DTB	最后钻孔深度时的停顿时间(断屑)
SDIR	旋转方向,值:3(用于 M3);4(用于 M4)
RPA	平面中第一轴上(横坐标)的返回路径(增量,带符号输入)
RPO	平面中第二轴上(纵坐标)的返回路径(增量,带符号输入)
RPAP	镗孔轴上的返回路径(增量,带符号输入)
POSS	循环中定位主轴停止的位置(以度为单位)

表 5-11　HOLES1 参数

SPCA	直线(绝对值)上一参考点的平面的第一坐标轴(横坐标)
SPCO	此参考点(绝对值)平面的第二坐标轴(纵坐标)
STA1	与平面第一坐标轴(横坐标)的角度,$-180°<STA1\leqslant180°$
FDIS	第一孔到参考点的距离(无符号输入)
DBH	孔间距(无符号输入)
NUM	孔的数量

参数说明见图 5-17。从图样可以看出 SPCA 和 SPCO 定义了主平面内的一个参考点,STA1 为排孔直线和水平方向的夹角,FDIS 为第一个孔到参考点的距离,DBH 为其余的孔之间距,NUM 为孔的数量。

此循环可以用来铣削一排孔,沿直线分布的一些孔或网格孔。孔的类型由已被调用的钻孔循环决定。

(3)编程举例

HOLES1 应用举例见图 5-18。使用此程序可以用来加工主平面(G17)中,5 个 M10 螺纹孔的加工。螺纹孔是间距 20 mm 的排孔。排孔的起点位于 X20,Y30 处,第一孔距离此点 10 mm。循环 HOLES1 中介绍了该排孔的几何分布。首先,使用 CYCLE81 进行钻孔,然后使用 CYCLE84(无补偿夹具攻螺纹)执行攻螺纹。孔深为 15 mm(参考平面和最后钻孔深度间的距离)。程序编写为 PK1. MPF。

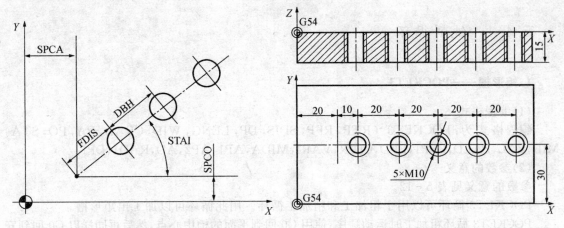

图 5-17　HOLES1 排孔说明　　　　　　　　　图 5-18　排孔 HOLES1 应用举例

% _N_PK1.MPF	主程序名
; $ PATH = /_N_MPF_DIR	传输格式
N10 G53 G90 G94 G40 G17	机床坐标系,绝对编程,取消刀补,切削平面指定
N20 T1 M6	换 1 号刀,$\phi 8.5$ 钻头
N30 M3 S700 F40	主轴正转,转速 700 r/min,进给速度 40 mm/min
N40 G0 G54 X0 Y0 D1	快速定位点,工件坐标系建立,刀具长度补偿值加入
N50 Z50 M7	快速进刀,切削液开
N60 MCALL CYCLE81(30,,3,-20,)	调用钻孔指令钻孔
N70 HOLES1(20,30,0,10,20,5)	调用排孔循环;循环从第一孔加工
N80 MCALL	取消模态调用
N90 G0 G90 Z50 M9	快速抬刀,切削液关
N100 M5	主轴停转
N110 T2 M6	换 2 号刀,M10×1.5 丝锥
N120 M3 S2002	主轴正转,转速 2002 r/min
N130 G0 G54 X0 Y0 D1	快速定位点,工件坐标系建立,刀具长度补偿值加入
N140 Z50 M7	快速进刀,切削液开
MCALL CYCLE84(30,,5,-23,, ,,,1.5,0,100,300)	调用刚性攻螺纹,孔深 15 mm + 5×1.5 mm≈23 mm,螺距 1.5 mm,攻螺纹速度 100 mm/min,回退速度 300 mm/min
N160 HOLES1(20,30,0,10,20,5)	调用排孔循环
N170 MCALL	取消模态调用
N180 G0 G90 Z200 M9	快速抬刀,切削液关

N190 M5	主轴转停
N200　M30	程序结束

5.4.4　铣削循环

1. 矩形槽——POCKET3

（1）编程格式

编程格式为：POCKET3（RTP，RFP，SDIS，DP，LENG，WID，CRAD，PA，PO，STA，MID，FAL，FALD，FFP1，FFD，CDIR，VARI，MIDA，AP1，AP2，AD，RAD1，DP1）

（2）参数的意义

参数的意义见表 5 - 12。

POCKET3 循环可以用于粗加工和精加工循环。用此循环可以加工出矩形槽。

POCKET3 循环粗加工时运动顺序：使用 G0 回到平面的槽中心点，然后再同样以 G0 回到安全间隙前的参考平面。随后根据所选的插入方式并考虑已编程的空白尺寸对槽进行加工。

表 5 - 12　POCKET3 参数

RTP	后退平面（返回平面）（绝对）
RFP	参考平面（绝对）
SDIS	安全间隙（无符号输入）
DP	槽深（绝对值）
LENG	槽长，带符号从拐角测量
WID	槽宽，带符号从拐角测量
CRAD	槽拐半径（无符号输入）
PA	槽参考点（绝对值），平面的第一轴
PO	槽参考点（绝对值），平面的第二轴
STA	槽纵向轴和平面第一轴间的角度（无符号输入）范围值：0°≤STA<180°
MID	最大的进给深度（无符号输入）
FAL	槽边缘的精加工余量（无符号输入）
FALD	槽底的精加工余量（无符号输入）
FFP1	端面加工进给率
FFD	深度进给率
CDIR	加工槽的铣削方向，值：0 顺铣；1 逆铣；2（用于 G2）；3（用于 G3）

VARI	加工类型;个位值:1 粗加工;2 精加工。 十位值:0 使用 G0 垂直于槽中心;1 使用 G1 垂直于槽中心;2 沿螺旋状;3 沿槽纵向轴摆动。
MIDA	在平面的连续加工中作为数值的最大进给宽度
AP1	槽长的空白尺寸
AP2	槽宽的空白尺寸
AD	距离参考平面的空白槽深尺寸
RAD1	插入时螺旋路径的半径(相当于刀具中心点路径)或者摆动时的最大插入角
DP1	沿螺旋路径插入时每转(360°)的插入深度

POCKET3 循环精加工时运动顺序:从槽边缘开始精加工,直到到达槽底的精加工余量,然后对槽底进行精加工,如果其中某个精加工余量为零,则跳过此部分的精加工过程。

① 槽边缘精加工

精加工槽边缘时,刀具只沿槽轮廓切削一次。路径包括一个到达拐角半径的四分之一圆。此路径的半径通常为 2 mm,但如果空间较小,半径等于拐角半径和铣刀半径的差。如果在边缘上的精加工余量大于 2 mm,则应相应增加接近半径。使用 G0 朝槽中央执行深度进给,同时使用 G0 到达接近路径的起始点。

② 槽底精加工

精加工槽底时,机床朝中央执行 G0 功能直至到达距离等于槽深+精加工余量+安全间隙处。从该点起,刀具始终垂直进给深度进给(因为具有副切削刃的刀具用于槽底的精加工),底端面只加工一次。

连续加工槽时,可以考虑空白尺寸(如加工预制的零件时),图 5 - 19 为空白尺寸的表述。图 5 - 20 为 POCKET3 的参数说明。

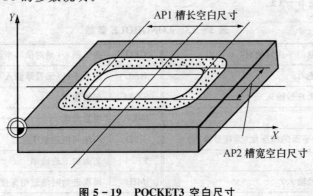

图 5 - 19 POCKET3 空白尺寸

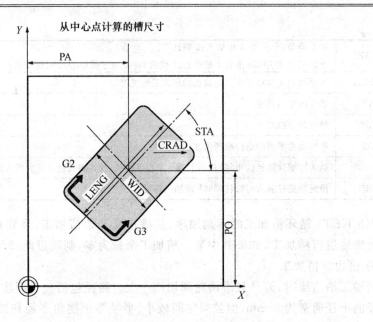

图 5 - 20 POCKET3 的参数说明

2. 圆弧槽——LONGHOLE

（1）编程格式

编程格式为：LONGHOLE(RTP,RFP,SDIS,DP,DPR,NUM,LENG,CPA,CPO,RAD,STA1,INDA,FFD,FFPl,MID)

（2）参数的意义

参数的意义见表 5 - 13。

表 5 - 13   LONGHOLE 参数

RTP	后退平面（返回平面）（绝对）	CPO	圆弧圆心（绝对值），平面的第二坐标轴
RFP	参考平面（绝对）	RAD	圆弧半径（无符号输入）
SDIS	安全间隙（无符号输入）	STA1	起始角度
DP	槽深（绝对）	INDA	增量角度
DPR	相当于参考平面的槽深度（无符号输入）	FFD	深度切削进给率
NUM	槽的数量	FFP1	表面加工进给率
LENG	槽长（无符号输入）	MID	每次进给时的进给深度（无符号输入）
CPA	圆弧圆心（绝对值），平面的第一坐标轴		

使用此循环可以加工按圆弧排列的径向槽。和凹槽相比，该槽的宽度由刀具直径确定。

LONGOLE 循环的运动顺序：

① 使用 G0 到达循环中的起始点位置。在轴形成的当前平面中，移动到高度为返回平面的待加工的第一槽的下一个终点，然后移动到安全间隙前的参考平面。

② 每个槽以来回运动铣削。使用 G1 和 FFP1 下编程的进给率在平面中加工。在每个反向点，使用 G1 和进给率切削下一个加工深度，直到到达最后的加工深度。

③ 使用 G0 返回到返回平面，然后按最短的路径移动到下一个槽的位置。

④ 最后的槽加工完后，刀具按 G0 移动到加工平面中的位置，该位置是最后到达的位置，然后循环结束。

5.5 加工中心加工编程综合实例

5.5.1 FANUC 系统加工编程综合实例

下面举一壳体加工编程实例，壳体零件工序简图见图 5-21。

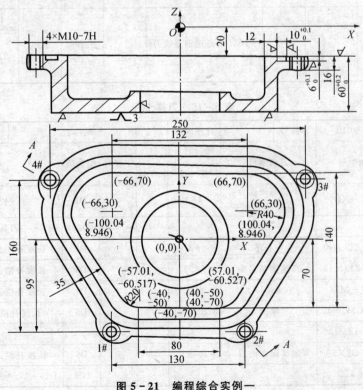

图 5-21 编程综合实例一

　　壳体零件加工要求是:铣削上表面,保证尺寸 $60^{+0.2}_{0}$;铣槽宽 $10^{+0.1}_{0}$;槽深要求为 $6^{+0.1}_{0}$;加工 $4\times M10-7H$ 孔。该零件加工工艺卡片见表 5 – 14,刀具卡片见表 5 – 15。加工程序如下(FANUC–6M 系统立式加工中心):

表 5 – 14　工艺卡片

零件号			零件名称	壳　体		材　料		HT32–52	
程序编号			机床型号	JCS–018		制　表		日　　期	
工　序	加工内容	刀具号(T)	刀具种类		刀具长度	主轴转速(S)	进给速度(F)	补偿量(G、H)	备　注
铣平面		T1	不重磨硬质合金端铣刀盘 $\phi80$			S280	F56	D1	长度补偿
								D21	半径补偿
钻 $4\times M10$ 中心孔		T2	$\phi3$ 中心钻			S1000	F100	D2	长度补偿
钻 $4\times M10$ 底孔定槽 10 中心位置		T3	高速钢 $\phi8.5$ 钻头			S500	F50	D3	长度补偿
螺纹口倒角		T4	$\phi18$ 钻头(90°)			S500	F50	D4	长度补偿
攻螺纹 $4\times M10$ (×1.5)		T5	M10(×1.5)丝锥			S60	F90	D5	长度补偿
铣槽 10		T6	$\phi10^{+0.03}_{0}$ 高速钢立铣刀			S300	F30	D6	长度补偿
								D26	半径补偿作位置偏置 D26=17

表 5 – 15　刀具卡片

机床型号	JCS–018	零件号		程序编号		制　表		日　　期	
刀具号(T)	刀柄型号	刀具型号	刀具		工序号	偏置值		备　　注	
			直　径	长　度					
T1	JT57–XD	不重磨硬质合金端铣刀盘	$\phi80$			D1	长度补偿		
						D21	刀具半径补偿		
T2	JT57–Z13×90	中心钻	$\phi3$			D2	长度补偿。带自紧钻夹头		
T3	JT57–Z13×45	高速钢钻夹头	$\phi8.3$			D3	长度补偿。带自紧钻夹头		
T4	JT57–M2	……(90°)	$\phi18$			D4	长度补偿。带自紧钻夹头		
T5	JT57–GM3–12	丝锥	M10×1.5			D5	长度补偿。带自紧钻头		
	GT3–12M10								
T6	JT57–Q2×90	高速钢立铣刀	$\phi10^{+0.03}_{0}$			D6	长度补偿。带自紧钻夹头		
	HQ2ϕ10					D26	D26=17.0 刀补作位置偏置用		

```
O 0002
N10 T01 M06                                            换刀
N20 G90 G54 G00 X0 Y0 T02                              进入加工坐标系;选 T02
N30 G43 Z0 H01                                         设置刀具长度补偿
N40 S280 M03                                           主轴起动
N50 G01 Z - 20.0 F40
N60 G01 Y70.0 G41 D21 F56                              设置刀具半径补偿
N70 M98 P0100                                          调铣槽子程序铣平面
N80 G40 Y0                                             取消刀具补偿
N90 G28 Z0 M06                                         Z 轴返回参考点换刀
N100 G00 X - 65.0 Y - 95.0 T03                         到 1# ;选 T03
N110 G43 Z0 H02 F100                                   设置刀具长度补偿
N120 S100 M03                                          主轴起动
N130 G99 G81 Z - 24.0 R - 17.0                         钻 1#中心孔
N140 M98 P0200                                         调用子程序,钻 2# ,3# ,4#中心孔
N150 G80 G28 G40 Z0 M06                                返回换刀
N160 G43 Z0 H03 F50 T04                                设置刀具长度补偿;选 T04
N170 S300 M03                                          主轴起动
N180 G99 G81 X0 Y87.0 Z - 25.5 R - 17.0                定槽上端中心位置
N190 X - 65.0 Y - 95.0 Z - 40.0                        钻 1#底孔
N200 M98 P0200                                         调用子程序,钻 2# ,3# ,4#底孔
N210 G80 G28 G40 Z0 M06                                返回换刀
N220 G43 Z0 H04 M03 T05                                设置刀具长度补偿;选 T05
N230 G99 G82 X - 65.0 Y - 95.0 Z - 26.0 R - 17.0 P500  1#孔倒角
N240 M98 P0200                                         调用子程序,2# ,3# ,4#孔倒角
N250 G80 G28 G40 Z0 M06                                返回换刀
N260 G43 Z0 H05 F90 T06                                设置刀具长度补偿;选 T06
N270 S60 M03                                           主轴起动
N280 G99 G84 X - 65.0 Y - 95.0 Z - 40.0 R - 10.0       1#攻螺纹
N290 M98 P0200                                         调用子程序,2# 、3# 、4#攻螺纹
N300 G80 G28 G40 Z0 M06                                返回换刀
N310 X - 0.5 Y150.0 T00                                到铣槽起始点
N320 G41 D26 Y70.0                                     设置刀具半径补偿
N330 G43 Z0 H06                                        设置刀具长度补偿
N340 S300 M03                                          主轴起动
N350 X0                                                到 X0 点
N360 G01 Z - 26.05 F30                                 下刀
```

N370 M98 P0100   调铣槽子程序铣槽

N380 G28 G40 Z0 M06   返回换刀

N390 G28 X0 Y0   回机床零点

N400 M30   程序结束

铣槽子程序：

O 0100

N10 X66.0 Y70.0

N20 G02 X100.04 Y8.946 J−40.0   切削右上方 R40 圆弧

N30 G01 X57.010 Y−60.527

N40 G02 X40.0 Y−70.0 I−17.010 J10.527   切削右下方 R20 圆弧

N50 G01 X−40.0

N60 G02 X−57.010 Y−60.527 J20.0   切削左下方 R20 圆弧

N70 G01 X−100.04 Y8.946

N80 G02 X−66.0 Y70.0 I34.04 J21.054   切削左上方 R40 圆弧

N90 G01 X0.5

N100 M99

2#,3#,4#孔定位子程序：

O0200

N10 X65.0   2#孔位

N20 X125.0 Y65.0   3#孔位

N30 X−125.0   4#孔位

N40 M99

设置 D21＝0,D26＝17。

5.5.2 SIEMENS 系统加工编程综合实例

如图 5-22 所示零件,材料为 45 钢,经调质处理,上下平面及方形外轮廓已加工完毕。编制铣削加工六边形和槽的数控加工程序。

1.零件图分析

该零件由六边形凸台和一个槽组成,零件的六边形凸台外轮廓为方形,表面粗糙度为 $R_a3.2\ \mu m$,槽表面粗糙度 $R_a3.2\ \mu m$,槽宽尺寸精度为 IT9,需采用粗、精铣加工。

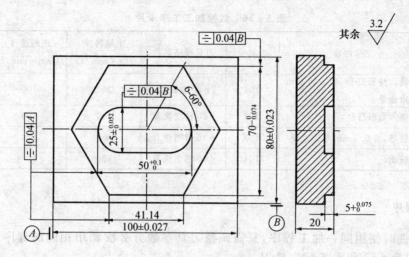

图 5 - 22　编程综合实例二

2. 工艺分析

工件坐标系原点：根据零件图样要求工件的设计基准是上平面和对称中心线，以工件上表面与其对称中心线交点为加工坐标系原点。该零件毛坯的外形比较规则，选用平口虎钳装夹工件，用百分表找正上平面。

确定工件加工方式及走刀路线，由工件编程原点、坐标轴方向及图样尺寸进行数据转换，可采用 CAD 绘制图样，查询所需坐标点（见图 5 - 23）。

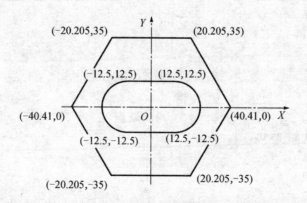

图 5 - 23　计算坐标点

该零件材料切削性能较好。其加工工艺与刀具选择见表 5 - 16 数控加工工序卡片。

表 5 - 16　数控加工工序卡片

工步号	工步内容	刀具号	刀具规格名称	主轴转速 /(r · min^{-1})	进给速度 /(mm · min^{-1})	背吃刀量/mm
1	粗铣六角形凸台，留 0.5 mm 单边余量	T01	ϕ20 立铣刀	300	100	2.5
2	精铣六角形凸台	T02	ϕ20 精铣刀	400	100	0.5
3	粗铣槽，留 0.5 mm 单边余量	T03	ϕ16 键槽铣刀	350	100	2.5
4	精铣槽	T04	ϕ16 精立铣刀	450	100	0.5

3. 加工程序

粗铣、精铣时使用同一加工程序，只需调整刀具参数分 2 次调用相同的程序进行加工即可。精加工时换 ϕ20 和 ϕ16 精立铣刀。

```
% _N_01_MPF                              程序名
; $ PATH = /_N_MPF_DIR                    程序传输格式
N10 G53 G90 G92 G94 G49 G40；             程序初始化，机床坐标系等
N20 T1 D1；                               选用 φ20 立铣刀，精铣时换 φ20 精立铣刀
N30 M06；
N40 G54；                                 建立工件坐标系
N50 G00 Z50 S300 M03；
N60 G00 X60；
N70 Z1；
N80 G41 G00 X40.41 Y - 35 D1；            N45～N110 加工六角形凸台外围至 5 mm 深度处
N90 G01 Z - 2.5 F30；
N100 X - 40.41 F100；
N110 Y35；
N120 X40.41；
N130 Y - 35；
N140 Z1；
N150 G40 G00 X60；
N160 G41 G00 X40.41 Y - 35 D1；
N170 001 Z - 5 F30；
N180 X - 40.41 F100；
N190 Y35；
N200 X40.41；
N210 Y - 35；
N220 Z1；
N230 G40 G00 X60；
N240 G41 G01 X20.205 Y - 35 D1 F200；     N240～N410 加工六角形凸台至 5 mm 深度处
```

N250 G01 Z - 2.5 F30;

N260 X - 20.205 F100;

N270 X - 40.41 Y0;

N280 X - 20.205 Y35;

N290 X20.205;

N300 X40.41 Y0;

N310 X20.205 Y - 35;

N320 Z1 F200;

N330 G40 G00 X60;

N340 G41 G01 X20.205 Y - 35 D1 F300;

N350 G01 Z - 5 F30;

N360 X - 20.205 F100;

N370 X - 40.41 Y0;

N380 X - 20.205 Y35;

N390 X20.205;

N400 X40.41 Y0;

N410 X20.205 Y - 35;

N420 Z1 F300;

N430 G40 G00 X60;

N440 G00 Z100 M05;

N450 T12 D2;

N460 M06;

N470 G54;

N480 G00 Z50 S350 M03;

N490 G00 X60;

N500 Z1;

N510 G00 G42 X12.5 Y - 12.5 D1;

N520 G01 Z - 2.5 F30;

N530 X - 12.5 F100;

N540 G02 X - 12.5 Y12.5 CR = 12.5;

N550 G01 X12.5;

N560 G02 X12.5 Y - 12.5 CR = 12.5;

N570 G01 Z1 F300;

N580 G00 G40 X30;

N590 G00 G42 X12.5 Y - 12.5 D2;

N600 G01 Z - 5 F30;

N610 X - 12.5 F100;

N620 G02 X - 12.5 Y12.5 CR = 12.5;

N630 G01 X12.5;

N640 G02 X12.5 Y - 12.5 CR = 12.5;

N650 G00 Z50;

选用 ϕ16 键槽铣刀,精铣时换 ϕ16 精立铣刀

建立工件坐标系

N520~N640 加工水平槽至 5 mm 深度处

N660 G40 X60 M05;

N670 M30;

思考题与习题

1. 请结合自己已经掌握的工艺知识,说明如何对加工中心进行数控加工工艺性分析?

2. 使用固定循环功能时,应注意哪些事项?

3. 加工中心编程与数控铣床编程主要区别在哪里?

4. 加工中心分为哪几类,其主要功能有哪些?

5. 加工中心上使用的工艺装备有何特点?

6. 编程练习:用 FANUC 系统编写图 5-24(a)所示零件的数控加工程序。

7. 编写练习:用 SIEMENS 系统编写图 5-24(b)所示零件的数控加工程序。

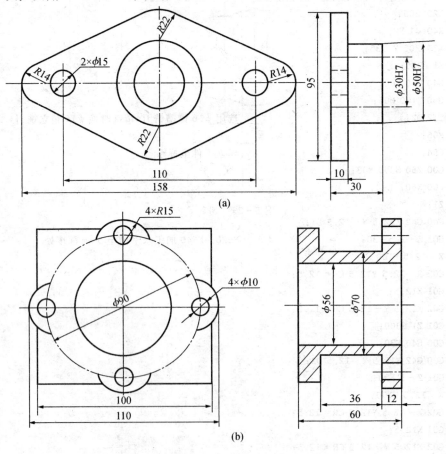

图 5-24   习题 6 图和习题 7 图

8.在立式加工中心上加工如图 5 - 25 所示零件,试分别用 FANUC 系统和 SIEMENS 系统编写数控加工程序。

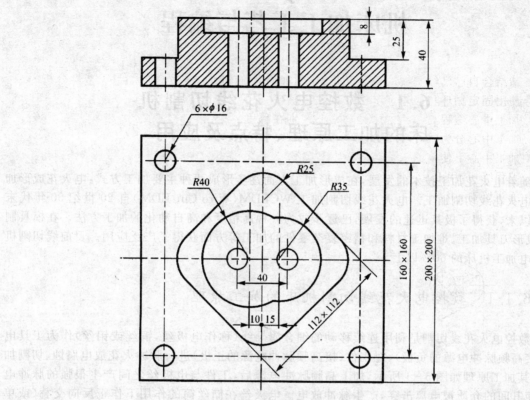

图 5 - 25　习题 8 图

第6章　数控电火花线切割机床加工工艺与编程

6.1　数控电火花线切割机床的加工原理、特点及应用

随着电火花加工技术的发展,在成形加工方面逐步形成两种主要加工方式:电火花成形加工和电火花线切割加工。电火花线切割加工 WCEDM(Wire Cut EDM)自 20 世纪 50 年代末诞生以来,获得了极其迅速的发展,已逐步成为一种高精度和高自动化的加工方法。在模具制造、成形刀具加工、难加工材料和精密复杂零件的加工等方面获得了广泛应用。目前线切割机已占电加工机床的 60% 以上。

6.1.1　数控电火花线切割机床的加工原理

数控电火花线切割是利用连续移动的细金属导线(称作电极丝,铜丝或钼丝)作为工具电极(接高频脉冲电源的负极),对工件(接高频脉冲电源的正极)进行脉冲火花放电腐蚀、切割加工。其加工原理如图 6-1 所示,加上高频脉冲电源后,工件与电极丝之间产生很强的脉冲电场,使其间的介质被电离击穿,产生脉冲放电。电极丝在储丝筒的作用下作正反向交替(或单向)运动,在电极丝和工件之间浇注工作液介质,在机床数控系统的控制下,工作台相对电极丝在水平面两个坐标方向各自按预定的程序运动,从而切割出需要的工作形状。

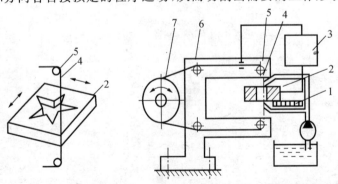

(a)工件及其运动方向;　　(b)电火花线切割加工装置原理图

1—绝缘底板;2—工件;3—脉冲电源;4—电极丝(钼丝);5—导向轮;6—支架;7—储丝筒

图 6-1　电火花线切割原理

6.1.2　数控电火花线切割机床加工的特点

数控电火花线切割机床加工有以下几个特点：

① 直接利用线状的电极丝作线电极，不需要像电火花成形加工一样的成形工具电极，可节约电极设计和制造费用，缩短了生产准备周期。

② 可以加工用传统切削加工方法难以加工或无法加工的微细异形孔、窄缝和形状复杂的工件。

③ 利用电蚀原理加工，电极丝与工件不直接接触，两者之间的作用力很小，因而工件的变形很小，电极丝、夹具不需要太高的强度。

④ 可加工硬度很高或很脆，用一般切削加工方法难以加工或无法加工的材料。在加工中作为刀具的电极丝无须刃磨，可节省辅助时间和刀具费用。

⑤ 直接利用电、热能进行加工，可以方便地调整影响加工精度的加工参数（如脉冲宽度、间隔、电流），有利于加工精度的提高，便于实现加工过程的自动化控制。

⑥ 电极丝是不断移动的，单位长度的损耗少，特别是在走慢走丝线切割加工时，电极丝一次性使用，故加工精度高（可达 $\pm 2\ \mu m$）。

⑦ 采用线切割加工冲模时，可实现凸、凹模一次加工成形。

6.1.3　数控电火花线切割的应用

线切割加工的生产应用，为新产品的试制、精密零件及模具的制造开辟了一条新的工艺途径，具体应用有以下 3 个方面：

（1）模具制造

适用于加工各种形状的冲裁模，一次编程后通过调整不同的间隙补偿量，就可以切割出凸模、凹模、凸模固定板、凹模固定板、卸料板等，模具的配合间隙、加工精度通常都能达到要求。此外电火花线切割还可以加工粉末冶金模、电机转子模、弯曲模、塑料模等各种类型的模具。

（2）电火花成形加工用的电极

一般穿孔加工的电极以及带锥度型腔加工的电极，若采用银钨、铜钨合金材料，用线切割加工特别经济，同时也可以加工细微、形状复杂的电极。

（3）新产品试制及难加工零件

在试制新产品时，用线切割在坯料上直接切割出零件。由于不需要另行制造模具，可以大大缩短制造周期，降低成本。加工薄件时可多片叠加在一起加工。在零件制造方面，可用于加工品种多、数量少的零件，还可以加工特殊难加工材料的零件，如凸轮、样板、成形刀具、异形槽和窄缝等。

6.1.4　数控线切割加工的主要工艺指标

1. 切割速度 v_{wi}

在保持一定的表面粗糙度的切割过程中，单位时间内电极丝中心线在工件上切过的面积总和称为切割速度，单位为 mm^2/min。最高切割速度 v_{wimax} 是指在不计切割方向和表面粗糙度等条件下所能达到的切割速度。通常慢速走丝线切割速度为 $40\ mm^2/min\sim80\ mm^2/min$，快速走丝线切割速度可达 $350\ mm^2/min$。最高切割速度与加工电流大小有关，为了比较不同输出电流脉冲电源的切割效果，将每安培电流的切割速度称为切割效率，一般切割效率为 $20\ mm^2/(min\cdot A)$。

2. 表面粗糙度

表面粗糙度常用轮廓算术平均偏差 R_a（μm）来表示，高速走丝线切割的表面粗糙度一般为 $R_a 1.25\ \mu m\sim2.5\ \mu m$，最佳也只有 $R_a 1\ \mu m$ 左右。低速走丝线切割一般可达 $R_a 1.25\ \mu m$，最佳可达 $R_a 0.2\ \mu m$。

3. 电极丝损耗量

对高速走丝机床，用电极丝在切割 $10\ 000\ mm^2$ 面积后电极丝直径的减少量来表示。一般每切割 $10\ 000\ mm^2$ 后，钼丝直径减小不应大于 $0.01\ mm$。

4. 加工精度

加工精度是指所加工工件的尺寸精度、形状精度（如直线度、平面度、圆度等）和位置精度（如平行度、垂直度、斜线度等）的总称。快速走丝线切割的可控加工精度在 $0.01\sim0.02\ mm$，低速走丝线切割可达 $0.002\sim0.005\ mm$。

6.2　数控电火花线切割加工工艺的制定

数控线切割加工时，为了使工件达到图样规定的尺寸、形状位置精度和表面粗糙度要求，必须合理制定数控线切割加工工艺。只有工艺合理，才能高效率地加工出质量好的工件。下面就线切割加工工艺分析的主要问题进行讨论。

6.2.1 零件图工艺分析

主要分析零件的凹角和尖角是否符合线切割加工的工艺条件,零件的加工精度、表面粗糙度是否在线切割加工所能达到的经济精度范围内。

1. 凹角和尖角的尺寸分析

线切割加工是用电极丝作为工具电极来加工的,因为电极丝有一定的直径 d,加工时又有放电间隙 δ,使电极丝中心运动轨迹与给定图线相差距离 l,如图 6-2 所示,即 $l = d/2 + \delta$,这样,加工凸模类零件时,电极丝中心轨迹应放大;加工凹模类零件时,电极丝中心轨迹应缩小,如图 6-3 所示。

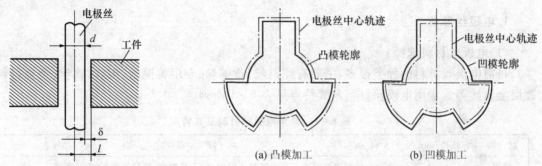

图 6-2 电极丝与工件放电位置的关系

图 6-3 电极丝中心运动轨迹与给定图线的关系

(a) 凸模加工　　(b) 凹模加工

一般数控装置都有刀具补偿功能,不需要计算刀具中心轨迹,只需要按零件轮廓编程,使编程简单方便。但需要考虑电极丝直径及放电间隙,即要设置间隙补偿量 JB。

$$JB = \pm(d/2 + \delta)$$

加工凸模时取"+"值,加工凹模时取"-"。

线切割加工时,在工件的凹角处不能得到"清角",而是半径等于 l 的圆弧。对于形状复杂的精密冲模,在凸凹模设计图纸上应注明拐角处的过渡圆弧半径 R。

加工凹角时　　　　　　　　　　$R_1 \geqslant l = 2/d + \delta$

加工尖角时　　　　　　　　　　$R_2 = R_1 - \Delta$

式中:R_1 为凹角圆弧半径;R_2 为尖角圆弧半径;Δ 为凸、凹模配合间隙。

2. 表面粗糙度和加工精度分析

线切割加工表面是由无数的小坑和凸起组成的。粗细较均匀,特别有利于保存润滑油;而机械加工表面则存在切削或磨削刀痕并具有方向性。在相同表面粗糙度的情况下,其耐磨性比机械加工的表面好。因此,采用线切割加工时,工件表面粗糙度的要求可以较机械加工法降低半级到一级。此外,如果线切割加工的表面粗糙度等级提高一级,则切割速度将大幅度下降。所以,图纸中要合理地给定表面粗糙度。线切割加工所能达到的最好粗糙度是有限的。若无特殊需要,对表面粗糙度的要求不能太高。同样,加工精度的给定也要合理,目前,绝大多数数控线切割机床的脉冲当量一般为每步 0.001 mm,由于工作台传动精度有限,加上走丝系统和其他方面的影响,切割加工精度一般为 IT6 级左右,如果加工精度要求很高,是难以实现的。

6.2.2　工艺准备

工艺准备主要包括电极丝准备、工件准备和工作液配制。

1. 电极丝准备

(1)电极丝材料选择

目前电极丝材料的种类很多,主要有纯铜丝、黄铜丝、专用黄铜丝、钼丝、钨丝、合金材料及镀层金属丝等。常用电极丝材料及其特点见表 6-1 所列。

表 6-1　常用电极丝材料及其特点

材　料	线径/mm	特　　点
纯铜	0.01~0.25	适合于切割速度要求不高或精加工时用,丝不易卷曲,抗拉强度低,容易断丝
黄铜	0.1~0.30	适合于高速加工,加工面的蚀屑附着少,表面粗糙度和加工面的平直度也较好
专用黄铜	0.05~0.35	适合于高速、高精度和理想的表面粗糙度加工以及自动穿丝,但价格高
钼	0.06~0.25	由于它的抗拉强度高,一般用于快速走丝,在进行微细、窄缝加工时,也可用于慢速走丝
钨	0.03~0.10	由于抗拉强度高,可用于各种窄缝的微细加工,但价格昂贵

一般情况下,快速走丝机床常用钼丝作电极丝,钨丝或其他昂贵金属丝因成本高而很少使用,其他丝材因抗拉强度低,在快速走丝机床上不能使用。慢速走丝机床上则可用各种铜丝、铁丝、专用合金丝以及镀层(如镀锌等)的电极丝。

(2)电极丝直径的选择

电极丝直径 d 应根据工件的切缝宽窄、工件厚度及拐角尺寸大小等来选择。由图 6-4 可知,电极丝直径 d 与拐角半径 R 的关系为 $d \leqslant 2(R-\delta)$。所以,在拐角要求小的微细线切割加工中,需要选用线径细的电极,但线径太细,能够加工的工件厚度也将受到限制。

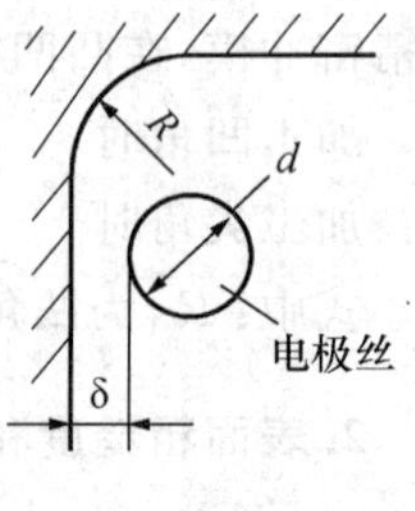

图 6-4　电极丝直径与拐角

线径与角极限和工件厚度的关系见表 6-2。

表 6-2　线径与拐角极限和工件厚度的关系

线电极直径 d /mm	拐角极限 R_{MIN} /mm	切割工件厚度 /mm	线电极直径 d /mm	拐角极限 R_{MIN} /mm	切割工件厚度 /mm
钨 0.05	0.04～0.07	0～10	黄铜 0.15	0.10～0.16	0～50
钨 0.07	0.05～0.10	0～20	黄铜 0.20	0.12～0.20	0～100 以上
钨 0.10	0.07～0.12	0～30	黄铜 0.25	0.15～0.22	0～100 以上

2. 工件准备

（1）工件材料的选择和处理

工件材料的选择是由图样设计时确定的。作为模具加工，在加工前毛坯需经锻打和热处理。锻打后的材料在锻打方向与其垂直方向会有不同的残余应力；淬火后也会出现残余应力。加工过程中残余应力的释放会使工件变形，从而达不到加工尺寸精度要求，淬火不当的工件还会在加工过程中出现裂纹，因此，工件需经二次以上回火或高温回火。另外，加工前还有进行消磁处理及去除表面氧化皮和锈斑等。

例如，以线切割加工为主要工艺时，钢件的加工工艺路线一般为：下料——锻造——退火——机械粗加工——淬火与高温回火——磨加工（退磁）——线切割加工——钳工修整。

这种工艺路线的特点之一是工件在加工的过程中会产生第一次较大变形。经过机械粗加工的整块坯件经过热处理，材料内部的残余应力显著的增加了。热处理后的坯件进行切割加工时，由于大面积去除金属和切断加工，会使材料内部残余应力的相对平衡状态受到破坏，材料又会产生第二次较大变形。

为了避免或减少上述情况，应选择锻造性能好，淬透性好，热处理变形小的材料，如以线切割为主要工艺的冷冲模具，尽量选用 CrWMn，Cr12Mo，GCr15 等合金工具钢，并要正确选择热加工方法和严格执行热处理规范。另一方面，也要合理安排线切割加工工艺。

（2）工件加工基准的选择

为了便于线切割加工，根据工件外形和加工要求，应准备相应的校正和加工基准，且此基准应尽量和图样的设计基准一致，常见的有以下两种形式。

a. 以外形为校正和加工基准

外形是矩形状的工件，一般需要有两个相互垂直的基准面，并垂直于工件的上、下两面（见图 6-5）。

b. 以外形为校正基准，内孔为加工基准

无论是矩形、圆形还是其他异形工件，都应准备一个与工件的上、下平面保持垂直的校正基准，此时其中一个内孔可作为加工基准，如图 6-6 所示。在大多数情况下，外形基面在线切割加工前的机械加工中就已经准备好了。工件淬硬后,若基面变形很小,稍加打光便可用线切割加工;若变形较大,则应当重新修磨基面。

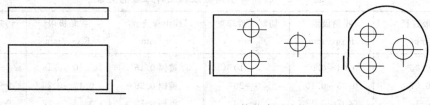

图 6-5　矩形工件的校正和加工基准　　　图 6-6　加工基准的选择

（外形-侧边为校正基准,内孔为加工）

（3）穿丝孔的确定

a. 切割凸模类零件

为避免将坯件外形切断引起变形（工件内应力失去平衡造成）而影响加工精度,通常在坯件内部外形附近预制穿丝孔（见图 6-7(c)）。

b. 切割凹模、孔类零件

此时可将穿丝孔位置选在待切割型腔（孔）内部。当穿丝孔位置选在待切割型腔（孔）的边缘处时,切割过程中无用的轨迹最短;而穿丝孔位置选在已知坐标尺寸的交点处则有利于尺寸推算;切割孔类零件时,若将穿丝孔位置选在型孔中心可使编程操作容易。因此,要根据具体情况来选择穿线孔的位置。

c. 穿丝孔大小要适宜

一般不宜太小,如果穿丝孔径太小,不但钻孔难度增加,而且也不便于穿丝。但是,若穿丝孔径太大,则会增加钳工工艺上的难度。一般穿丝孔常用直径为 $\phi3\sim\phi10$。如果预制孔可用车削等方法加工,则穿丝孔径也可大些。

（4）切割路线的确定

线切割加工工艺中,切割起始点和切割路线的安排合理与否,将影响工件变形的大小,从而影响加工精度。起割点应取在图形的拐角处,或取在容易将凸尖修去的部位。切割线路主要预防或减少模具变形为原则,一般应考虑使靠近装夹这一侧的图形最后切割为宜。

图 6-7 所示的由外向内顺序的切割路线,通常在加工凸模零件时采用。其中,图6-7(a)所示的切割线路是错误的,因为当切割完第一边,继续加工时,由于原来主要连接的部位被割离,余下材料与夹持部分的连接较少,工件的刚度大为降低,容易产生变形而影响加工精度。如按图 6-7(b)所示的切割路线加工,可减少由于材料割离后残余应力重新分布而引起的变形。所以,一般情况下,最好将工件与其夹持部分分割的线段安排在切割路线的末端。对精度要求较高的零件,最好采用图 6-7(c)所示的方案,电极丝不是由坯件外部切入,而是将切割起始点取在坯件预制的穿丝孔中,这种方案可使工件的变形最小。

切割孔类零件时,为了减少变形,还可采用二次切割法,如图 6-8 所示。第一次粗加工型孔,各边留余量 0.1～0.5 mm,以补偿材料被切割后由于内应力重新分布而产生的变形。第二次切割为精加工,这样可以达到比较满意的效果。

(a) 错误的切割线路

(b) 正确的切割线路

(c) 工件变形最小的方案

图 6-7　切割起点与切割路线的安排

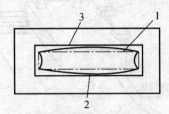

1—第一次切割的理论图形;2—第一次切割的实际图形;3—第二次切割的图形

图 6-8　二次切割孔类零件

(5)工作液的选择

数控线切割加工中,工作液是脉冲放电的介质,对加工工艺指标的影响很大,对切割速度、表面粗糙度和加工精度也有影响。应根据线切割机床的类型和加工对象,选择工作液的种类、浓度及导电率等。对快速走丝线切割加工,一般常用浓度为 10% 左右的乳化液,此时可达到较高的线切割速度。对于慢速走丝线切割加工,普遍使用离子水或煤油。适当添加某些导电液有利于提高切割速度。一般使用电阻率为 $2\times10^4\ \Omega\cdot cm$ 左右的工作液,可达到较高的切割速度。工作液的电阻率过高或过低均有降低线切割速度的倾向。

6.2.3　工件的装夹和位置校正

1.对工件装夹的基本要求

① 工件的装夹基准面应清洁无毛刺,经过热处理的工件,在穿丝孔或凹模类工件扩孔的台阶处,要清理热处理液的渣物及氧化膜表面。

② 夹具精度要高。工件至少用两个侧面固定在夹具或工作台上如图 6-9 所示。

③ 装夹工件的位置要有利于工件的找正,并能满足加工行程的需要,工作台移动时,不得与丝架相碰。

④ 装夹工件的作用力要均匀,不得使工件变形或翘起。

⑤ 批量加工时最好采用专用夹具,以提高效率。

⑥ 细小、精密、薄壁工件应固定在辅助工作台或不易变形的辅助夹具上,如图6-10所示。

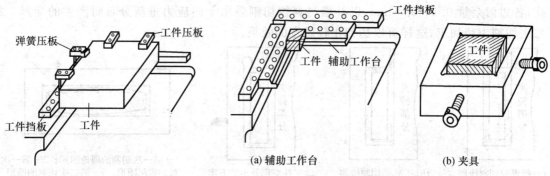

图 6-9　两个侧面固定工件

图 6-10　辅助工作台和夹具

2. 工件的装夹方式

（1）悬臂支撑方式

如图 6-11 所示，悬臂支撑通用性强，装夹方便。但由于工件单端压紧，另一端悬空，使得工件不易与工作台平行，所以易出现上仰或倾斜的情况，致使切割表面与工件上下平面不垂直或达不到预定的精度。因此，只有在工件的技术要求不高或悬臂部分较小的情况下才能采用。

（2）两端支撑方式

如图 6-12 所示，两端支撑是把工件两端都固定在夹具上，这种方法装夹支撑稳定，平面定位精度高，工件底面与切割面垂直度好，但对较小的零件不适用。

（3）桥式支撑方式

如图 6-13 所示，桥式支撑是在双端夹具体下垫上两个支撑铁架。其特点是通用性强、装夹方便，对大、中、小工件装夹都比较方便。

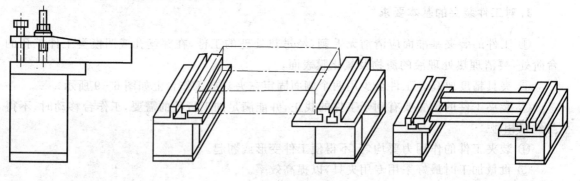

图 6-11　悬臂支撑夹具　　　　图 6-12　两端支撑夹具　　　　图 6-13　桥式支撑夹具

（4）板式支撑方式

如图 6-14 所示，板式支撑夹具可以根据经常加工工件的尺寸而定，可呈矩形或圆形孔，并可增加 X 和 Y 两方向的定位基准，装夹精度较高，适于常规生产和批量生产。

（5）复式支撑方式

如图 6-15 所示，复式支撑夹具是在桥式夹具上，再装上专用夹具组合而成的。它装夹方便，特别适用于成批零件加工，既可节省工件找正和调整电极丝相对位置等辅助工时，又保证了工件的一致性。

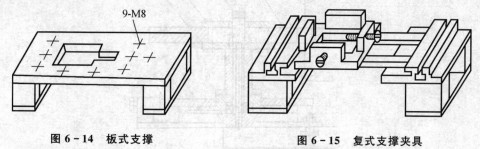

图 6-14　板式支撑　　　　　　　　　图 6-15　复式支撑夹具

3. 常用夹具的名称、规格和用途

（1）压板夹具

压板夹具主要用于固定平板状的工件，对于稍大的工件要成对使用。夹具上如有定位基准面，则加工前应预先用划针或百分表将夹具定位基准面与工作台对应的导轨校正平行，这样在加工批量工件时较方便，因为切割型腔的划线一般是以模板的某一面为基准。夹具的基准面与夹具底面的距离是有要求的，夹具成对使用时两件基准面的高度一定要相等，否则切割出的型腔与工件端面不垂直，造成废品。在夹具上加工出 V 形的基准，则可用以夹持轴类工件。

（2）磁性夹具

采用磁性工作台或磁性表座支持工件，不需要压板和螺钉，操作快速方便，定位后会因压紧而变动，如图 6-16 所示。要注意保护上述两类夹具的基准面，避免工件将其划伤或拉毛。压板夹具应定期修磨基准面，保持两件夹具的等高性。因有时绝缘体受损造成绝缘电阻减小，影响正常的切割，故夹具的绝缘性也应经常检查和测试。

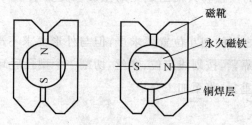

磁靴

永久磁铁

铜焊层

图 6-16　磁性夹具的基本原理

（3）分度夹具

分度夹具如图 6-17 所示，是根据加工电机转子、定子等多型孔的旋转形工件设计的，可

保证高的分度精度。近年来,因微机控制器及自动编程机对加工图形具有对称、旋转等功能,所以分度夹具用得较少。

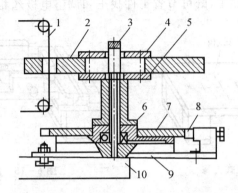

1—电极丝;2—工件;3—螺杆;4—压板;5—垫板;6—
轴承;7—定位板;8—定位销;9—底座;10—工作台

图 6－17　分度夹具

4.工件的找正

(1)打表法

如图 6－18 所示,打表法是利用磁力表架,将百分表固定在线架或其他"接地"位置上,百分表触头接触在工件基面上然后旋转纵(或横)向丝杠手柄使拖板往复移动,根据百分表指示数值相应调整工件,校正应在 3 个坐标方向上进行。

(2)划线法

如图 6－19 所示,固定在线架上的一个带有顶丝的零件将划针固定,划针尖指向工件图形的基准线或基准面,移动纵(或横)向拖板,根据目测调整工件找正。

① 线切割加工型腔的位置和其他已成型的型腔位置要求不严时,可靠紧基准面后,按划线定位、穿丝。

② 同一工件上型孔之间的相互位置要求严,但与外形要求不严,又都是只用线切割一道工序加工时,也可按基面靠紧,按划线定位、穿丝,切割一个型孔后卸丝,走一段规定的距离,再穿丝切第二个型孔,如此重复,直至加工完毕。

(3)固定基面靠定法

利用通用或专用夹具纵、横方向基准面,经过一次校正后,保证基准面与相应坐标方向一致。于是具有相同加工基准面的工件可以直接靠定,这样就保证了工件的正确加工位置(见图 6－20)。

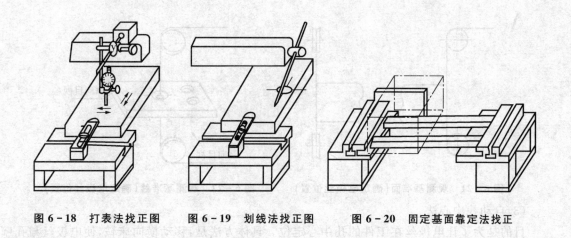

图 6-18　打表法找正图　　　图 6-19　划线法找正图　　　图 6-20　固定基面靠定法找正

5. 确定电极丝坐标位置的方法

在数控线切割中,需要确定电极丝相对于工件的基准面、基准线或基准孔的坐标位置,可按下列方法进行。

(1)目视法

对加工要求较低的工件,确定电极丝和工件有关基准线和基准面的相互位置时,可直接目视或借助于 2~8 倍的放大镜来进行观测。

a. 观测基准面

工件装夹后,观测电极丝与工件基面初始接触位置,记下相应的纵横坐标,如图 6-21 所示。但此时的坐标并不是电极丝中心和基面重合的位置,两者相差一个电极丝半径。

b. 观测基准线

利用钳工或镗工等在工件的穿丝孔处划上纵、横方向的十字基准线,观测电极丝与十字基准线的相对位置,如图 6-22 所示。摇动纵或横向丝杠手柄,使电极丝中心分别与纵、横方向基准线重合,此时的坐标就是电极丝的中心位置。

(2)火花法

该方法是利用电极丝与工件在一定间隙下发生放电的火花来确定电极丝坐标位置的,如图 6-23 所示摇动拖板的丝杠手柄,使电极丝逼近工件的基准面,待开始出现火花时,记下拖板的相应坐标。该方法简便、易行,但电极丝逐步逼近工件基准面时,开始产生脉冲放电的距离往往并非正常加工条件下电极丝与工件间的放电距离。

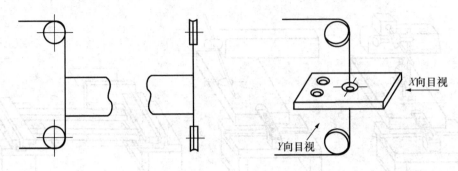

图6-21　观测基准面(确定电极丝位置)　　　图6-22　观测基准线(确定电极丝位置)

(3)自动找中心法

目的是为了让电极丝在工件的孔中心定位。具体方法是:移动横向床鞍,使电极丝与孔壁相接触,记下坐标值 X_1 ,反向移动床鞍至另一导通点,记下相应坐标 X_2 ,将拖板移至 X_1 与 X_2 的绝对值之和的一半处。同理,移动纵向床鞍,记录下坐标值 Y_1 , Y_2 ,将拖板移至 Y_1 与 Y_2 的绝对值之和的一半处,即可找到电极丝与基准孔中心相重合的坐标,如图6-24所示。

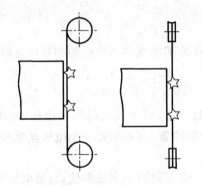

图6-23　火花法确定电极丝

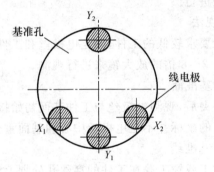

图6-24　找电极丝中心

6.2.4　加工参数的选择

1.脉冲电源参数的选择

(1)空载电压

空载电压可参考表6-3进行选择。

表 6 - 3　空载电压的选择

工况状况	空载电压	工艺状况	空载电压
切割速度高	低	减少加工面的腰鼓形	低
线径细(0.1 mm)	低	改善表面粗糙度	高
硬质合金加工	低	减小拐角塌角	高
切缝窄	低	纯铜线电极	高

（2）放电电容

使用铜丝电极时，为了得到理想的表面粗糙度，减小拐角的塌角，应选择较小的放电电容；使用黄铜电极时，进行高速切割，希望减小腰鼓量，要选用大的放电电容。

（3）脉冲宽度和脉冲间隔

对材料的电腐蚀过程影响极大。它们决定着加工效率、表面粗糙度、切缝宽度的大小和钼丝的损耗率，进而影响加工的工艺指标。

在一定工艺条件下，增加脉冲宽度，可使切割速度提高，但表面粗糙度增大。这是因为脉冲宽度增加，使单个脉冲放电能量增大。同时，随着脉冲宽度的增加，电极丝损耗变大。

数控线切割用于精加工时，单个脉冲放电能量应限制在一定范围内。当短路峰值电流选定后，脉冲宽度要结合具体的加工要求来选定。一般精加工时，脉冲宽度可在 $20\mu s$ 内选择，半精加工时，可在 $20 \sim 60 \mu s$ 内选择。

减小脉冲间隔，切割速度提高，表面粗糙度稍有增大。脉冲间隔对切割速度影响较大，对表面粗糙度影响较小。这是因为在单个脉冲放电能量确定的情况下，脉冲间隔较小，致使脉冲频率提高，即单位时间内放电加工的次数增多，平均加工电流增大，故切割速度提高。

实际上，脉冲间隔不能太小，它受间隙绝缘状态恢复速度的限制。如果脉冲间隔太小，放电产物来不及排除，形成短路，这将使加工变得不稳定，易造成工件的烧伤或断丝。但是脉冲间隔也不能太大，因为这会使切割速度明显降低，严重时不能连续进给，使加工速度变得不够稳定。

一般脉冲间隔在 $10 \sim 250 \mu s$ 范围内，基本上能适应各种加工条件，可进行稳定加工。选择脉冲间隔和脉冲宽度与工件厚度有很大关系。一般来说工件厚，脉冲间隔也要大，以保持加工的稳定性。

（4）峰值电流 i_e

主要根据表面粗糙度和电极丝直径选择。要求 R_a 小于 $1.25\mu m$ 时，取 $i_e \leqslant 4.8A$；要求 R_a 在 $1.25 \sim 2.5\mu m$ 之间时，取 $i_e = 6 \sim 12 A$；$R_a > 2.5\mu m$ 时，i_e 可取更大一些。电极丝直径越粗，i_e 可取值越大。表 6 - 4 是不同直径钼丝可承受的峰值电流。

表 6-4　钼丝直径可承受峰值电流的关系

钼丝直径/mm	峰值电流 i_e/A	钼丝直径/mm	峰值电流 i_e/A
0.06	15	0.12	30
0.08	20	0.15	37
0.1	25	0.18	45

2. 速度参数的选择

（1）进给速度

工作台进给速度太快容易产生短路和断丝；工作台进给速度太慢，加工表面的腰鼓量就会加大，但表面粗糙度较小。正式加工，一般将试切的进给速度下降 $10\%\sim20\%$，以防止短路和断丝。

（2）走丝速度

应尽量快一些。对快速走丝来说，这有利于减少因电极丝损耗对加工精度的影响。尤其是对厚工件的加工，由于电极丝的损耗，会使加工面产生锥度。一般走丝速度是根据工件厚度和切割速度来确定的。

3. 工作液参数的选择

（1）工作液的电阻率

工作液的电阻率根据工件材料确定。对于表面在加工时容易形成绝缘膜的铝、钼、结合剂烧结的金刚石以及受电阻腐蚀易使表面氧化的硬质合金和表面容易产生气孔的工件材料，需提高工作液的电阻率（可参见表 6-5 进行选择）。

表 6-5　不同工件材料适用的工作液电阻率

工件材料	钢　铁	铝、钼、结合剂烧结的金刚石	硬质合金
工作液电阻率/$10^4\Omega\cdot cm$	2~5	5~20	20~40

（2）工作液喷嘴的流量和压力

工作液的流量或压力大，冷却排屑的条件好，有利于提高切割速度和加工表面的垂直度。但是在精加工时，要减小工作液的流量或压力，以减小电极丝的振动。

4. 线径偏移量的确定

正式加工前，按照确定的加工条件，切一个与工件相同材料、相同厚度的正方形，测量尺寸，确定线径偏移量。这项工作对第一次加工者是必须要做的，但是当积累很多的工艺数据或者厂家提供了有关工艺参数时，只要查数据即可。

进行多次切割时,要考虑工件的尺寸公差,估计尺寸变化,分配每次切割的偏移量。偏移量的方向,按切割凸模或凹模以及切割路线的不同而定。

5. 多次切割加工参数的选择

多次切割加工也叫二次切割加工,它是在对工件进行第一次切割之后,利用适当的偏移量和更精的加工规准,使电极丝沿原切割轨迹逆向再次对工件进行精修的切割加工。对快速走丝线切割机床来说,由于穿丝方便,因而一般在完成第一次加工之后,可自动返回到加工的起始点,在重新设定适当的偏移量和精加工规准之后,就可沿原轨迹进行精修加工。

多次切割加工可提高线切割精度和表面质量,修整工件的变形和拐角塌角。一般情况下,采用多次切割能使加工精度达到 ± 0.005 mm,圆角和不垂直度小于 0.005 mm,表面粗糙度 $R_a 0.63 \mu m$。但如果粗加工后工件变形过大,应通过合理选择材料和热处理方法,正确选择切削路线来尽可能减小工件的变形,否则,多次切割的效果会不好,甚至反而差。

切凹模切割,第一次切除中间废芯后,一般工件留有 0.2 mm 左右的多次切割的加工余量即可,大型工件应留 1 mm 左右。

凸模加工时,第一次加工时,小工件要留 $1\sim2$ 处 0.5 mm 左右的固定留量,大工件要多留些。对固定留量部分切割下来后的精加工,一般用抛光等方法。

多次切割加工的有关参数可按表 6-6 进行选择。

表 6-6　多次切割加工参数选择

条　件	薄工件	厚工件	条　件		薄工件	厚工件
空载电压/V	80~90		加工进给速度/mm·min		2~5	
峰值电流/V	1~5	3~10	电极丝张力/N		8~9	
脉冲宽度/脉冲间隔	2/5		偏移量增减范围	开阔面加工	0.02~0.03	0.02~0.06
电容/uF	0.02~0.05	0.04~0.2		切槽中加工	0.02~0.04	0.02~0.06

6.3　数控电火花线切割机床的基本编程方法

数控线切割编程与数控车、铣床、加工中心的编程过程一样,也是根据零件图样提供的数据,经过分析和计算,编写出线切割机床数控装置能接受的程序。编程方法分手工编程和自动编程两种。一般形状简单的零件数控线切割采用手工编程,目前我国数控线切割机床常用的手工编程格式有 ISO,3B,4B 格式。

6.3.1　ISO 格式程序编制

低速走丝线切割机床常常采用国际上通用的 ISO 格式。表 6 - 7 为该机床使用的 ISO 代码及其含义。

表 6 - 7　数控线切割机床的指令代码

代　码	含　义	代　码	含　义
％	程序开始	M22	不带电极丝的定位
N	程序号	M61	腐蚀起始孔
/N	可跳过的程序段	M62	切丝
X±	带符号的 X 轴上的增量	M63	穿丝
Y±	带符号的 Y 轴上的增量	M64	在 0°方向上找中心
I±	圆心在 X 轴方向上的相对距离（带符号）	M65	在 45°方向上找中心
J±	圆心在 Y 轴方向上的相对距离（带符号）	M66	在 ＋ X 轴方向上接触感知，进行边沿定位
Q±	电极丝的轴向倾角（带符号）	M67	在 － X 轴方向上接触感知，进行边沿定位
R±	电极丝的前向倾角（带符号）	M68	在 ＋ Y 轴方向上接触感知，进行边沿定位
G01	直线插补	M69	在 － Y 轴方向上接触感知，进行边沿定位
G02	顺圆插补	M90	阅读到终止指令，人工重新启动
G03	逆圆插补	M94	阅读到终止指令，自动重新启动
G40	无补偿的插补	M95	外围装置的指令
G41	生成圆锥或圆柱的圆弧插补	M96	外围装置的指令
G42	带有 Q 和 R 的直线插补	M97	外围装置的指令
G43	补偿量和圆锥寄存器的启动	M98	外围装置的指令
G44	用补偿量和圆锥曲线（双曲线）的插补	M99	复位 X - Y 的相关示数
G45	用补偿量和双曲线（圆锥）的重新设置	T00～T99	调用电源寄存器
M00	程序停止	S00～S99	调用电极丝和冲洗寄存器
M02	程序结束	D01～D99	调用补偿寄存器
M21	带电极丝的定位	P01～P99	调用锥度角寄存器

1. 直线插补指令（G01）

该指令可使机床加工任意斜率的直线轮廓。

格式：G01 X±＿＿＿　Y±＿＿＿

说明：X,Y 为目标点对前一点的相对坐标值。

2. 圆弧插补指令(G02,G03)

G02 为顺圆弧插补加工指令,G03 为逆圆弧插补加工指令。

格式:G02 X± ＿＿＿ Y± ＿＿＿ I± ＿＿＿ J± ＿＿＿

　　　G03 X± ＿＿＿ Y± ＿＿＿ I± ＿＿＿ J± ＿＿＿

说明:X,Y 表示圆弧终点相对于圆弧起点坐标;I,J 分别表示圆心相对圆弧起点在 x 方向和 y 方向的增量坐标。编辑 ISO 代码时,应注意所输入的数据都必须是 6 位整数,单位 μm,不够 6 位时在最高位前加"0"补足。所用字母必须是大写形式。

【例 6 - 1】　切割如图 6 - 25 所示凸模,路径为:

$A \to B \to C \to D \to E \to F \to G \to N \to I \to J \to K \to B \to A$。

加工程序:

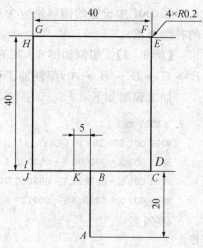

图 6 - 25　凸　模

% N0001 M63　　　　　　　　(程序开始,穿丝)

N002 D01 P01 S01 T01 G43 (寄存器的定义及启动)

N003 G01 X + 01 9800 G44 (启动补偿寄存器,切割直线 BC)

N004 G01 Y + 020000 G40　(引入切割,无补偿的插补)

N005 G03 X + 000200 Y + 000200 J + 000200 G44　　　　　　　　(切割圆弧 CD)

N006 G01 Y + 039600　　　　　　　　　　　　　　　　　　　　(切割圆弧 DE)

N007 G03 X − 000200 Y + 000200 I − 000200　　　　　　　　　　(切割圆弧 EF)

N008 G01 X − 039600　　　　　　　　　　　　　　　　　　　　(切割圆弧 FG)

N009 G03 X − 000200 Y − 000200 J − 000200　　　　　　　　　　(切割圆弧 GH)

N010 G01 Y − 039600　　　　　　　　　　　　　　　　　　　　(切割圆弧 HI)

N011 G03 X + 000200 Y − 000200 I + 000200　　　　　　　　　　(切割圆弧 IJ)

N012 G01 X + 014800　　　　　　　　　　　　　　　　　　　　(切割圆弧 JK)

N/N013 M00　　　　　　　　　　　　　　　　　　　　　　　　(选择性停止)

N014 G01 X + 005000　　　　　　　　　　　　　　　　　　　　(直线 KB ——分离切割)

N015 G01 X + 001000 G44　　　　　　　　　　　　　　　　　　(虚拟语句,X 后数字任意)

N016 G01 Y + 020000 G40 M21　　　　　　　　　　　　　　　　(退出切割回起割点)

N017 G45　　　　　　　　　　　　　　　　　　　　　　　　　(补偿量的重新设置)

NN018 M02　　　　　　　　　　　　　　　　　　　　　　　　(程序结束)

程序说明:

① N003 和 N004 为倒装语句,N003 为切割第一元素程序段,而 N004 为引入切割程序段必须放在切割第一元素程序段的后面。

② N015 程序段为虚拟语句,表示切割型线已完成。在该语句前一程序段已完成整个型线的切割。该语句的走向 6 须与前一程序段的走向一致,坐标值任意指定,系统执行该程序段时并不产生坐标移动。

③ 执行 N013 程序段时程序停止,操作者可用 501 粘接住工件后,方可执行下一程序段,以防止工件脱落不能满足加工要求。

④ D01 中设置的偏移量应为正值(逆时针方向切割时,凸模的补偿为正)。

【例 6-2】 切割如图 6-26 所示 φ10 内孔,切割路径:$A \rightarrow B \rightarrow C \rightarrow D \rightarrow B \rightarrow A$,编制加工程序。

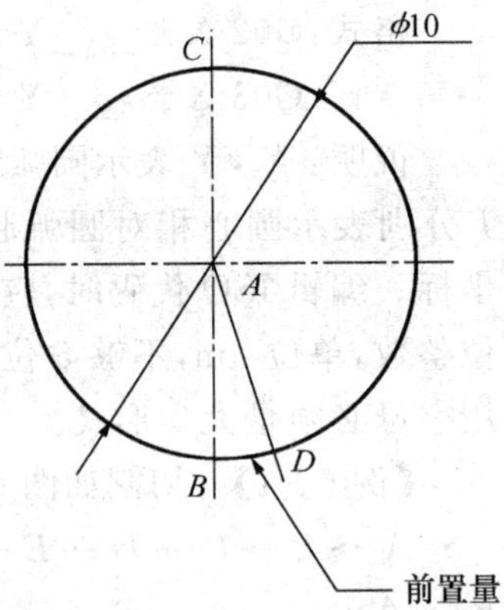

加工程序如下:

```
% N001 M63                                    (程序开始,穿丝)
N002 D01 S01 T01 P11 G43                       (寄存器的定义及启动)
N003 G02 X + 000000 Y + 010000 I + 000000 J + 005000 G44   ( BC )
N004 G01 X + 000000 Y − 005000 G40             ( AB )
N005 G02 X + 002823 Y − 009127 J − 005000 G44  ( CD )
/N006 M00                                      (选择性
```
停止)
```
N007 G02 X − 002823 Y − 000873 I − 002823 J + 004127   ( DB )
N008 G01 X − 001000 Y + 000000 G44             (虚拟语句)
N009 G01 Y + 005000 G40                        ( BA )
N010 G45                                       (补偿量的重新设置)
N011 M02                                       (程序结束)
```

图 6-26 凹 模

程序说明:

① N003 和 N004 程序段为倒装语句。

② 程序中前置设为 3 mm,执行 N006 程序段时程序结束停止,操作者可用强力磁铁吸住脱落件后,再执行下一程序段,这样可防止脱落件掉下砸伤工作台面。

③ D01 中设置的偏移量应为负值(逆时针方向切割时,凹模的补偿为负)。

6.3.2 3B 格式程序编制

我国早期数控线切割机床使用的是 5 指令 3B 格式编程,一般用于高速走丝,不能实现电极丝半径和放电间隙的自动补偿。

1. 程序格式

指令格式为:BX BY BJ GZ

其中:B 叫分隔符号,用它来区分、隔离 X,Y 和 J 数值,B 后的数值如为 0,则此 0 不可写,但分隔符号 B 不能省略。G 为计数方向,有 G_X 和 G_Y 两种。Z 为加工码,有 12 种,即 L_1,L_2,L_3,L_4,NR_1,NR_2,NR_3,NR_4,SR_1,SR_2,SR_3,SR_4。

加工圆弧时,程序中的 X,Y 必须是圆弧起点对其圆心的坐标值。加工斜线时,程序中的 X,Y 必须是该斜线段终点对其起点的坐标值,斜线段程序中的 X,Y 值允许把它们同时缩小相同的倍数,只要其比值保持不变即可,因为 X,Y 值只用来确定斜线的斜率,但 J 值不能缩小。对于与坐标轴重合的线段,在其程序中的 X 或 Y 值,均可不必写出或全写为 0,但分隔符号 B 必须保留。X,Y 坐标值为绝对值,单位为 μm,1 μm 以下的按四舍五入为计。

2.计数方向 G 和计数长度 J

(1)计数方向 G 及其选择

按 X 轴方向、Y 轴方向计数,分为 G_X,G_Y 两种。它确定在加工直线或圆弧时按哪个坐标轴方向取计数长度值。

在加工直线时规定终点接近 X 轴时应取 G_X。这样设定的原因在于,加工直线时终点接近 X 轴,即进给的 X 分量多,X 轴走几步,Y 轴才走几步。用 X 轴计数不至于漏步,可保持较高的精度。而圆弧的终点坐标接近 X 轴时,线段趋于垂直方向,即 Y 轴走几步,X 轴才走几步,因此用 Y 计数能保持较高的精度,如图 6-27 所示。

(2)计数长度 J 的确定

当计数方向确定后,计数长度 J 应取计数方向从起点到终点移动的总距离,即圆弧或直线段在计数方向坐标轴上投影长度的总和。

对于斜线,如图 6-28(a) 取 $J = X_e$,如图 6-28(b) 取 $J = Y_e$ 即可。

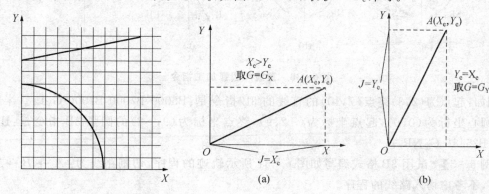

图 6-27　计数方向的决定　　　　　　　　　图 6-28　直线 H 的确定

对于圆弧,它可能跨越几个象限,图 6-29 的圆弧都是从 A 加工到 B,图 6-29(a)为 G_X,$J = J_{X1} + J_{X2}$;图 6-29(b) 为 G_Y,$J = J_{Y1} + J_{Y2} + J_{Y3}$。

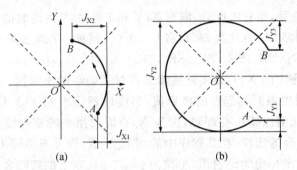

图 6 - 29　圆弧 J 的确定

（3）加工指令 Z

加工指令是用来确定轨迹的形状、起点、终点所在坐标象限和加工方向的，它包括直线插补指令（L）和圆弧插补指令（R）两类。

圆弧插补指令（R）根据加工方向又可分为顺圆插补（SR_1，SR_2，SR_3，SR_4）和逆圆插补（NR_1，NR_2，NR_3，NR_4），字母后面的数字表示该圆弧的起点所在象限，如 SR_1 表示顺圆弧插补，其起点在第一象限。如图 6 - 30（a）和（b）所示。注意：坐标系的原点是圆弧的圆心。

直线插补指令（L_1，L_2，L_3，L_4），表示加工的直线终点分别在坐标系的第一、二、三、四象限；如果加工的直线与坐标轴重合，根据进给方向来确定指令（L_1，L_2，L_3，L_4）。如图 6 - 30（c）和（d）所示。注意：坐标系的原点是直线的起点。

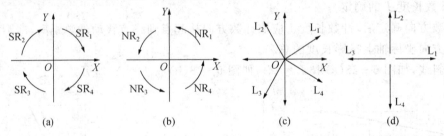

图 6 - 30　直线和圆弧加工指令

例如：起点为(2,3)终点(7,10)的直线的 3B 指令是：B5000 B7000 B7000 $G_Y L_1$。半径为 9.22，圆心坐标为(0,0)，起点坐标为(- 2,9)，终点坐标为(9, - 2)的圆弧 3B 指令是：B2000 B9000 B25440 $G_Y NR_2$。

【例 6 - 3】　试用 3B 格式编写如图 6 - 31 所示轨迹的程序，切割路线为：$A \rightarrow B \rightarrow C \rightarrow D \rightarrow E$，不考虑切入路线的程序。

编制程序如下：

BBB40000 $G_x L_1$　　　　　　　　　　（$A \rightarrow B$）

B1 B90000$G_Y L_1$　　　　　　　　　　（$B \rightarrow C$）

B30000B40000B60000$G_x NR_1$　　　　（$C \rightarrow D$）

B1B9B90000G$_Y$L$_4$　　　　　　　　　　　　　$(D \rightarrow E)$

D　　　　　　　　　　　　　　　　　　　　　（停机）

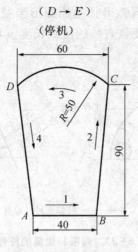

图 6 - 31　编程图形

3. 标注公差尺寸的编程计算

根据大量的统计表明，线切割加工后的实际尺寸大部分是在公差带的中值附近。因此对标注有公差的尺寸，应采用中差尺寸编程。

其计算公式为

$$中差尺寸＝基本尺寸＋（上偏差＋下偏差）/2$$

例如，半径 $R\,20\,_{-0.02}^{\ 0}$ 的中差尺寸为：$20＋(0－0.02)/2＝19.99$。

实际加工和编程时，要考虑钼丝半径 $r_{丝}$ 和单边放电间隙 $\delta_{电}$ 的影响。对于切割凹体，应将编程轨迹减小（$r_{丝}＋\delta_{电}$），切割凸体，则应偏移增大（$r_{丝}＋\delta_{电}$）。切割模具时，还应考虑凸凹模之间的配合间隙 $\delta_{电}$。

4. 间隙补偿量的确定

在数控线切割加工时，控制装置所控制的是电极丝中心轨迹，如图 6 - 32 所示（图中双点画线为电极丝中心轨迹），加工凸模时电极丝中心轨迹应在所加工图形的外面；加工凹模时，电极丝中心轨迹应在要求加工图形的里面。工件图形与电极丝中心轨迹间的距离，在圆弧的半径方向和线段的垂直方向都等于间隙补偿量 f。

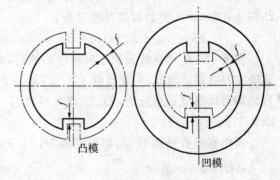

图 6 - 32　电极丝中心轨迹

（1）间隙补偿量的符号

可根据在电极丝中心轨迹图形中圆弧半径及直线段法线长度的变化情况来确定。对于圆弧,当考虑电极丝中心轨迹后,其圆弧半径比原图形半径增大时取$+f$,减少时取$-f$;对于直线段,当考虑电极丝中心轨迹后,使该直线的法线长度 p 增加时取$+f$,减少时则取$-f$,如图6－33所示。

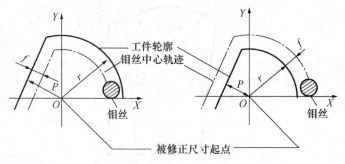

图 6－33　　间隙补偿量的符号判断

(2)间隙补偿量的算法

加工冲模的凸凹模时,应考虑电极丝半径,电极丝和工件之间的单边放电间隙 $\delta_{电}$,凹模和凸模间的单边配合间隙 $\delta_{配}$。当加工冲孔模时(即冲后要求保证工件孔的尺寸),凸模尺寸由孔的尺寸确定。因 $\delta_{配}$ 在凹模上扣除,故凸模的间隙补偿量 $f_{凸} = r_{丝} + \delta_{电}$,凹模的间隙补偿量 $f_{凹} = r_{丝} + \delta_{电} - \delta_{配}$。当加工落料模时(即冲后要求保证冲下的工件尺寸),凹模尺寸由工件尺寸确定。因 $\delta_{配}$ 在凸模上扣除,故凸模的间隙补偿量 $f_{凸} = r_{丝} + \delta_{电} - \delta_{配}$,凹模的间隙补偿量 $f_{凹} = r_{丝} + \delta_{电}$。

【例 6－4】　编制加工如图6－34所示零件的凹模和凸模线切割程序。已知该模具为落料模,$r=0.065$,$\delta_{电} = 0.01$,$\delta_{配} = 0.01$。

(1)编制凹模程序

因该模具为落料模,冲下的零件尺寸由凹模决定,模具配合间隙在凸模上扣除,故凹模的间隙补偿量为:

$$f_{凹} = r_{丝} + \delta_{电} = (0.065+0.01)\text{mm} = 0.075 \text{ mm}$$

图6－35中点画线表示电极丝中心轨迹,此图对 X 轴上下对称,对 Y 轴左右对称。因此,只要计算1个点,其余3个点均可由对称得到,通过计算可得各点的坐标为:$O_1(0,7)$;$O_2(0,-7)$;$a(2.925,2.079)$;$c(-2.925,-2.079)$;$d(2.925,-2.079)$。

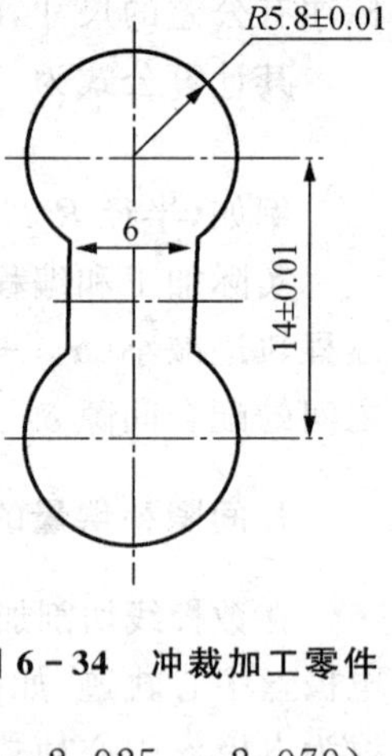

图 6－34　冲裁加工零件

若将穿丝孔钻在 O 处,切割路线为:$O \rightarrow a \rightarrow b \rightarrow c \rightarrow d \rightarrow a \rightarrow O$,程序编制如下:

B2925B2079B2925GXL₁	($O \rightarrow a$)
B2925B4921B17050GXNR4	($a \rightarrow b$)
BBB4158GYL₄	($b \rightarrow c$)
B2925B4921B17050GXNR2	($c \rightarrow d$)

BBB4158GYL₂   (d → a)

B2925B2079B2925GXL₃   (a → O)

D

(2)编制凸模程序

见图 6-36,凸模的间隙补偿量为:$f_凸 = r_丝 + \delta_电 - \delta_配 = (0.065 + 0.01 - 0.01)\,\text{mm} = 0.065\,\text{mm}$,计算可得到各点的坐标为:$O_1(0,7)$;$O_2(0,-7)$;$a(3.065,2)$;$b(-3.065,2)$;$c(-3.065,-2)$;$d(3.065,-2)$。

切割路线为:加工时先沿 L_1 切入 5 mm 至 b 点,沿凸模按逆时针方向切割回 b 点,再沿 L_3 退回 5 mm 至起始点。

程序如下:

BBB5000G_xL₁   (沿 L_1 切入 5 mm 至 b 点)

BBB4000G_yL₄   (b → c)

B3065B5000B17330G_xNR₂   (c → d)

BBB4000G_yL₂   (d → a)

B3065B5000B17330G_xNR₄   (O → b)

BBB5000G_xL₃   (沿 L_3 退回 5 mm 至起始点)

D

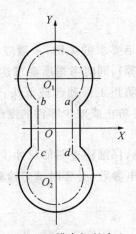
图 6-35 凹模电极丝中心

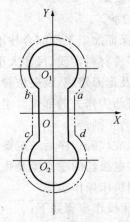
图 6-36 凸模电极丝中心

6.3.3 4B 格式程序编制

所谓 4B 格式法,就是直线和圆弧、圆弧和圆弧相交时仍要加过渡圆,而直线和直线相交时不加过渡圆,只在前增加一个参数 R,形成 4B 指令,即可以说它具有电极丝间隙自动补偿功能。这种方法用于一些不适合直线间加过渡圆的工件加工。

4B 程序格式：BX BY BJ BR GD(DD)Z

其中：B,X,Y,J,G,Z 与 3B 相同。

R 为所要加工圆弧的半径,对于加工图形的尖角,一般取 $R=0.1$ mm 的过滤圆弧编程。半径增大时为正补偿,减少时为负补偿;D(DD)为凸(凹)圆弧。

6.3.4　编程实例

1.数控线切割机床基本操作步骤

对零件进行线切割加工时,须正确地确定工艺路线和切割程序,包括对图纸的审核及分析,加工前的工艺准备和工件的装夹,程序的编制,加工参数的设定和调整以及检验等步骤。

(1)数控线切割机床一般工作过程

数控线切割机床的一般工作过程如下:

① 分析零件图,确定装夹位置及走刀路线。

② 编制程序单,传输程序。

③ 检查机床,调试工作液,找正电极丝,装夹工件并找正。

④ 调节加工参数。

⑤ 切割零件,检验。

分析零件图是保证加工工件综合技术指标满足要求的关键,一般应着重考虑是否满足线切割工艺条件(如工件材料性质、尺寸大小和厚度等),同时考虑所要求达到的加工精度。

确定装夹位置及走刀路线:装夹位置要合理,防止工件翘起或低头;切割点应取在图形的拐角处,或在容易将凸尖修去的部位。走刀路线要防止或减少零件的变形,一般选择靠近装夹位置的一边图形最后切割。

编制程序单:生成代码程序后一定要校核代码,仔细检查图形尺寸。

调试机床:调整电极丝的垂直度及张力,调整电参数,必要时试刀检验。

(2)数控线切割机床操作步骤

数控线切割机床操作步骤如下:

① 开机。按下电源开关,接通电源。

② 将加工程序输入控制机。

③ 开运丝。按下运丝开关,让电极丝空运转,检查电极丝抖动情况和松紧程度。若电极丝过松,则应充分且用力均匀紧丝。

④ 开水泵,调整喷水量。开水泵时,请先把调节阀调至关闭状态,然后逐渐开启,调节至上下喷水柱包容电极丝,水柱射向切割区即可,水量不必过大。上线架底面前部有一排水孔,

经常保持畅通,避免上线架内积水渗入机床电器箱内。

⑤ 开脉冲电源选择电参数。应根据对切割效率、精度、表面粗糙度的要求,选择最佳的电参数,电极丝切入工件时,先将脉冲间隔拉开,待切入后,稳定时再调节脉冲间隔,使加工电流满足要求。

⑥ 开启控制机,进入加工状态。观察电流在切割过程中,指针是否稳定,精心调节,切忌短路。

⑦ 加工结束后应先关闭水泵电机,再关闭运丝电机,检查 X,Y 坐标是否到终点。到终点时,拆下工件,清洗并检查质量;未到终点应检查程序是否有错或控制机是否故障,及时采取补救措施,以免工件报废。

机床电气操纵面板和控制面板上都有红色急停按钮开关,加工工件过程中若有意外情况,按下此开关即可断电停机。

(3)注意事项

电火花线切割加工与电火花成形加工原理一样,且其加工电流较小,并且使用乳化液工作液,一般情况下不会发生火灾,而且也基本没有废气产生,因此,主要是注意电气安全。电火花线切割加工也是直接利用电能使金属蚀除的工艺,使用的机床及电源上设有强电及弱电回路,除有与一般机床相同的用电安全要求外,对接地、绝缘、稳压还有一些特殊要求。

① 电源(或控制柜)外壳、油箱外壳要妥善接地,防止人员触电,并起到抗干扰、电磁屏蔽的作用。

② 加工中,禁用裸手接触加工区任何金属物体,若调整冲液装置,则必须停机进行,保障操作人员及电极、工件的安全。在工作箱内不放置不必要或暂不使用的物品,防止意外短路。

③ 稳压电源的进线,加装稳压及滤波环节,提高抗干扰能力,减少对外电磁污染。

④ 加工时人不能离开机床,随时注意工作液是否溢出。

⑤ 装卸工件时特别小心,避免碰断电极丝。

2. 典型零件的线切割加工实例

在对零件进行线切割加工时,必须正确地确定工艺路线和切割程序,包括对图纸的审核及分析,加工前的工艺准备和工件的装夹,程序的编制,加工参数的设定和调整以及检验等步骤。

【例 6-5】 按照技术要求,完成图 6-37 所示平面样板的加工。

(1)零件图工艺分析

经过分析图纸,该零件尺寸要求比较严格,但是由于原材料是 2 mm 厚的不锈钢板 ,因此装夹比较方便。编程时要注意偏移补偿的给定,并留够装夹位置。

(2)确定装夹位置及走刀路线

为了减小材料内部组织及内应力对加工精度影响,要选择适合的走刀路线。如图 6-38所示。

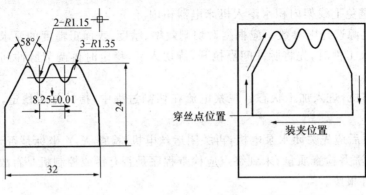

图 6 - 37 平面样板   图 6 - 38 装夹位置

(3)编制程序单

① 利用 CAXA 线切割 V2 版绘图软件绘制零件图。

② 生成加工轨迹并进行轨迹仿真。生成加工轨迹时,注意穿丝点的位置应选在图形的角处,减小累积误差对工件的影响。

③ 生成 G 代码程序。

G 代码程序如下:

```
%(例 6 - 5 ISO,03/13/05,13:20:49)
G92 X16000 Y - 18000
G01 X16100 Y - 12100
G01 X - 16100 Y - 12100
G01 X - 16100 Y - 521
G01 X - 9518 Y11353
G02 X - 6982 Y11353 I1268 J - 703
G01 X - 5043 Y7856
G03 X - 3207 Y7856 I918 J509
G01 X - 1268 Y11353
G02 X1268 Y11353 I1268 J - 703
G01 X3207 Y7856
G03 X5043 Y7856 I918 J509
G01 X6982 Y11353
G02 X9518 Y11353 I1268 J - 703
G01 X16100 Y - 521
G01 X16100 Y - 12100
NG01 X 16000 Y - 18000
NM02
```

（4）调试机床

调试机床应校正铜丝的垂直度（用垂直校正仪或校正模块），检查工作液循环系统及运丝机构工作是否正常。

（5）装夹及加工

① 将坯料放在工作台上，保证有足够的装夹余量。然后固定夹紧，工件左侧悬置。

② 将电极丝移至穿丝点位置，注意别碰断电极丝，准备切割。

③ 选择合适的电参数，进行切割。

此零件作为样板要求切割表面质量，而且板比较薄，属于粗糙度型加工，故选择切割参数为：最大电流 3；脉宽 3；间隔比 4；进给速度 6。

加工时应注意电流表、电压表数值应稳定，进给速度应均匀。

思考题与习题

1. 简述数控电火花线切割加工原理。

2. 数控电火花线切割的主要特点有哪些？

3. 高速与低速走丝线切割机床的主要区别有哪些？

4. 线切割加工的主要工艺指标有哪些？

5. 某一点液压马达用补偿板加工要求如图 6-39 所示，线切割类型为内孔主切一遍，外轮廓主切一遍、切修二遍，在点 5、点 16 处钻穿丝孔。试用自动编程方式实现补偿板的加工（ISO代码编制）。

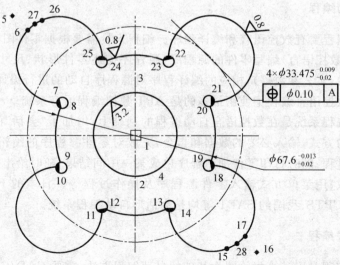

图 6-39　补偿板图

第7章 自动编程

7.1 自动编程概述

7.1.1 自动编程的概念

自动编程也称为计算机(或编程机)辅助编程。即程序编制工作的大部分或全部由计算机完成。如完成坐标值计算、编写零件加工程序单等,有时甚至能帮助进行工艺处理。自动编程编出的程序还可通过计算机或自动绘图仪进行刀具运动轨迹的图形检查,编程人员可以及时检查程序是否正确,并及时修改。自动编程大大减轻了编程人员的劳动强度,提高效率几十倍乃至上百倍,同时解决了手工编程无法解决的许多复杂零件的编程难题。工件表面形状愈复杂,工艺过程愈繁琐,自动编程的优势愈明显。

自动编程的主要类型有:语言式自动编程(如 APT 语言)、图形交互式自动编程(如 CAD/CAM 软件)、语音式自动编程和实物模型式自动编程等。

1. 语言式自动编程

语言式自动编程要有数控语言和编译程序。编程人员需要根据零件图样要求用一种直观易懂的编程语言(数控语言)编写零件的源程序(源程序描述零件形状、尺寸、几何元素之间相互关系及进给路线、工艺参数等),相应的编译程序对源程序自动的进行编译、计算、处理,最后得出加工程序。数控语言编程中使用最多的是 APT 数控编程语言系统。

会话型自动编程系统是在数控语言自动编程的基础上,增加了"会话"的功能。编程员通过与计算机对话的方式,输入必要的数据和指令,完成对零件源程序的编辑、修改。它可随时停止或开始处理过程;随时打印零件加工程序单或某一中间结果;随时给出数控机床的脉冲当量等后置处理参数;用菜单方式输入零件源程序及操作过程等。日本的 FAPT、荷兰的 MI-TURN、美国的 NCPTS、我国的 SAPT 等均是会话形自动编程系统。

2. 图形交互式编程

图形交互式编程是以计算机绘图为基础的自动编程方法,需要 CAD/CAM 自动编程软件支持。这种编程方法的特点是以工件图形为输入方式，并采用人机对话方式，而不需要使用数控语言编制源程序。从加工工件的图形再现、进给轨迹的生成、加工过程的动态模拟，直到生成数控加工程序，都是通过屏幕菜单驱动。具有形象直观、高效及容易掌握等优点。

3. 语音式自动编程

语音式自动编程是利用人的声音作为输入信息，并与计算机和显示器直接对话，令计算机编出数控加工程序的一种方法。语音编程系统编程时，编程员只需对着话筒讲出所需指令即可。编程前应使系统"熟悉"编程员的"声音"，即首次使用该系统时，编程员必须对着话筒讲该系统约定的各种词汇和数字，让系统记录下来并转换成计算机可以接受的数字命令。

4. 实物模型式自动编程

实物模型式自动编程适用于有模型或实物，而无尺寸的零件加工的程序编制。因此，这种编程方式应具有一台坐标测量机，用于模型或实物的尺寸测量，再由计算机将所测数据进行处理，最后控制输出设备，输出零件加工程序单。这种方法也称为数字化技术自动编程。

目前应用最广的是图形交互式自动编程。

7.1.2   图形交互式自动编程系统简介

目前 CAD/CAM 系统运行的硬、软件环境主要有两种：一种是工作站，另一种是微机。随着硬件技术的发展，在图形处理方面工作站与微机之间的差异逐渐缩小。由于微机的硬件投资远远低于工作站，且易于掌握，便于用户进行软件开发、移植和扩充，微机与各种数控装置的通信技术成熟，因此微机逐渐成为各类 CAD/CAM 软件的主要运行平台。

1. UG

Unigraphics(UG)是美国 UGS 公司发布的 CAD/CAE/CAM 一体化软件。广泛应用于航空、航天、汽车、通用机械及模具等领域。国内外已有许多科研院所和厂家选择了 UG 作为企业的 CAD/CAM 系统。UG 可运行于 Windows NT 平台，无论装配图还是零件图设计，都从三维实体造型开始，可视化程度很高。三维实体生成后，可自动生成二维视图，如三视图、轴侧图、剖视图等。其三维 CAD 是参数化的，一个零件尺寸修改，可使相关零件产生相应的变化。该软件还具有人机交互方式下的有限元解算程序，可以进行应变、应力及位移分析。UG 的 CAM 模块提供了一种产生精确刀具路径的方法，该模块允许用户通过观察刀具运动来图形化地编辑刀具轨迹，如进行延伸、修剪等。其所带的后置处理程序支持多种数控机床。UG 具有多种图形文件接口，可用于复杂形体的造型设计，特别适合大型企业和研究所使用。本章主要介绍 UG 自动编程系统。

2. Pro/ENGINEER

Pro/ENGINEER 是美国参数技术公司（PTC）开发的 CAD/CAM 软件，在我国也有较多用户。它采用面向对象的统一数据库和全参数化造型技术，为三维实体造型提供了一个优良的平台。其工业设计方案可以直接读取内部的零件和装配文件，当原始造型被修改后，具有自动更新的功能。其 MOLDESIGN 模块用于建立几何外形，产生模具的模芯和腔体，产生精加工零件和完善的模具装配文件。新近发布的 20.0 版本，提供最佳刀具轨迹控制和智能化刀具轨迹创建，允许程编人员控制整体的刀具轨迹直到最细节的部分。该软件还支持高速加工和多轴加工，带有多种图形文件接口。

3. I‑DEAS

I‑DEAS 是美国 SDRC 公司开发的一套完整的 CAD/CAM 系统，侧重点是工程分析和产品建模。它采用开放型的数据结构，把实体建模、有限元模型与分析、计算机绘图、实验数据分析与综合、数控编程以及文件管理等集成为一体，因而可以在设计过程中较好地实现计算机辅助机械设计。通过公用接口以及共享的应用数据库，把软件各模块集成于一个系统中。其中实体建模是 I‑DEAS 的基础，它包括了物体建模、系统组装及机构设计等模块。物体建模模块可通过定义非均匀有理 B 样条曲线构成的光滑表面来形成雕塑曲面；系统组装模块通过对给定几何实体的定位来表达组件的关系，并可实现干涉检验及物理特性计算；机构设计模块用来分析机构的复杂运动关系，并可通过动画显示连杆机构的运动过程。

4. CATIA

CATIA 最早是由法国达索飞机公司研制的，目前属于 IBM 公司，是一个高档 CAD/CAM/CAE 系统，广泛用于航空、汽车等领域。它采用特征造型和参数化造型技术，允许自动指定或由用户指定参数化设计、几何或功能化约束的变量式设计。根据其提供的 3D 线架，用户可以精确地建立、修改与分析 3D 几何模型。其曲面造型功能包含了高级曲面设计和自由外形设计，用于处理复杂的曲线和曲面定义，并有许多自动化功能，包括分析工具，加速了曲面设计过程。CATIA 提供的装配设计模块可以建立并管理基于 3D 的零件和约束的机械装配件，自动地对零件间的连接进行定义，便于对运动机构进行早期分析，大大加速了装配件的设计，后续应用则可利用此模型进行进一步的设计、分析和制造。CATIA 具有一个 NC 工艺数据库，存有刀具、刀具组件、材料和切削状态等信息，可自动计算加工时间，并对刀具路径进行重放和验证，用户可通过图形化显示来检查和修改刀具轨迹。该软件的后置处理程序支持铣床、车床和多轴加工。

5. Surfcam

美国加州的 Surfware 公司开发的 Surfcam 是基于 Windows 的数控编程系统,附有全新透视图基底的自动化彩色编辑功能,可迅速而又简捷地将一个模型分解为型芯和型腔,从而节省复杂零件的编程时间。该软件的 CAM 功能具有自动化的恒定 z 水平粗加工和精加工功能,可以使用圆头、球头和方头立铣刀在一系列 z 水平上对零件进行无撞伤的曲面切削。对某些作业来说,这种加工方法可以提高粗加工效率和减少精加工时间。V7.0 版本完全支持基于微机的实体模型建立。

6. Cimatron

Cimatron 是 Cimatron Technologies 公司开发的,可运行于 DOS,Windows 或 NT,是早期的微机 CAD/CAM 软件。其 CAD 部分支持复杂曲线和复杂曲面造型设计,在中小型模具制造业有较大的市场。在确定工序所用的刀具后,其 NC 模块能够检查出应在何处保留材料不加工,对零件上符合一定几何或技术规则的区域进行加工。通过保存技术样板,可以指示系统如何进行切削,可以重新应用于其他加工零件,即所谓基于知识的加工。该软件能够对含有实体和曲面的混合模型进行加工。它还具有 IGES,DXF,STA,CADL 等多种图形文件接口。

7. Mastercam

由于价格便宜,Mastercam 是一种应用广泛的中低档 CAD/CAM 软件,由美国 CNC Software 公司开发,V5.0 以上运行于 Windows 或 Windows NT。该软件三维造型功能稍差,但操作简便实用,容易学习。新的加工任选项使用户具有更大的灵活性,如多曲面径向切削和将刀具轨迹投影到数量不限的曲面上等功能。这个软件还包括新的 C 轴编程功能,可顺利将铣削和车削结合。其他功能,如直径和端面切削、自动 C 轴横向钻孔、自动切削与刀具平面设定等,有助于高效的零件生产。其后置处理程序支持铣削、车削、线切割、激光加工以及多轴加工。另外,Mastercam 提供多种图形文件接口,如 SAT,IGES,VDA,DXF,CADL 和 STL 等。

8. CAXA 制造工程师

CAXA 制造工程师是具有卓越工艺性的数控编程软件,它是北京北航海尔软件有限公司开发的具有自主知识版权的 CAM 软件。它高效易学,为数控加工行业提供了从造型、设计到加工代码生成、加工仿真、代码校验等一体化的解决方案,具有特征实体造型、NURBS 自由曲面造型、两轴到五轴的数控加工、知识加工、可生成加工工序单、加工工艺控制、加工轨迹仿真、通用后置处理等功能。针对中小企业,提出了"一天会编程、加工效率高、天天创效益"的目标,是国内具有代表性的 CAD/CAM 软件。

CAD/CAM 系统的工作性能,既取决于硬件系统的好坏,又受到软件性能的制约。一个良好的 CAD/CAM 软件系统,将有助于更快地编程和处理更复杂的加工作业,有助于提高加工质量和生产效率。因此,选择 CAD/CAM 软件时,应以满足生产需要为前提,除价格因素外,应考虑软件对操作系统及硬件的要求、操作使用的方便性、软件的集成化程度、CAD/CAM 功能、后置处理的功能、升级方法和技术支援等。

7.1.3 自动编程的工作过程

如图 7-1 所示,为自动编程的工作过程。

1. 零件数学模型的建立

为了保证加工的正确性,一般将设计部门已建立的零件数学模型作为自动编程的工作对象,而在自动编程时只是根据加工要求对这些数学模型进行取舍,确定数控加工需要的数学模型。在实际生产中,有时也需要根据二维工程图利用 CAD/CAM 软件建立加工所需的二维或三维数学模型,或通过实物测量及扫描得到。

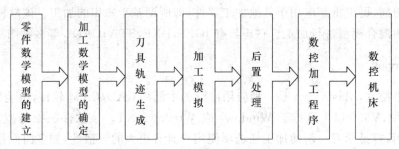

图 7-1 自动编程的过程

2. 加工数学模型的确定

一个零件的数控加工表面往往只是零件的一部分,因此在自动编程时,要根据生成刀具轨迹的需要删除或隐藏某些部分的内容,保留或添加一些辅助表面、辅助线等,即确定加工数学模型。同时,考虑加工时零件定位装夹以及对刀的需要,确定编程坐标系。

3. 刀具轨迹生成

刀具轨迹的生成是自动编程的主要工作内容,也是操作最复杂的一个步骤,其实质是选择 CAD/CAM 软件所提供的刀具轨迹方案,确定刀具和加工参数,并利用相应选项对刀具轨迹进行优化的过程。要得到正确、高效的刀具轨迹,程编人员除了要能熟练使用 CAD/CAM 软件以外,还要熟悉生产现场情况,并具有全面的工艺知识和丰富的加工经验。

4. 加工模拟

刀具轨迹生成后,要在计算机中进行加工过程的模拟,以仔细了解刀具运动的情况,确定刀具轨迹的正确性和合理性。可以利用 CAD/CAM 软件的加工模拟功能,也可以使用专用的加工模拟软件。一些软件的加工模拟主要是检查加工过程中刀具和零件之间的空间位置关系,没有考虑零件(或毛坯)的实际外形尺寸、零件的装夹情况以及机床的运动空间等,在使用时应结合实际情况进行判断。

5. 后置处理

后置处理是将经过检查的刀具轨迹,根据数控机床控制系统的要求转换成 G 代码格式的数控加工程序。由于不同的控制系统对数控加工程序的格式、代码等规定不同,因此应针对所用数控机床的控制系统定制 CAD/CAM 软件的后置处理程序。

6. 加工程序的传送

数控加工程序要通过一定的途径传送到数控机床中后,才能执行。就程序的长度而言,2D 加工的程序一般比较短,如几十到几百个程序段,而 3D 加工的程序就长得多,有成千上万个程序段。因此,在加工现场,应根据不同的情况采用相应的方法将程序输入到机床中。一般采用软盘存储加工程序或用机床的 RS232 接口与计算机连线传送,一些临时编写的简短的加工程序可以采用手工输入。

7.2　UGNX5.0 概述

Unigraphics(简称 UG),是美国 UGS 公司推出的集 CAD/CAM/CAE 于一体的软件系统,它包括了概念设计、功能工程、工程分析、加工制造到产品发布等各项功能,覆盖了产品开发生产的全过程,在航空航天、汽车、通用机械、工业设备、医疗器械以及其他高科技应用领域的机械设计和模具加工自动化的市场上得到了广泛的应用。UG NX5.0 是 2007 年 4 月推出的版本。

7.2.1　主要功能

UG NX 5.0 软件系统为用户提供了强大的实体造型、曲面造型、虚拟装配和生成工程图等设计功能,不仅能够完成最复杂的实体造型设计,而且在设计过程中还可以通过进行机构运动分析、有限元结构分析、动力学分析和仿真模拟,来提高设计的可靠性。同时,可用建立的三维实体模型直接生成用于产品加工的数控程序,其后处理程序支持多种类型和型号的数控机床。另外,它所提供的二次开发语言 Open GRIP,Open API,Open＋＋等,功能强大、简单易学,且支持 C＋＋和 Java 语言的面向对象的程序设计方法。另外,它的装配功能、平面工程图输出功能、模具加工功能,以及与 PDM 之间的紧密结合,使得其在工业界成为一套无可匹敌的高级 CAD/CAM 系统。

(1)产品设计(CAD)功能。

使用 UG NX 5.0 的建模模块、装配模块和制图模块,可以很方便地建立各种结构复杂的三维参数化实体装配模型和部件详细模型,并自动生成用于加工的平面工程图纸。

UG NX5.0 的此项功能使得该软件可以很好地应用于各行业各种类型产品的设计,并支持产品外观造型设计,所设计的产品模型可模仿制造样机的过程。并且能够进行虚拟装配和各种分析,节约了设计的成本和周期。

(2)性能分析功能

使用 UG NX 5.0 的有限元分析模块,可以对零件模型进行受力分析、受热分析和模态分析等。

(3)数控加工功能

使用 UG NX 5.0 的加工模块,可以自动产生数控机床能接受的数控加工指令。

(4)运动分析功能

使用 UG NX 5.0 的运动分析模块,可以对产品的实际运动情况和干涉情况进行分析。

(5)产品发布功能

使用 UG NX 5.0 的造型模块,可以产生产品的真实感和艺术感很强的照片,并可制作动画,直接在 Internet 上发布。

7.2.2　主要应用模块

UG NX 5.0 的所有功能都通过各自的应用模块实现,每个应用模块都以基础环境为基础。它们之间既相互联系,又相对独立。

1. 基础环境模块

启动 UG NX 5.0 系统后,即进入基础环境模块,这是其他应用模块的公共运行平台。该模块为 UG NX 5.0 的其他各模块运行提供了底层统一数据库支持和一个窗口化的图形交互环境,执行包括打开、创建、存储实体模型、屏幕布局、视图定义、模型显示、消隐、着色、放大、旋转、模型漫游、图层管理、绘图输出、绘图机队列管理,以及模块使用权浮动管理等关键功能,同时该模块还包括以下功能。

① 包括表达式查询、特征查询、模型信息查询、坐标查询、距离测量、曲线曲率分析、曲面

光顺分析和实体物理特性自动计算功能在内的对象信息查询和分析功能。

② 用于定义标准化系列零件族的电子表格功能。

③ 快速常用功能弹出菜单、可用户化定义热键和主题相关自动查找联机帮助等,方便用户学习和使用的辅助功能。

④ 按可用于 Internet 主页的图片文件格式生成 Unigraphics 零件或装配模型的图片文,这些格式包括 CGM,VRML,TIFF,MPEG,GIF 和 JPEG。

⑤ 输入或输出 CGM,UG/Remarx,Inventor,UG/Parasolid,以及 UG/MX 等格式的几何数据。

⑥ Macro 宏命令自动记录和回放功能。

⑦ User Tools 用户自定义图形菜单功能,使用户可以快速访问其常用功能或二次开发的功能。

2. UGNX5.0 的产品设计模块

UG NX 5.0 的产品设计系统具有如下主要功能。

① 实体建模模块将基于约束的特征造型功能和显式的直接几何造型功能无缝地集成一体,提供业界最强大的复合建模功能,使用户可充分利用集成在先进的参数化特征造型环境中的传统实体、曲面和线架功能。

② 特征建模模块用工程特征来定义设计信息,在 UG/实体建模模块的基础上提高了用户设计意图表达的能力。

③ 自由曲面建模模块独创地把实体和曲面建模技术融合在一组强大的工具中,提供生成、编辑和评估复杂曲面的强大功能,可以方便地设计如飞机、汽车、电视机及其他工业造型设计产品上的复杂自由曲面形状。

④ 用户自定义特征模块提供交互式方法来定义和存储基于用户自定义特征(UDF)概念,便于调用和编辑的零件族,并形成用户专有的 UDF 库,以提高用户设计建模效率。

⑤ 可视化渲染模块提供高级图形渲染工具,包括实体材质、视图渲染、装配图渲染、正交视图及透视图渲染、光源、阴影、特殊效果和工程材料库等高级图形工具,从而增强了 CAD 模型的可视化效果。

⑥ 工业设计曲面模块扩展了 UG/自由曲面模块的曲面设计功能,提供工业设计所需的自由曲面造型和控制功能,并具备各种不同类型的曲面实时动态操纵和反馈能力。

⑦ 装配建模模块提供并行自顶而下和自下而上的产品开发方法,其生成的装配模型中零件数据是对零件本身的链接映像,保证装配模型和零件设计完全双向相关。并改进了软件操作性能,减少了对存储空间的需求。

⑧ 高级装配模块为 UG NX 5.0 装配建模模块添加了针对产品级大装配设计的特殊功能,包括允许用户灵活过滤装配结构的数据调用控制、高速大装配着色和大装配干涉检查

功能。

⑨ WAVE 提供了面向产品的总体方案参数化优化设计技术,特别适应于汽车、机车、车辆及飞机等复杂产品的设计。

⑩ 工程制图模块使任何设计师、工程师或绘图员都可从 UG NX 4.0 三维实体模型得到完全双向相关的二维工程图。

⑪ 钣金设计模块提供基于参数、特征方式的钣金零件建模功能,可生成复杂的钣金零件,对其进行参数化编辑。并且能够定义和仿真钣金零件的制造过程,对钣金零件模型进行展开和折叠的模拟操作。

⑫ Web Express 提供的 Internet 接口可以以超文本方式输出 UG NX 5.0 中生成的零件及装配件中的信息,供有关人员使用或参考。

⑬ 公差特征模块为尺寸控制及公差分析提供了基础。通过智能化与三维模型完全相关的三维几何公差定义,可以实现与 CAPP 的集成,同时还可以简化工程图纸的创建过程与维护。

⑭ 公差分析模块提供了一个在 UG NX 5.0 中三维、简化且直接向上的堆叠分析。

⑮ 快速检查模块是一个初级的模型检验工具,它提供设计时的检查功能检测 4 个共同的模型属性,即质量、距离、尺寸和表达式。并且允许设计者测量其模型,操作如同其他功能一样。每一次计算检查并更新模型,当检查准则不满足时,都会向用户发出警告。如电路板太靠近电源或轴直径太大等,使用户可完全控制要检查的值。如果检查不合格,系统会显示提示信息。

3. UGNX5.0 CAM 模块

UGNX CAM 子系统主要包括以下主要模块。

① 加工基础模块提供连接 UG NX 5.0 所有加工模块的基础框架,它为所有这些加工模块提供了一个相同且界面友好的图形化窗口环境。用户可以在图形方式下观察刀具沿轨迹运动的情况并可对其进行图形化修改,如对刀具轨迹进行延伸、缩短或修改等。

② 车削模块中刀具路径和零件几何模型完全相关,刀具路径能随几何模型的改变而自动更新,并提供高质量旋转体零件加工所需的全部功能。

③ 平面铣模块提供加工 1~2.5 轴零件的所有功能,设计更改通过相关性而自动处理。

④ 型芯型腔铣模块对加工汽车和消费品工业中普遍使用的注塑模具和冲压模特别有用,它提供粗加工单个或多个型腔,以及沿任意类似型芯的形状进行粗加工大余量去除的全部功能。

⑤ 固定轴轮廓铣模块提供完全和综合的功能,用于产生 3 轴联动加工刀具路径。

⑥ 可变轴轮廓铣削模块支持定轴和多轴铣削功能,可加工 UG NX 5.0 造型模块中生成的任何几何体,并保持主模型相关性。

⑦ 流通切削模块可大幅度地缩短半精加工和精加工时间,该模块和固定轴轮廓铣模块配合使用,能自动找出待加工零件上满足"双相切条件"的区域。

⑧ 顺序铣模块适用需要完全控制刀具路径生成过程中的每一步骤的情况,支持1~5轴的铣削编程。

⑨ 1~5轴数控加工仿真模块采用人机交互方式,可模拟、检验和显示 NC 刀具的路径,是一种花费少、效率高,并且不用机床就能验证数控程序的好方法。

⑩ 1~5轴机床加工运动仿真模块采用人机交互方式,可模拟、检验和显示机床运动和刀具的路径。该模块也可将机床各部件,如主轴头、拖板、转台、换刀架、夹具、刀具及工件等以实体的形式定义,用机床构造器和相应的机床驱动程序构建机床模型。

⑪ 基于特征的孔加工模块操作在用户定义的孔、用户定义的孔属性和基本的 UG NX 5.0 孔特征上和应用指定的模板上进行。

⑫ 加工后置处理模块使用户可以方便地建立自己的加工后置处理程序,该模块适用于目前世界上几乎所有主流 NC 机床和加工中心,并在多年的应用实践中已被证明适用于1~5轴或更多轴的铣削加工、1~4轴的车削加工和电火花加工。

4. CAE 分析模块

UG NX 5.0 的 CAE 子系统主要包括以下主要模块。

(1)机构运动及动力学分析

这是一个集成并且关联的运动分析模块,提供了机械运动系统的虚拟样机。它能对机械系统的大位移复杂运动进行建模、模拟和评估,提供了对静态、运动学和动力学(动态)模拟的支持。通过使用各种各样的运动对象,包括运动副、弹簧、阻尼器、运动驱动器、力、扭矩和柔性套管来创建和评估虚拟样机。此外,还可以很容易地对刚体的自由运动和刚体接触进行建模和模拟。有效的结果,包括干涉检查结果、图、动画、MPEG 影片输出和电子表格数据输出。用户可以很快地创建和评估多个设计方案进行测试和改进,直到符合优化系统的要求为止。

(2)结构分析建模与解算

这是一个集成化的有限元建模及解算的工具,它能够对 UG NX 4.0 的零件和装配件进行前/后处理,用于工程学仿真和性能评估。它经过专门的开发,便于用户快速地预测和优化仿真工程,以对不同的设计方法做出反应,或者把设计方案作为设计过程中的一个固有部件。通过提供强大的仿真建模工具,包括一整套的 NX3 建模工具和高级仿真建模工具,用户可以轻易地改变模型特征参数和/或创建/修改几何形状,快速创建众多结合的仿真模拟,以便性能评估。

5. 二次开发模块

UG NX 4.0 的二次开发模块提供了业界最高级的二次开发工具集,非常便于用户进行二次开发工作。利用该模块可对 UG NX 4.0 系统进行用户化剪裁和开发,满足用户最广泛的开发需求。UG/Open C and　C++ Author 包括以下两个部分。

① UG NX 5.0/Open API(User Function)开发工具,提供 UG 的直接编程接口,支持 C 语言。

② 提供面向对象的应用编程接口(API),支持一套 C++的类(class)库,允许用户利用 UG 的一套 C++的类库编写面向对象的应用程序,利用该工具可生成 NC 自动化或自动建模等用户的特殊应用。

7.2.3　基础工作环境

执行"开始"→"程序"→"UGS NX 5.0"→"NX 5.0"命令,启动 UG NX 5.0 系统,进入主界面,如图 7-2 所示。

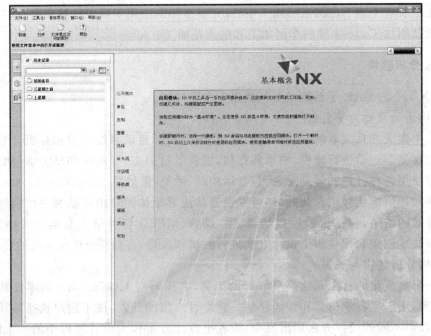

图 7-2　UGNX 5.0 主界面

新建或打开一个文件后,系统将进入 UG NX 5.0 的基础工作界面,如图 7-3 所示。该界面是其他各应用模块的基础平台。

选择如图 7-3 所示"标准"工具栏上的"起始"→"所有应用模块"命令,则出现图 7-4 所示的 UG 所有应用模块。执行"建模"命令,系统进入建模模块工作界面,其中主要包括标题栏、菜单栏、提示栏、状态栏、工作区和坐标系。

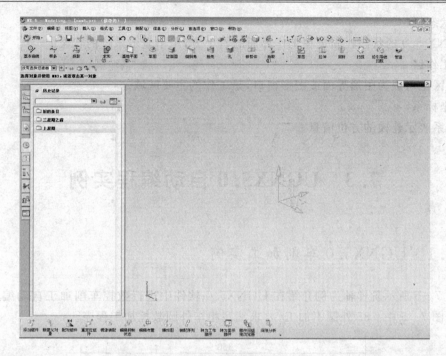

图 7 - 3　基础工作界面

（1）标题栏

在标题栏中显示软件名称及其版本号，以及当前正在工作的部件文件名称，如果修改了部件，但还没有保存，则在文件名后会显示"修改的"。

（2）菜单栏

菜单栏中包含了软件的主要功能，系统所有的命令和设置选项都可在相应的下拉菜单中找到。系统菜单项包括文件、编辑、视图、插入、格式、工具、装配、坐标系、信息、分析、预设置、应用、窗口和帮助。

（3）工具栏

对于一些常用的命令和操作，为避免用户频繁地在菜单中寻找命令，更方便用户使用，系统提供了各类工具栏。工具栏中的按钮都以图形方式形象地表示出命令的功能，它们分别对应不同的命令。

（4）提示栏

UG NX 5.0 的提示栏固定在工作界面的左上方，用于提示用户下一步如何操作。

图 7 - 4　UG 所有应用模块

（5）状态栏

UG NX 5.0 的状态栏固定在工作界面的右上方，用于显示系统的状态。

（6）工作区

工作区也可成为图形界面或图形窗口，是工作的主要区域。

（7）坐标系

坐标系表示建模的方位信息。

7.3 UGNX5.0 自动编程实例

7.3.1 UGNX5.0 车削加工实例

以图 7-5 所示阶梯轴为例介绍在 UGNX5.0 软件中进行数控车削加工自动编程的方法和步骤。图 7-5 中 ϕ85 外圆不加工，要求编写粗车外圆数控加工程序。

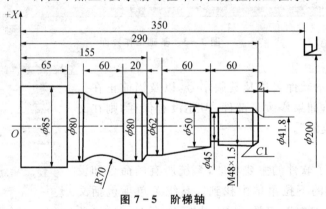

图 7-5 阶梯轴

1.几何建模

① 进入 UGNX5.0 界面，单击 按钮，进入"文件新建"对话框，选择单位"毫米"，文件名 shaft.prt，文件夹任选一个英文文件夹名，单击"确定"按钮。

② 单击"标准"工具栏"开始"→"所有应用模块"→"建模"，进入 UG 建模模块。

选择主菜单"首选项"→"对象"，出现"对象首选项"对话框，这是用以设置产生新对象的属性。预置"工作图层"为 1，"颜色"为灰色，其他取默认值。单击"确定"按钮。

③ 单击"特征"工具栏的草图按钮 ，进入草图绘制界面，选择作图平面 XY 平面。

④ 在 XY 平面绘制图 7-6(a)所示草图,单击 ,完成草图绘制。

⑤ 单击"特征"工具栏 按钮,旋转前面绘制的草图,设置旋转角度 360°,旋转点(0,0, 0),旋转轴 X 轴,得到图 7-6(b)所示的实体。

(a) 轴向剖面图　　　　　　　　　　　　　　　(b) 三维模型

图 7-6　阶梯轴几何建模

2. 进入加工应用和操作导航器

选择"标准"工具栏"开始"→"所有应用模块"→"加工",进入 UG 加工模块。对于第一次选择制造模块的图形文件,将弹出图 7-7 所示的"加工环境选择"对话框,选择"turning(车削)",单击"初始化"按钮,在屏幕左侧的资源栏中增加了一个"操作导航器"图标 。当单击该图标时,屏幕左侧出现"操作导航器"窗口。当光标向左移动时,导航窗口消失。如果双击该图标,导航器窗口独立移开,可以移动到屏幕任何位置,"操作导航器"对话框如图 7-8 所示。可以单击对话框右上角图标 ,使对话框消失。同时,屏幕上方的与制造有关的工具栏图标组"操作导航器""加工工件""加工创建""加工操作"和"加工对象"被激活。

图 7-7　加工环境设置对话框

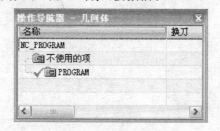

图 7-8　操作导航器对话框

3. 设置加工坐标系

单击操作导航工具几何视图图标,显示操作导航工具几何体视图。双击导航器中加工坐标系(MCS_SPINDLE)名称,将加工坐标的原点和坐标方向调到与工作坐标系相同,并将坐标系的原点调到工件大端的圆心位置,将 XM 定为旋转体的轴向。

4. 建立工件截面

在主菜单中选"工具"→"车加工截面",进入"截面设置"对话框,在图形窗口中选取工件几何体,单击截面设置图标,然后单击"确定"生成工件截面,并单击"取消"退出截面设置对话框。

5. 创建车削几何

在加工创建工具栏选择 图标,弹出图 7 – 9 所示对话框,选择"类型"为 turning,"子类型"为 turning_workpiece,单击"确定"按钮,出现图 7 – 10 所示"车削工件"对话框,指定部件边界和毛坯,毛坯直径 85 mm,长度 300 mm,结果如图 7 – 11 所示。

图 7 – 9　创建几何体对话框

图 7 – 10　车削几何体对话框

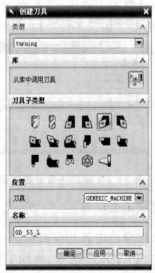

图 7 – 12　创建刀具对话框

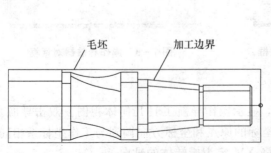

毛坯　　加工边界

图 7 – 11　车削加工边界和毛坯

6.创建刀具

单击工具栏组"加工创建"中的"创建刀具"图标 （或选择主单"插入"→"刀具"），出现图 7－12 所示的"创建刀具"对话框，在"类型"选项中，选择 turning，在"子类型"中，选择 ⚙ 图标，在"位置"选项中，选择默认的 GENERIC_MACHINE，在"名称"文本框中选择默认刀具名 OD_55_L。单击"确定"按钮，出现 turning tool—Standard 对话框，刀具参数设置如图 7－13 所示，单击"确定"按钮。

7.创建操作

单击"加工创建"工具栏组中的"创建操作"图标 ↙，出现图 7－14 所示的"创建操作"对话框。在"类型"选项中，选择 turning；在"子类型"选项中，选择 ROUGH_TURN_OD 图标 ⊞。再在"程序"选项中，选择 NC_PROGRAM；在"几何体"选项中，选择 TURNING_WORKPIECE，即创建的操作将依据 MILL_BND 几何体父节点组定义的平面边界和底平面来计算刀轨，在"刀具"选项中，选择 OD_55_L，在"方法"选项中，选择 LATHE_ROUGH。在"名称"文本框中取默认值 ROUGH_TURN_OD。

单击"确定"按钮，出现图 7－15"粗车参数设置"对话框，粗车外圆的参数设置步骤如下。

（1）走刀方式

单击单向直线走刀方式图标 ▱，将粗车走刀方式设置为平行于轴线的单向直线移动。

（2）切削区间

单击"切削区间"按钮，弹出如图 7－16 所示"几何约束"对话框，采用点修剪方式确定两个修剪点，单击显示切削区域，可在图形窗口中看到修剪点的字符标记。单击显示切削区域，可以看到如图 7－17 所示切削区域。

（3）切削深度

选取平均变量方式，将最小值设置为 0，将最大值设置为 2。系统会自动根据切削余量在最大和最小值之间调整切削深度，以保证走刀次数为最少。

图 7－13　车刀参数设置对话框

（4）清　理

选取全部，表示要求清除所有表面的粗车走刀痕迹。

（5）进刀/退刀

单击"进刀/退刀"按钮，弹出图7-18所示的"进退刀设置"对话框。在对话框中单击"进刀"，然后选取"层/毛坯"选项，并单击角度与距离设置图标，在角度值文本框中输入180，在距离文本框中输入4。单击"层/部件"之后再单击自动直线图标，并打开"使用自动值"选项。然后单击"退刀"选项，单击"层/毛坯"选项，然后单击角度与距离设置图标，在角度值中输入90，在距离选项中输入4。单击"层/部件"之后再单击自动直线图标，并打开"使用自动值"选项，然后单击"确定"，返回图7-15"粗车加工操作"对话框。

图7-14　创建操作对话框　　　图7-15　粗车加工操作对话框　　　图7-16　几何约束对话框

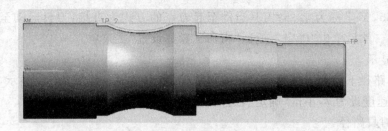

图 7-17 粗车切削区间

（6）切削参数

单击"切削"按钮，弹出图 7-19 所示的"切削控制"对话框。在安全距离选项中输入 6，然后单击"确定"返回"粗加工参数设置"主菜单。

单击"余量"，弹出"加工余量设置"菜单。在粗加工余量的等距文本框中输入 1.5，然后单击"确定"，返回"粗加工操作"对话框。

图 7-18 进刀/退刀对话框　　　　图 7-19 所示的切削控制对话框

单击"进给率"按钮进入"进给量设置"菜单，在模式选项中选择 RPM，在"主轴转速（Spindle Speed）"文本框中输入 500；然后在"进给速度"文本框中输入 0.3 mm/r。在"进刀速度"文本框中输入 0.1 mm/r，在"快速运动"文本框中输入 1 mm/r；最后单击"确定"，返回"粗加工参数设置"主菜单。

单击"避让"按钮进入"避让设置"菜单，分别设置起刀点 X 坐标为 310，Y 坐标为 50；返回

点 X 坐标为 65，Y 坐标为 42.5；刀具运动至起刀点的方式为直接，刀具运动至返回点的方式为径向→轴向。然后单击"确定"，返回"粗加工参数设置"主菜单。

（7）编辑显示

单击刀具路径下面的刀具路径显示编辑图标，将刀具显示设置为 3D 显示，刀具显示频率为 15，将显示速度设为 7，单击"确定"，返回"粗加工参数设置主"菜单。

（8）生成刀具路径

单击刀具路径生成图标，在图形窗口中显示如图 7 - 20 所示的刀具轨迹。然后单击"确定"，退出"粗车操作"对话框。这时，可以看到在几何体导航器中显示有已生成粗加工操作。

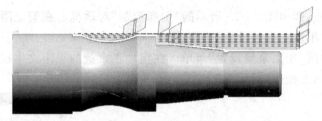

图 7 - 20　粗车刀具轨迹

8. 生成数控程序

在操作导航器视图中，单击 ROUGH_TURN_OD 操作，单击工具栏组"加工操作"工具栏中的 UG 后置处理器图标，出现"后置处理"对话框（图 7 - 21）。在可使用的机床类型项中，选择 LATHE_2_AXIS TOOL_TIP，给出将输出的数控加工程序文件名 shaft.ptp，输出单位为公制，单击"确定"按钮。结果自动生成如下了数控加工程序。

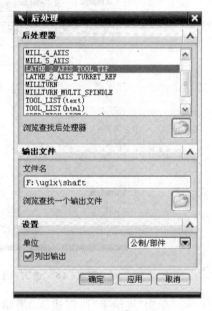

图 7 - 21　后置处理对话框

```
%
N0010 G94 G90 G20
N0020 G50 X0.0 Z0.0
:0030 T00 H00 M06
N0040 G94 G00 X50. Z310.
N0050 X42.2
N0060 G97 S0 M03
N0070 G95 G01 Z306. F.3
N0080 Z157. F.5
N0090 Z134.4172 F.3
N0100 Z75.1828 F.5
N0110 Z67. F.3
```

N0120 X42.5

N0130 X42.6414 Z67.1414 F1.

N0140 G94 G00 X43.2

N0150 Z310.

N0160 X40.4

N0170 G95 G01 Z306. F.3

N0180 Z157.

N0190 X42.2

N0200 X42.3414 Z157.1414 F1.

N0210 G94 G00 Z310.

N0220 X38.6

N0230 G95 G01 Z306. F.3

N0240 Z157.

N0250 X40.4

N0260 X40.5414 Z157.1414 F1.

N0270 G94 G00 Z310.

N0280 X36.8

N0290 G95 G01 Z306. F.3

N0300 Z157.

N0310 X38.6

N0320 X38.7414 Z157.1414 F1.

N0330 G94 G00 Z310.

N0340 X35.

N0350 G95 G01 Z306. F.3

N0360 Z157.

N0370 X36.8

N0380 X36.9414 Z157.1414 F1.

N0390 G94 G00 Z310.

N0400 X33.2

N0410 G95 G01 Z306. F.3

N0420 Z157.

N0430 X35.

N0440 X35.1414 Z157.1414 F1.

N0450 G94 G00 Z310.

N0460 X31.45

N0470 G95 G01 Z306. F.3

N0480 Z185.8848

```
N0490 X33.2 Z168.3848
N0500 X33.3414 Z168.5262 F1.
N0510 G94 G00 Z310.
N0520 X29.7
N0530 G95 G01 Z306. F.3
N0540 Z203.3848
N0550 X31.45 Z185.8848
N0560 X31.5914 Z186.0262 F1.
N0570 G94 G00 Z310.
N0580 X27.95
N0590 G95 G01 Z306. F.3
N0600 Z220.8848
N0610 X29.7 Z203.3848
N0620 X29.8414 Z203.5262 F1.
N0630 G94 G00 Z310.
N0640 X26.2
N0650 G95 G01 Z306. F.3
N0660 Z229.8492
N0670 X27.094 Z229.4453
N0680 X27.95 Z220.8848
N0690 X28.0914 Z221.0262 F1.
N0700 G94 G00 X43.2
N0710 Z134.4172
N0720 X42.4
N0730 G95 G01 X42.2 F.3
N0740 X42.036 Z134.0714 F.5
N0750 G02 X40.5114 Z130.6134 I61.7096 K-29.2714
N0760 G01 Z78.9866 F.3
N0770 G02 X42.036 Z75.5286 I63.2342 K25.8134
N0780 G01 X42.2 Z75.1828
N0790 X42.3414 Z75.3242 F1.
N0800 G94 G00 Z130.6134
N0810 X40.7114
N0820 G95 G01 X40.5114 F.3
N0830 G02 X38.8228 Z126.0114 K-25.8134 F.5
N0840 G01 Z83.5886 F.3
N0850 G02 X40.5114 Z78.9866 I64.9228 K21.2114
```

N0860 G01 X40.6528 Z79.128 F1.

N0870 G94 G00 Z126.0114

N0880 X39.0228

N0890 G95 G01 X38.8228 F.3

N0900 G02 X37.1342 Z119.8935 K－21.2114 F.5

N0910 G01 Z89.7065 F.3

N0920 G02 X38.8228 Z83.5886 I66.6114 K15.0935

N0930 G01 X38.9642 Z83.73 F1.

N0940 G94 G00 Z119.8935

N0950 X37.3342

N0960 G95 G01 X37.1342 F.3

N0970 G02 X35.4456 Z104.8 K－15.0935 F.5

N0980 X37.1342 Z89.7065 I68.3 K0.0 F.3

N0990 G01 X37.2756 Z89.8479 F1.

N1000 M02

%

7.3.2　UGNX5.0 实体轮廓铣削加工实例

数控铣削加工如图 7-22 所示的凸轮零件的外型，底面尺寸如图 7-22(a)所示，实体模型如图 7-22(b)所示，厚度 15 mm。该零件属于直壁平底类零件，为平面轮廓加工。采用平面铣(Planar Mill)操作模板来生成刀具路径及数控加工程序。

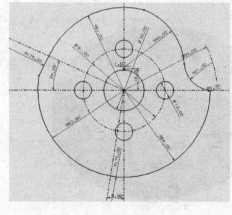
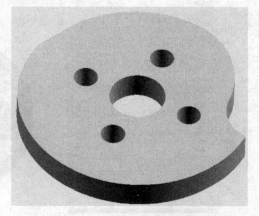

(a) 零件主视图　　　　　　　　　　　　(b) 实体模型

图 7-22　凸轮零件

1.几何建模

① 进入 UGNX5.0 界面,单击 工具按钮,进入文件新建对话框,选择单位"毫米",文件名 cam.prt,文件夹任选一个英文文件夹名,单击"确定"按钮。

② 选择"标准"工具栏开始→"所有应用模块"→"建模"等单项,进入 UG 建模模块。

选择"首选项"→"对象",弹出"对象首选项"对话框,用以设置产生新对象的属性。预置"工作图层"为 1,"颜色"为绿色(Color 36),其他取默认值。单击"确定"按钮。

③ 单击"特征"工具栏的"草图"工具按钮,进入草图绘制界面,选择作图平面为 *XY* 平面。

④ 在 *XY* 平面绘制图 7-22(a)所示草图,单击工具按钮,完成草图绘制。

⑤ 单击"特征"工具栏命令,拉伸前面绘制的草图,设置拉伸高度为 15 mm,得到图 7-22(b)所示的实体。

⑥ 绘制加工毛坯体

选择"首选项"→"对象"项,弹出"对象首选项"对话框,用以设置产生新对象的属性。预置"工作图层"为 3,"颜色"为灰色(Color 87),其他取默认值。单击"确定"按钮。

单击"特征"工具栏工具按钮,进入图 7-23 所示"圆柱绘制"对话框,选择"类型"为"轴、直径和高度","指定矢量"为 *Z* 轴方向,"指定点"(0,0,0),"直径"140,"高度"15,选择布尔运算"无",单击"确定"按钮,生成图 7-24 所示毛坯。

图 7-23 圆柱绘制对话框

图 7-24 毛 坯

2. 进入加工应用和操作导航工具

选择"标准"工具栏上"开始"→"所有应用模块"→"加工"菜单项,进入 UG 加工模块。对于第一次选择制造模块的图形文件,将弹出图 7 - 25 所示的加工环境选择对话框,选择 mill_planar(平面铣床),单击"初始化"按钮,在屏幕左侧的资源栏中增加了一个"操作导航器"图标 。当单击该图标时,屏幕左侧出现"操作导航器"窗口。当光标向左移动时,导航窗口消失。如果双击该图标,导航器窗口独立移开,可以移动到屏幕任何位置,"操作导航器"对话框如图 7 - 26所示。可以单击窗口右上角图标 ,使窗口消失。

图 7 - 25　加工环境选择对话框　　　　图 7 - 26　操作导航器窗口

同时,屏幕上方的与制造有关的工具栏图标组"操作导航器""加工工件""加工创建""加工操作"和"加工对象"被激活,如图 7 - 27 所示。

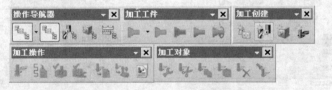

图 7 - 27　与制造有关的工具栏图标

3. 创建刀具

双击资源栏中"操作导航器"图标 ,显示"操作导航器"窗口,如图 7 - 26 所示。操作导航器为一个目录树结构,要创建的所有操作都将显示在操作导航器中,目录为包含操作的父节点组。图 7 - 26 所示为操作导航器的一个几何体顺序视图,其中"NC_PROGRAM"、"不使用的项"和"PROGRAM"是系统提供的 3 个程序父节点组。

一个典型的数控程序,通常需要多个操作来完成。系统在创建操作前,先要完成创建程序、刀具、几何体和加工方法父节点组。它们可以由"加工创建"工具栏组中的命令来完成,如图 7 - 27 所示。

创建刀具父节点组用以创建或选择加工所需使用的刀具和刀具参数值,单击组"加工创建"工具栏中的"创建刀具"按钮 （或选择"插入"→"刀具"），弹出"创建刀具"对话框，在"类型"中，选择 mill_planar，在"刀具子类型"中，选择"铣刀"图标，在"刀具"下拉列表框中，选择默认的 GENERIC_MACHINE，在"名称"文本框中输入刀具名为 MILL20，如图 7 - 28 所示。单击"确定"按钮，出现 Milling Tool-5 Parameters 对话框，将"直径"改变为 20，如图 7 - 29 所示，单击"确定"按钮。

图 7 - 28　创建刀具对话框　　　　图 7 - 29　定义刀具参数对话框

单击"操作导航器"工具栏中的"机床视图"按钮，显示已创建了 MILL20 的刀具，如图 7 - 30所示。

图 7 - 30　操作导航器机床视图

4. 创建几何体

创建几何体父节点组用以创建要被加工部位的几何体。它们可以在创建操作时,被多次选择调用。这样在创建多个操作时,不需要再次选择实际的几何体。

单击"操作导航器"工具栏中的"几何体视图"按钮,并单击"全部展开"工具铵钮,显示操作导航器的几何体,如图 7－31 所示,它们是系统设置的默认几何体。

图 7－31　几何体视图

① 在 MCS_MILL 几何体父节点组定义一个 MCS(Machine Coordinate System)机械坐标系和一个安全平面。

在 UG 系统中,坐标系统有 3 种型式,即 ACS(Absolute Coordinate System)绝对坐标系,是系统默认的坐标系,即世界坐标系,其原点保持永远不变;WCS(Work CoordinateSystem)工作坐标系,常用于 CAD 绘图;MCS 机械坐标系,常用于 CAM 数控加工,它是所有刀具路径输出点的基准坐标系。在 UG 系统打开新文件初始化状态时,这 3 种坐标系是重合的。对于后 2 种坐标系,可以进行原点设置、旋转、定位、显示和保存等。

在几何体视图中(图 7－31),右击 MCS_MILL 几何父节点组,选择 Edit(或双击 MCS_MILL 几何父节点组);在 Mill－Orient(铣加工定位)对话框中(图7－32),单击"指定 MCS"图标;使 *XC*,*YC*,*ZC* 的值均为 0,单击"确定"按钮,生成一个位于 WCS 上的新的 MCS,其坐标系 XMYMZM 显示于图形区内,将来创建的加工操作只要列在这个 MCS 下,其刀具路径输出点都将参考这个 MCS。

图 7－32　铣加工定位对话框

在 Mill_Orient 对话框的(图 7－32)"安全设置选项"下拉列表中选择"平面",单击"选择平面"按钮,弹出如图 7－33所示"平面构造器"对话框,选择"过滤器"下拉列表中的"平面",偏置距离 10,选择图 7－22(b)所示的工件上表面,单击"确定"按钮。生成一个高于工件上表面 10 mm 的安全平面。设置安全平面的作用是刀具通常以快速下降到安全平面,然后以工作速率下降到加工深度进行切削。在切削结束时,刀具以提刀速率上升到安全平面,再快速上升返回。

在几何体视图中,右击 MCS_MILL 父节点组,选择"属性",出现"信息"窗口,可以看到新赋予父节点组的一些参数。

② 在 WORKPIECE 几何体父节点组定义零件和毛坯几何体,以用于切削、仿真和过切检

查。右击 WORKPIECE 几何父节点组,选择"编辑"或者双击 WORKPIECE 图标;在出现的 Mill_Geom(铣几何体)对话框中(图 7-34),单击指定部件图标,选择凸轮零件实体 1 (图 7-35),单击"部件几何"对话框中的"确定"按钮。可以看到,这时的"编辑"按钮和"显示" 按钮已经由灰色不可选变为亮色可选。再单击"指定毛坯"图标,选择图 7-35 所示的毛坯 实体 2,单击"确定"按钮。这样就完成了对 WORKPIECE 几何体父节点组中零件和毛坯几何 体的定义。同样从 WORKPIECE 的"信息"中,可以看到已经定义了一个"部件几何"和一个 "毛坯几何"。

图 7-33 平面构造器对话框　　图 7-34 铣几何对话框　　图 7-35 定义部件和毛坯

③ 创建一个 Mill Bnd 几何体父节点组,并选择其边界和底平面。

平面铣需要建立边界几何体来计算刀轨。可以选择一个零件表面(Face),系统会临时创 建一个边界,这个边界定义了零件几何体的切削区域,并且一直切削到指定的底平面上。

为了便于选取,先隐藏毛坯几何体。然后单击"创建几何体"工具按钮(或选择项"插 入"→"几何体"),弹出"创建几何体"对话框,在"类型"下拉列表框中,选择 mill_planar,在"几 何体子类型"中,选择 MILL_BND 图标(注意平面铣操作定义几何体时,必须选择 MILL_ BND 图标),在"位置""几何体"下拉列表框中,选择 WORKPIECE,在"名称"文本框中取默认 值 MILL_BND,如图 7-36 所示。单击"确定"按钮,弹出图 7-37 所示的 Mill Bnd(铣削边界) 对话框,单击"指定部件边界"图标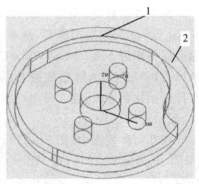,弹出图 7-38 所示的"部件边界"对话框。

在图 7-38 所示的"部件边界"对话框中,单击"平面边界"图标,设置忽略孔为打开,即 忽视平面上包含的孔,孔不加工。设置"材料侧"为"内部"。选择凸轮零件上表面 1,上表面边 界显示高亮,如图 7-39 所示。单击"确定"按钮。

图 7-37 所示的 Mill Bnd(铣削边界)对话框中,单击"指定底面"图标,弹出图 7-33 所

示的"平面构造器"对话框,选择"过滤器"为"面",设置偏置距离 2 mm,选择底平面 2 (图7-39),单击"确定"按钮 2 次。在 WORKPIECE 下生成一个 MILL_BND 几何体父节点组,如图 7-40 所示。

图 7-36　创建几何体对话框

图 7-37　铣削边界对话框

图 7-38　部件边界对话框

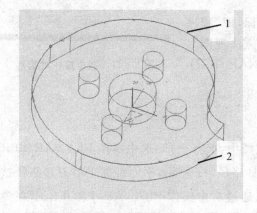

图 7-39　设置零件面边界和底平面

图 7-40　铣边界父节点组

5. 创建平面铣操作

单击"操作导航器"工具栏中的"程序顺序视图"按钮,使操作导航器回到程序顺序视图。

单击"加工创建"工具栏组中的"创建操作"按钮 ，弹出"创建操作"对话框(图 7－41)。在"类型"下拉列表框中，选择 mill planar；在"操作子类型"选项中，选择 Planar_Profile 图标。需要指出的是，在"类型"(Type)中有很多选择，例如 mil_planar，mill_contour，drill 等，它们是当前引用的模块零件，选择不同的类型，在子类型中的多个图标选项也会随之变化，它们是当前模板零件下的操作模板。不同的操作模板代表着不同的加工方法，系统会设置不同的操作界面和参数，因此应该根据零件的加工要求，正确选择操作类型和子类型。本例选择的子类型 Planar_Profile 操作模板是用于产生一个铣轮廓(Profile)的刀具路径。

在"创建操作"对话框的"程序"下拉列表框中，选择 NC_PROGRAM；在"几何体"下拉列表框中，选择 MILL_BND，即创建的操作将依据 MILL_BND 几何体父节点组定义的平面边界和底平面来计算刀轨，同时该 MILL_BND 节点组还将继承其向上的 2 个几何体父节点组 MCS_MILL 和 WORK PIECE 的参数。在"刀具"下拉列表框中，选择 MILL20，在"方法"下拉列表框中，选择 MILL_FILISH。在"名称"文本框中取默认值 PLANAR_PROFILE，如图 7－41 所示。

单击"确定"按钮，出现 Planar Profile(平面铣)对话框(图 7－42)，在"切削深度"下拉列表框中选择"仅底部面"，设置"部件余量"为 0。单击"生成刀轨"图标，则屏幕上显示出平面铣加工(铣轮廓)的刀具路径，如图 7－43 所示。

分别单击"操作导航器"工具栏中的 4 个图标，即"程序顺序视图""加工刀具视图""几何体视图和加工方法视图"，并单击"展开全部图标"，可以看到创建的 PLANAR_PROFILE 操作分别显示在各个父节点组。

图 7－41　创建操作对话框

6.刀具路径模拟和切削仿真

简单的刀具路径模拟方法是：在程序顺序视图中，展开全部，选中操作 PLANAR－PROFILE，单击"加工操作"工具栏中的"重新显示刀具路径"按钮，平面铣加工的刀具路径被重新显示，如图 7－44 所示。刀具路径模拟也可以通过右击操作 PLANAR_PROFILE，在弹出菜单中选择"重播"或者右击操作 PLANAR_PROFILE，选择"编辑"，在 P1anaLProfile 对话框中，单击"重播"图标来完成。

切削仿真的方法是：在操作导航器视图中，右击操作 Planar_Profile，选择"刀具路径"→"验证"(或者选择操作 Planar_Profile，单击工具栏中的"校验刀轨"按钮或者右击操作 Planar＿Profile，选择"编辑"，在 Planar_Profile 对话框中，单击"校验刀轨"按钮（），出现切削仿真对话框，如图 7－44 所示。

在切削仿真对话框中，上部的 GOTO 语句窗口是 UG 产生的内部刀轨；下部的"动画速度"1～10，可以滑动调整刀具仿真的运动速度。其下面的 6 个重放图标，从左到右分别表示"返回到上一个操作""单步向后""反向播放""播放""步进"和"前进到下一步操作"。

在图 7－44 中，可以选择"重播""3D 动态""2D 动态"仿真。若选择 2D 动态仿真，设置"动画速度"为 1，仿真结果如图 7－45 所示。

7. 部件的编辑

双击操作 PLANAR_PROFILE，弹出图 7－42 所示的对话框，单击"指定部件边界"图标，弹出图 7－46 所示的"部件边界"对话框，单击"编辑"按钮，弹出图 7－47 所示的"编辑成员"对话框，通过弹出▼按钮，把刀具位置设为位于所有轮廓之上，而不是相切于轮廓。这样可以按实际轮廓编程。

图 7－42　平面铣对话框

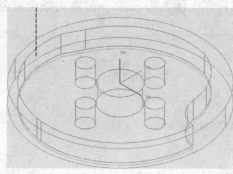

图 7－43　生成刀具路径

图 7－44　切削仿真对话框

图 7 - 45　切削仿真过程　　　图 7 - 46　部件编辑对话框　　　图 7 - 47　编辑成员对话框

8. 后置处理

　　某一操作生成刀具路径后,表示 UG 内部刀轨存储在 UG 的 PART 内。这种刀具路径 (GOTO 语句)不能直接用做数控机床加工。数控加工程序必须是符合数控系统指定要求的 G 代码。所以刀具路径必须进行后置处理生成数控程序。

　　UG 提供了 2 种后置处理方法,即 GPM(Graphics Postprocess Module,图形后置处理器) 方法和 UG POST(UG 后置处理器)方法。对于某一特定的数控系统,还需要利用机床数据文件发生器 MDFG(Machine Data File Generator)产生一个 MDF 机床数据文件;或者创建一个机床控制操作;或者在操作内部定义机床控制参数,最终生成一个能满足某一特定数控系统要求的数控加工程序。UG 产生的数控加工程序名为 * . ptp 文件。

　　利用 UG POST,生成数控加工程序的方法是:在操作导航器视图中,单击 PLANAR_ PROFILE 操作,单击"加工操作"工具栏中的 UG 后置处理器按钮, 弹出"后处理"对话框 (图 7 - 48)。在"后处理器"列表框中,选择 MILL_3_AXIS(这是用于三轴铣的通用后处理器),给出将输出的数控加工程序文件名为 cam. ptp,输出单位为公制,单击"确定"按钮,则自动生成如下了数控加工程序:

```
        %
N010 G40 G17 G90 G70
N020 G91 G28 Z0.0
N030 T01 M06
N040 G0 G90 X - 82.1889 Y11.1367 S0 M03
N050 G43 Z20. H01
N060 Z - 14.
N070 G41 G1 Z - 17. F100. D01 M08
```

N080 X－73.8 Y10.

N090 G2 X－63.8 Y0.0 R10.

N100 G3 X－9.9622 Y－63.0174 R63.8

N110 G2 X－5.696 Y－63.746 R175.

N120 G3 X63.9994 Y－.2698 R64.

N130 X63.7283 Y.0301 R.3

N140 G2 X44.8052 Y19.3866 R21.

N150 G3 X14.7861 Y59.1808 R46.

N160 X－55.6175 Y25.0539 R61.

N170 G2 X－62.8969 Y10.6967 R175.

N180 G3 X－63.8 Y0.0 R63.8

N190 G40

N200 G2 X－73.8 Y－10. R10.

N210 G0 X－82.1889 Y－11.1367

N220 Z－14.

N230 Z20.

N240 M05

N250 M02

%

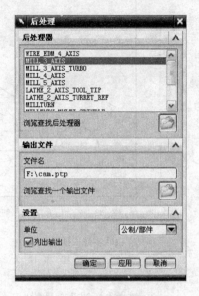

图 7－48 后处理对话框

根据实际使用的数控机床,该程序稍微修改就可用于零件的加工。

7.3.3 UGNX5.0 线切割加工编程实例

线切割加工如图 7－49 所示的零件,底面尺寸见图 7－49(a),实体模型如图 7－49(b)所示,厚度 25 mm。进行线切割加工编程的步骤为:几何建模→创建加工几何→创建外部轮廓线切割操作→设置常用参数→定义与编辑外部轮廓边界→设置切割参数→指定引入与导出参数→设置拐角控制→指定电极丝运动控制点→设置进给量→生成外部轮廓的切削路径→生成线切割加工程序。

1.几何建模

① 进入 UGNX5.0 界面,单击　工具按钮,进入文件新建对话框,选择单位"毫米",文件名"wedm.prt",文件夹任选一个英文文件夹名,单击"确定"按钮。

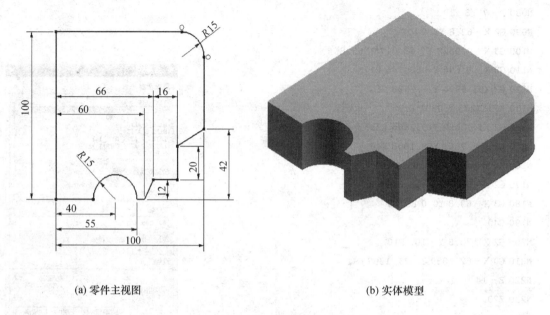

(a) 零件主视图　　　　　　　　　　　　(b) 实体模型

图 7 - 49　线切割加工零件

② 选择"标准"工具栏"开始"→"所有应用模块"→"建模"等单项,进入 UG 建模模块。

③ 单击"特征"工具栏的"草图"工具按钮，进入草图绘制界面,选择作图平面为 XY 平面。

④ 在 XY 平面绘制图 7 - 49(a)所示草图,单击工具按钮,完成草图绘制。

⑤ 单击"特征"工具栏工具按钮,拉伸前面绘制的草图,设置拉伸高度为 25 mm,得到图 7 - 49(b)所示的实体。

2. 创建加工几何

① 选择"标准"工具栏"开始"→"所有应用模块"→"加工",进入 UG 加工模块。弹出图 7 - 50所示的"加工环境"对话框,选择 wire_edm,单击"初始化"。

② 在"加工创建"工具栏上选择图标，在弹出的"创建几何体"对话框中选择图标，并从"几何体"下拉列表框中选择 GEOMETRY,然后在"名称"文本框中输入 MCS_WEDM. 1,单击"确定",弹出"创建加工坐标系"对话框。用此对话框建立加工坐标系原点位于工件的左下角点,ZM 轴朝上,最后单击"确定",直到返回操作导航器。

3. 创建外部轮廓线切割操作

① 在创建工具条上选择"创建操作"图标，弹出如图 7 - 51 所示"创建操作"对话框。在"类型"下拉列表框中选择模板零件 wire_edm。

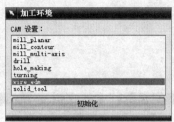

图 7-50 加工环境设置对话框　　**图 7-51 创作操作对话框**

② 在图 7-51 所示"创建操作"对话框中,选择"操作子类型"按钮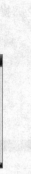。从"几何体"下拉列表框中选择 MCS_WEDM_1,再在"名称"文本框中输入操作名称 EXTERNAL_TRIM,然后单击"确定",弹出如图 7-52 所示"外部轮廓操作"对话框。

③ 设置常用参数。在"外部轮廓操作"对话框中,分别在"粗割刀路数""精割刀路数""切除距离""簧丝直径"文本框中输入"0""1""1""0.18"。

4. 定义与编辑外部轮廓边界

① 在图 7-52 所示的"外部轮廓操作"对话框中,单击"线切割几何体"选项下方的"重新选择"按钮,弹出如图 7-53 所示"线切割几何体"对话框。从该对话框的"轴类型"下拉列表框中选择"2 轴"选项,然后在"过滤器类型"选择面边界",并在零件模型上选取实体的上表面,则与此上表面邻接的所有外侧面均作为切割边界,其切割方向为逆时针方向(CCW)。最后单击"确定",返回到"外部轮廓操作"对话框。

② 在图 7-52 所示的"外部轮廓操作"对话框中,单击"线切割几何体"选项下方"编辑"按钮,弹出如图 7-54 所示"编辑几何体"对话框。在此对话框"类型"的单选框中选择"封闭的"边界类型,从"割线位置"单选框中选择"相切于"选项,在"公差"的"内公差"文本框中输入"0.01",在"外公差"文本框中输入"0.01",在"余量"的文本框中输入"0",单击"确定",直到返回"外部轮廓操作"对话框。

5. 设置切割参数

① 在图 7-52 所示"外部轮廓操作"对话框中选择"切削"选项,弹出如图 7-55 所示"切割参数"对话框。

② 在"切割参数"对话框中,首先分别在"上部的平面""下部平面""内公差"与"外公差"文本框中输入"45.0""−20.0""0.0254""0.0254";然后从"刀路切削方向"下拉列表框中选择"逆时针"方向,从"步距参数"下方的"类型"下拉列表框中选择"％割线",在"％割线直径"文本框中输入"70.0",最后单击"确定",返回到"外部轮廓操作"对话框。

图 7 − 52　外部轮廓操作对话框　　图 7 − 53　线切割几何体对话框　　图 7 − 54　编辑几何体对话框

6. 指定"输入和导出"参数

在"外部轮廓操作"对话框中选择"输入/导出"选项,弹出如图 7 − 56 所示"输入和导出"对话框。在该对话框中,单击 ⊥ 并在"输入距离"与"刀具补偿距离"文本框中分别输入"10.0""0.0";再单击"直接导出方式"图标 ⌐,并在"导出距离"与"刀具补偿距离"文本框中分别输入输入"25.0""10.0";单击确定,返回到"外部轮廓操作"对话框。

7. 设置角控制

在图 7 − 52 所示的"外部轮廓操作"对话框中选择"角"选项,弹出如图 7 − 57 所示"角控制"对话框。在该对话框中,首先单击"外凸拐角控制"图标 ⊞,不打开"圆角"选项,最后单击"确定",返回到"外部轮廓操作"对话框。

8. 指定电极丝运动控制点

① 在图 7-52 所示的"外部轮廓操作"对话框中选择"移动"选项,弹出如图 7-58 所示"移动控制"对话框。

② 在"移动控制"对话框中,先单击"从"选项后的"指定"按扭,弹出如图 7-59 所示的"出发点"对话框。然后,从"出发点"下拉列表框中选择图标 ,弹出"点构造器"对话框,并在"点构造器"对话框的"XC""YC"与"ZC"文本框中分别输入"0.0""-40.0""0.0"。最后,单击"确定",直到返回到"移动控制"对话框。

③ 用类似于②的方法,指定螺纹孔为(5,-25,0),输入点为(0,-10,0),退刀点为(-35,-10,0),回零点为(-45,-45,0)。

④ 单击"确定",返回到"外部轮廓操作"对话框。

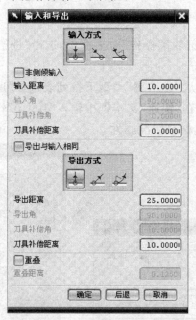

图 7-55　切削参数对话框　　　**图 7-56　输入与导出参数对话框**　　　**图 7-57　角控制对话框**

9. 控制电极丝状态

在"外部轮廓操作"对话框中,选择"开始/结束事项"选项,弹出如图 7-60 所示"机床控制"参数对话框。在该对话框中打开"用割线逼近"与"用割线分离"选项,然后,单击"刀具补偿"按钮,进入如图 7-61 所示的"刀具补偿"对话框,设置成如图 7-61 所示形式。单击两次"确定",返回到"外部轮廓操作"对话框。

图 7-58　移动控制对话框

图 7-59　出发点对话框

图 7-60　机床控制参数对话框

10.设置进给量

① 在图 7-52 所示的"外部轮廓操作"对话框中,选择"进给率"选项,弹出如图 7-62 所示"进给率"对话框。

② 在"进给率"对话框中,从"进给率"类型下拉列表选择"所有移动"选项。

③ 在"进给率"对话框中,在"快速"文本框中输入"100.0"作为快速进给率,在其右侧下拉列表框中选择"外部"作为快速材料情况属性。

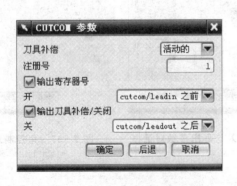

图 7-61　刀具补偿参数对话框

图 7-62　进给率对话框

④ 用类似于③的方法,设置"切削"进给率为"6.0"、材料情况属性为"内部";"逼近"进给率为"50.0"、材料情况属性为"外部";"输入"进给率为"10.0"、材料情况属性为"内部";"导出"进给量为"10.0"、材料情况属性为"外部";"分离"进给量为"50.0"、材料情况属性为"外部"。

最后,单击"确定"返回到"外部轮廓操作"对话框。

11. 生成外部轮廓的切削路径

在图 7-52 所示的"外部轮廓切割操作"对话框中,选择"路径生成"图标 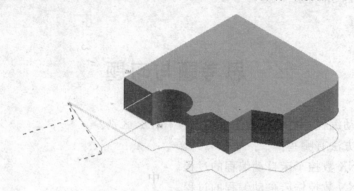,生成该零件外部轮廓的切割路径,如图 7-63 所示。单击"确定",返回到操作导航器。

图 7-63 线切割外部轮廓路径

12. 生成线切割加工程序

在操作导航器屏幕中选择前面建立的外部轮廓切割 EXTERNAL_TRIM,在"加工操作"工具栏中选择 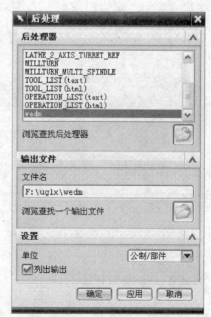 命令,弹出图 7-64 所示的"后处理"对话框,选择"后处理器"类型 wedm,设置单位"公制/部件",单击"确定",得到线切割加工程序如下:

```
%
N0010 G01 G90 X5. Y-25.
N0020 G42 X0.0 Y-20.
N0030 Y0.0
N0040 X25.
N0050 G02 X55. I-15. J0.0
N0060 G01 X60.
N0070 X66. Y12.
N0080 X82.
N0090 Y32.
N0100 X100. Y42.
N0110 Y85.
```

图 7-64 后处理对话框

N0120 G03 X85. Y100. I15.

N0130 G01 X0.0

N0140 Y1.

N0150 G40 X - 50.

N0160 X - 35. Y - 10.

N0170 G00 X - 45. Y - 45.

N0180 M02

思考题与习题

1.什么是自动编程？自动编程与手工编程有什么区别？

2.自动编程方法有哪些？

3.简述 UGNX 数控车床自动编程的过程。

4.简述 UGNX 数控铣床自动编程的过程。

5.简述 UGNX 数控线切割自动编程的过程。

参考文献

[1] 董玉红.数控技术[M].北京:高等教育出版社,2004.

[2] 王维.数控加工工艺及编程[M].北京:机械工业出版社,2001.

[3] 陈志雄.数控机床与数控编程技术[M].北京:电子工业出版社,2003.

[4] 明兴祖.数控加工技术[M].北京:化学工业出版社,2002.

[5] 王平.数控机床与编程实用教程[M].北京:化学工业出版社,2003.

[6] 王贵明.数控实用技术[M].北京:机械工业出版社,2000.

[7] 刘虹.数控加工编程与操作[M].西安:西安电子科技大学出版社,2007.

[8] 刘雄伟.数控机床操作与编程培训教程[M].北京:机械工业出版社,2001.

[9] 眭润舟.数控编程与加工技术[M].北京:机械工业出版社,2001.

[10] 韩鸿鸾,荣维芝.数控机床加工程序的编制[M].北京:机械工业出版社,2002.

[11] 詹华西.数控加工与编程[M].西安:西安电子科技大学出版社,2007.

[12] 刘力健,牟盛勇.数控加工编程及操作[M].北京:清华大学出版社,2007.

[13] 全国数控培训网络天津分中心组编.数控编程[M].北京:机械工业出版社,2006.

[14] 关雄飞.数控加工技术综合实训[M].北京:机械工业出版社,2005.

[15] 于春生,韩旻.数控机床编程及应用[M].北京:高等教育出版社,2001.

[16] 胡相斌.数控加工实训教程[M].西安:西安电子科技大学出版社,2007.

[17] 冯志刚.数控宏程序编程方法技巧与实例[M].北京:机械工业出版社,2007.

[18] 刘长伟.数控加工工艺[M].西安:西安电子科技大学出版社,2007.

[19] 胡如祥.数控加工编程与操作[M].大连:大连理工大学出版社,2006.

[20] 顾京.数控加工编程及操作[M].北京:高等教育出版社,2003.

[21] 张学仁.电火花线切割加工技术工人培训自学教材[M].2版.哈尔滨:哈尔滨工业出版社,2001.

[22] 单岩,夏天.数控线切割加工[M].北京:机械工业出版社,2005.

[23] 徐峰.数控线切割加工技能实训教程[M].北京:国防工业出版社,2006.

[24] 郑红.数控加工编程与操作[M].北京:北京大学出版社,2007.

[25] 晏初宏.数控加工工艺与编程[M].北京:化学工业出版社,2004.

[26] 裴炳文.数控加工工艺与编程[M].北京:机械工业出版社,2005.

[27] 李志华.数控加工工艺与装备[M].北京:清华大学出版社,2005.

[28] 顾京.数控机床加工程序编制[M].北京:机械工业出版社,2003.

[29] 王荣兴.加工中心培训教程[M].北京:机械工业出版社,2006.

［30］王洪.数控加工程序编制［M］.北京:机械工业出版社,2002.

［31］郑红.数控加工编程与操作［M］.北京:北京大学出版社,2005.

［32］王卫兵.UG NX 数控编程实用教程［M］.北京:清华大学出版社,2004.

［33］UGS 公司.Unigraphics CAST.2004.

［34］吴立军,周瑜,单岩.UG 三维造型技术基础［M］.北京:清华大学出版社,2004.

［35］单岩,王卫兵.实用数控编程技术与应用实例［M］.北京:机械工业出版社,2003.

［36］王庆林,李敏丽,韦纪祥.UG 铣制造过程实用指导［M］.北京:清华大学出版
社,2002.

［37］马秋成,聂松辉,张高峰,等.UG CAM 篇［M］.北京:机械工业出版社,2002.

［38］［美］Unigraphics Solution Inc.UG 铣制造过程培训教程［M］.苏红卫,译.北京:清
华大学出版社,2002.

［39］王卫兵.数控编程 100 例［M］.北京:机械工业出版社,2003.

［40］卫兵工作室.UG NX 数控加工实例教程［M］.北京:清华大学出版社,2006.